理工学のための
微分積分

長澤壯之 編著

池口 徹・江頭信二・小原哲郎・重原孝臣
明連広昭・山本 浩
共著

培風館

本書の無断複写は，著作権法上での例外を除き，禁じられています。
本書を複写される場合は，その都度当社の許諾を得てください。

まえがき

　微分積分学については，近年，多くの出版社から実に多くの教科書が出版されている．学術書でなく，教科書だ．中には，御丁寧に内容が 15 回の講義用にプログラムされているものもある．教員にとっては，この上なく使いづらい．学生にとっては，どうなのだろう．学生の中には，授業で指定した書籍に沿って講義を展開しないと不平をいう学生もいる一方，書籍通りの展開だと講義に出席する意味がない (自分で書籍を読むということらしい) という学生もいる．かくも，講義に用いる書籍のあり方は難しい．自分で講義ノートを準備するのが，教員にとっては (準備は大変だが) 講義はしやすい．

　限られた時間で，一定の量を講義するためには，何を話すかということより，何を話さないで済ますかという方が重要である．書籍 (教科書) には，講義で触れたこともさることながら，講義で触れなかったことを補完する役目があると考える．

　本書は，自学自習用のガチガチの専門書と，紙芝居の台本のような教科書の中間を狙った．260 ページにも及ぶ量は，埼玉大学理学部・工学部の微分積分学の講義 (前後期各 15 回) をモデルに，理工系の学生に必要な微分積分学の内容が詰め込まれている．ただし，厳密な理論を追求する理学部数学科向けではない．厳密な理論というより，自然科学の基礎，あるいはその道具としての微分積分学について，基本的な概念と実際の計算方法が限られた時間で一通り身に付けられるよう工夫したつもりである．そのため，例題や問・章末問題の解答は，一部を除き，試験の解答にふさわしい程度に詳細に書いた．一方で，本書のすべての内容を 15 回の授業で講義するには，いささか分量が多いだろう．それは，学生が他の専門書を参照することなく，本書だけで一通りの知識が得られるようにしたためである．特に，各章に設けた「コメント」の節は，学生の自学自習用に，講義では割愛してもよいだろう．教科書として採用していた

だけるなら，これらの節は，バッファーとして用いてほしい．

　本書の執筆陣は，埼玉大学の理学部・工学部の教員である．数学科の教員のみでなく，工学系の教員も含まれ，「数学科向け」以外の微分積分学の講義に適合するよう配慮した．執筆陣が多いが故の書き方のバラつきが生じないように心掛けた．

　なお，全体を通して，信州大学の 高野 嘉寿彦 先生に，目を通していただき，オリジナル原稿に散見した多くの不備を指摘していただいた．ここに，謝意を表したい．

　最後に，培風館の 斉藤 淳 氏には，出版の企画段階から終始お世話になった．脱稿の遅れを辛抱強く待っていただいただけでなく，同シリーズで線形代数学と微分方程式の書物の出版を決断していただいた．重ね重ね，御礼申し上げる．

　平成 25 年正月

著者一同

目　　次

1　実数と初等関数　　1
　1.1　実　　数 1
　1.2　関　　数 8
　1.3　有 理 関 数 10
　1.4　三角関数・逆三角関数 11
　　　1.4.1　三角関数 11
　　　1.4.2　逆三角関数 18
　1.5　べ き 関 数 22
　1.6　指数関数・対数関数 23
　　　1.6.1　指数関数 23
　　　1.6.2　対数関数 23
　1.7　双曲線関数・逆双曲線関数 24
　　　1.7.1　双曲線関数 24
　　　1.7.2　逆双曲線関数 28
　1.8　コ メ ン ト 29
　　　1.8.1　三角関数・双曲線関数の覚え方 29
　　　1.8.2　逆三角関数の表記 31
　　　1.8.3　対数関数の表記 31
　章末問題 1 33

2　1 変数関数の微分 　　35
　2.1　極　　限 35
　2.2　連続性と連続関数 39

2.3　微分可能性と導関数 41
　2.4　微分公式 42
　2.5　微分の計算法 46
　　　2.5.1　対数微分法 47
　　　2.5.2　媒介変数で表わされた関数の微分法 48
　　　2.5.3　高階導関数 49
　2.6　微分の応用 51
　　　2.6.1　平均値の定理 51
　　　2.6.2　Taylor の定理 53
　　　2.6.3　増減 56
　　　2.6.4　凹凸 59
　　　2.6.5　曲線の概形 62
　　　2.6.6　不定形の極限値 66
　2.7　コメント 69
　　　2.7.1　差分 69
　　　2.7.2　Newton 法 72
　章末問題 2 75

3　1変数関数の積分　　77

　3.1　積分の定義 77
　3.2　不定積分と原始関数 81
　3.3　積分の計算法 83
　　　3.3.1　部分積分法 84
　　　3.3.2　置換積分法 86
　　　3.3.3　初等関数の不定積分 87
　　　3.3.4　初等関数の定積分 94
　3.4　広義積分 95
　3.5　積分の応用 97
　　　3.5.1　面積 97
　　　3.5.2　回転体の体積 100
　　　3.5.3　曲線の長さ 101
　　　3.5.4　回転体の表面積 103
　3.6　積分で定義された関数 105

目次　　　　　　　　　　　　　　　　　　　　　　　v

   3.6.1 広義積分の収束判定法 105
   3.6.2 ベータ関数 109
   3.6.3 ガンマ関数 110
 3.7 コメント 111
   3.7.1 重心 111
   3.7.2 数値積分 113
 章末問題 3 116

4 多変数関数の微分　　　　　　　　　　　　　　119
 4.1 2 変数関数とその連続性 119
   4.1.1 2 変数関数の定義 119
   4.1.2 2 変数関数の極限値 121
   4.1.3 連続性 123
 4.2 偏微分可能性と偏導関数 125
 4.3 全微分可能性 127
   4.3.1 方向微分可能性 127
   4.3.2 全微分可能性 128
   4.3.3 高次偏導関数 132
 4.4 平均値の定理と Taylor の定理 135
 4.5 微分の応用 137
   4.5.1 極値の判定 137
   4.5.2 陰関数 143
   4.5.3 条件付き極値問題 145
 4.6 コメント 148
   4.6.1 3 変数関数への拡張 148
   4.6.2 よく使われる座標系での多変数関数の微分 . . . 150
 章末問題 4 158

5 多変数関数の積分　　　　　　　　　　　　　　160
 5.1 2 重積分 160
 5.2 累次積分 162
 5.3 変数変換 168
 5.4 広義積分 174

- 5.5 積分の応用 181
  - 5.5.1 体積 181
  - 5.5.2 曲面積 183
- 5.6 コメント 186
- 章末問題 5 188

問と章末問題の解答 190

- 参考文献 260

索　引 261

1
実数と初等関数

1.1 実　　数

　関数の微分や積分を学ぶにあたって実数は不可欠な考察対象となる。そこで，まず「実数とは何か？」という基本的な問に対する答，その要点をまとめておくことにしよう。

　自然数全体，整数全体，有理数全体，実数全体，複素数全体の集合を各々 $\mathbb{N}$, $\mathbb{Z}$, $\mathbb{Q}$, $\mathbb{R}$, $\mathbb{C}$ と書く。$\mathbb{N} \subset \mathbb{Z} \subset \mathbb{Q} \subset \mathbb{R} \subset \mathbb{C}$ が成り立つ。なお 0 は自然数には含めない。すなわち，$\mathbb{N} = \{1, 2, 3, \cdots\}$ である。

　$\mathbb{R}$ は以下に述べる 3 つの性質 (I)–(III) で特徴付けられる。

　まず $\mathbb{R}$ には次の性質がある。

(I) $\mathbb{R}$ には四則演算 (加減乗除) が定義されている。

　一般に集合 X の任意の 2 つの元 $a, b \in X$ に対して加法 $a + b \in X$ および乗法 $ab \in X$ が定義されており，これらの演算が次の法則に従うとき，集合 X は**可換体**ないしは単に**体**であるという。以下 $a, b, c \in X$ とする。

- (I_1) **結合律** $(a + b) + c = a + (b + c)$, $(ab)c = a(bc)$.
- (I_2) **交換律** $a + b = b + a$, $ab = ba$.
- (I_3) **分配律** $(a + b)c = ac + bc$, $a(b + c) = ab + ac$.
- (I_4) **零元・単位元の存在**　特別な数 $0, 1 \in X$ が存在して，全ての $a \in X$ に対して $a + 0 = 0 + a = a$, $a \cdot 1 = 1 \cdot a = a$ が成り立つ。
- (I_5) **逆元の存在**　全ての $a \in X$ に対して $a + b = b + a = 0$ を満たす元 $b \in X$ が (a に応じて) 存在する。この b を $-a$ と書く。また，全ての $a \in X$, $a \neq 0$ に対して $ab = ba = 1$ を満たす元 $b \in X$ が (a に応じて)

存在する。この b を $1/a$ と書く。

$a+(-b)$ のことを $a-b$ と書く。これは減法に相当する。$b \neq 0$ に対し $a \cdot (1/b)$ のことを a/b と書く。これは除法に相当する。

$\mathbb{Q}, \mathbb{R}, \mathbb{C}$ は体であるが，$\mathbb{N}, \mathbb{Z}$ は体ではない。

例 1.1 $\mathbb{Q}(\sqrt{2}) = \{a + b\sqrt{2} \,|\, a, b \in \mathbb{Q}\}$ は体である。

例 1.2 $\mathbb{F}_2 = \{0, 1\}$ において

$$0+0=0, \quad 0+1=1, \quad 1+0=1, \quad 1+1=0,$$
$$0 \times 0 = 0, \quad 0 \times 1 = 0, \quad 1 \times 0 = 0, \quad 1 \times 1 = 1$$

で加法 $+$ と乗法 $\times$ を定義する。このとき $\mathbb{F}_2$ は体である。

$\mathbb{R}$ の第 2 の性質は

(II) $\mathbb{R}$ には大小関係が定義されている。

一般に集合 X に二項関係 $\leqq$ が定義されており，これが次の法則に従うとき，$\leqq$ を X 上の**全順序**といい，集合 X は**全順序集合**であるという。以下 $a, b, c \in X$ とする。

- (II$_1$) **反射律** $a \leqq a$.
- (II$_2$) **反対称律** $a \leqq b, b \leqq a$ であれば $a = b$.
- (II$_3$) **推移律** $a \leqq b, b \leqq c$ であれば $a \leqq c$.
- (II$_4$) **全順序性** 任意の $a, b \in X$ に対して $a \leqq b$ か $b \leqq a$ のいずれかが成立する。

$a \leqq b$ かつ $a \neq b$ のときは $a < b$ と書く。また $a \leqq b, a < b$ を各々 $b \geqq a$, $b > a$ と書くこともある。

$\mathbb{F}_2, \mathbb{N}, \mathbb{Z}, \mathbb{Q}, \mathbb{Q}(\sqrt{2}), \mathbb{R}$ は通常の数の大小関係に関して全順序集合である。複素数に大小関係はないが，$\mathbb{C}$ 上に適当な全順序 $\leqq$ を導入して $\mathbb{C}$ を全順序集合とみなすことは可能である。例えば 2 つの複素数 $z_j = x_j + i y_j \in \mathbb{C}$ ($x_j, y_j \in \mathbb{R}, j = 1, 2$) に対して

$$z_1 \leqq z_2 \iff (x_1 < x_2) \text{ または } (x_1 = x_2 \text{ かつ } y_1 \leqq y_2)$$

と定義すれば，$\leqq$ は $\mathbb{C}$ 上の全順序 (辞書式順序と呼ばれるもの) になる。

1.1 実数

X を体とし,さらに X に全順序 $\leqq$ が定義されているとする。X の加法と乗法,全順序が以下の 2 条件を満たすとき,X を**順序体**という。以下 $a, b \in X$ とする。

(II_5) $a < b$ であれば,任意の $c \in X$ に対して $a + c < b + c$.

(II_6) $a < b$ であれば,任意の $c \in X, c > 0$ に対して $ac < bc$.

$\mathbb{Q}, \mathbb{Q}(\sqrt{2}), \mathbb{R}$ は順序体である。$\mathbb{F}_2$ は順序体ではない。実際,$0 < 1$ の両辺に 1 を加えると $1 > 0$ となり (II_5) は成り立たない。$\mathbb{C}$ はどのような全順序を導入しても順序体にはできないことが知られている。

一般に,任意の順序体は $\mathbb{Q}$(に同型な体) を含むことが知られている。この意味で,$\mathbb{Q}$ は最小の順序体である。

ここで,順序体の基本的な性質を一つ述べる。

命題 1.1 順序体の稠密性 X を順序体とする。任意の $a, b \in X, a < b$ に対して $a < c < b$ を満たす $c \in X$ が存在する。

証明. 例えば $c = (a + b)/2$ とおけばよい。実際,$a < b$ の両辺に a を加えると (II_5) より $2a < a + b$ となる。両辺を 2 で割ると (II_6) より $a < c$ が得られる。同様に $c < b$ が示される。 □

今述べたように $\mathbb{Q}, \mathbb{Q}(\sqrt{2}), \mathbb{R}$ はいずれも順序体であって,法則 (I_1)–(I_5),(II_1)–(II_6) だけでは区別することができない。次の性質は $\mathbb{R}$ を他の順序体と区別する $\mathbb{R}$ 固有の性質である。

(III) $\mathbb{R}$ は全順序に関して**連続**である。

この意味を正確に述べると以下のようになる。一般に X を順序体とし,X を次の性質を満たす部分集合 A, B に分けることを考える。

(III_1) $A \cap B = \emptyset, A \neq \emptyset, B \neq \emptyset$.

(III_2) $X = A \cup B$.

(III_3) $a \in A, b \in B$ であれば $a < b$.

このように X を 2 つの部分集合に分けることを X の**切断**といい,(A, B) で表す。このとき,論理的には次の 4 つのうちの一つが必ず起こる。

(i) A に最大元がなく,B に最小元がない。

(ii) A に最大元があり,B に最小元がない。
(iii) A に最大元がなく,B に最小元がある。
(iv) A に最大元があり,B に最小元がある。

このうち,(iv) はどんな切断 (A, B) に対しても起こりえない。実際,仮にある切断 (A, B) について (iv) が成り立ったとし,$a_0 \in A, b_0 \in B$ を各々 A の最大元,B の最小元とおくと,(III_3) より $a_0 < b_0$ である。順序体の稠密性より $a_0 < c < b_0$ を満たす $c \in X$ が存在する。a_0, b_0 の定義より,この c は A にも B にも入らない。これは (III_2) に矛盾する。

そこで,(i), (ii), (iii) の場合が起こりえるが,$X = \mathbb{R}$ の場合には,任意の切断に対して (i) は起こらない。すなわち

「$\mathbb{R}$ の任意の切断に対して (ii) または (iii) が成り立つ」

という性質が成り立つ。標語的に言えば「数直線を切断したら必ずどちらか一方に端がついている」ということである。上の (III) はこの性質を述べている。性質 (III) を満たす順序体は (同型の違いを除いて) $\mathbb{R}$ しか存在しないことが知られている。

以上の実数の性質 (I)–(III) を一言でまとめると,実数とは,順序体であって,全順序に関して連続な集合ということができる。

例 1.3 $X = \mathbb{Q}$ とし
$$A = \{x \in X \mid x \leqq 0 \text{ または } x^2 < 2\},$$
$$B = \{x \in X \mid x > 0 \text{ かつ } x^2 > 2\}$$

とおくと (III_1)–(III_3) が成立する。すなわち (A, B) は $\mathbb{Q}$ の切断であるが,この切断に対して (i) が成り立つ。$\sqrt{2} \notin \mathbb{Q}$ がこの議論の要になっていることは明らかであろう。$X = \mathbb{R}$ の場合には上で定義される A, B に対して (A, B) は $\mathbb{R}$ の切断にはなっていないことに注意せよ。なぜなら $\sqrt{2} \notin A \cup B$ であるから (III_2) が成り立たない。

1.1 実数

	$\mathbb{F}_2$	$\mathbb{N}$	$\mathbb{Z}$	$\mathbb{Q}$	$\mathbb{Q}(\sqrt{2})$	$\mathbb{R}$	$\mathbb{C}$
体	○	×	×	○	○	○	○
全順序集合	○	○	○	○	○	○	△
順序体	×	—	—	○	○	○	×
順序体の連続性	—	—	—	×	×	○	—

以下，性質 (III) から導かれる $\mathbb{R}$ の基本的な性質を述べる。

命題 1.2 X を $\mathbb{R}$ の部分集合とする。
(1) $A = \{a \in \mathbb{R} \mid$ 全ての $x \in X$ に対して $a \leqq x\}$ は，$A \neq \emptyset$ であれば最大値を持つ。これを X の**下限**といい，$\inf X$ と書く。X が下限を持たないとき ($A = \emptyset$ のとき) は $\inf X = -\infty$ とおく。
(2) $B = \{b \in \mathbb{R} \mid$ 全ての $x \in X$ に対して $x \leqq b\}$ は，$B \neq \emptyset$ であれば最小値を持つ。これを X の**上限**といい，$\sup X$ と書く。X が上限を持たないとき ($B = \emptyset$ のとき) は $\sup X = \infty$ とおく。

注意 1.1 (1) において，$A \neq \emptyset$ の場合，一般に A はある $a_0 \in \mathbb{R}$ を用いて $A = \{a \in \mathbb{R} \mid a < a_0\}$ または $A = \{a \in \mathbb{R} \mid a \leqq a_0\}$ の形に書けるが，この命題は前者は起こりえないことを主張している。(2) も同様である。

証明. (1) B を $\mathbb{R}$ における A の補集合とすれば，$A \neq \emptyset$ のとき，(A, B) は $\mathbb{R}$ の切断になる。仮に B が最小値 b_0 を持つと仮定すると，$b_0 \notin A$ であるから $x < b_0$ を満たす $x \in X$ が存在する。このとき，実数の稠密性から $x < c < b_0$ を満たす c がとれる。$x < c$ より $c \notin A$，すなわち $c \in B$ であるが，これは b_0 が B の最小値であることと矛盾する。したがって B は最小値を持たない。したがって，$\mathbb{R}$ の性質 (III) より A は最大値を持つ。(2) も同様に示される。 □

$\mathbb{R}$ の部分集合 X が下限 (上限) を持つとき，X は下に (上に) **有界**であるという。X が下にも上にも有界であるとき，X は有界であるという。

例 1.4 $X_1 = \{x \in \mathbb{R} \mid -4 < x \leqq -2$ または $2 < x \leqq 4\}$ に対して，$\inf X_1 = -4$, $\sup X_1 = 4$ で，X_1 は有界である。$X_2 = \{x \in \mathbb{R} \mid x < 0\}$ に対して，$\inf X_2 = -\infty$, $\sup X_2 = 0$ で，X_2 は上に有界であるが，下に有界ではない。

注意 1.2 X が最小値 $\min X$ (最大値 $\max X$) を持てば，それは $\inf X$ ($\sup X$) に一致する。

他方, X に最小値 (最大値) がなくても, X が下に (上に) 有界であれば, 定義により $\inf X$ ($\sup X$) は存在する. 前の例では, X_1 は最小値を持たないが ($-4 \notin X_1$ に注意), $\inf X_1$ は存在する. また, X_2 は最大値を持たないが ($0 \notin X_2$ に注意), $\sup X_2$ は存在する.

問 1.1 次のそれぞれの集合の下限・上限を求めよ. またそれらは, 最小値・最大値であるか. ただし, $-\infty < a < b < \infty$ とする.

(1) $\mathbb{N}$, (2) $\mathbb{Z}$, (3) $A = [a,b]$, (4) $B = (a,b)$,
(5) $C = \left\{ \dfrac{1}{n} \,\middle|\, n \in \mathbb{N} \right\}$, (6) $D = \left\{ 1 - \dfrac{(-1)^n}{n} \,\middle|\, n \in \mathbb{N} \right\}$.

問 1.2 2つの集合 X, Y が $X \subset Y$ であるとする. このとき, $\inf X \geqq \inf Y$, $\sup X \leqq \sup Y$ であることを示せ.

命題 1.3 $\{a_n\}$ $(n \in \mathbb{N})$ を実数列とし, $X = \{a_n \,|\, n \in \mathbb{N}\}$ とおく. X は有界であると仮定する.
(1) $\{a_n\}$ が (広義) 単調減少列
$$a_1 \geqq a_2 \geqq a_3 \geqq \cdots \geqq a_n \geqq \cdots \geqq \inf X$$
であれば $\lim_{n \to \infty} a_n = \inf X$ が成り立つ.
(2) $\{a_n\}$ が (広義) 単調増加列
$$a_1 \leqq a_2 \leqq a_3 \leqq \cdots \leqq a_n \leqq \cdots \leqq \sup X$$
であれば $\lim_{n \to \infty} a_n = \sup X$ が成り立つ.

注意 1.3 一般に, 実数列 $\{a_n\}$ $(n \in \mathbb{N})$ が $\alpha \in \mathbb{R}$ に収束することを示すには, 任意の正数 $\varepsilon > 0$ に対して (ε に応じて) 番号 $n_0 \in \mathbb{N}$ を十分大きくとれば
$$n \geqq n_0 \text{ であれば } |a_n - \alpha| < \varepsilon$$
とできることを示せばよい.

証明. (1) $\alpha = \inf X$ とおく. α は集合
$$A = \{a \in \mathbb{R} \,|\, a \leqq a_n \ (n \in \mathbb{N})\}$$
の最大値であるから, 任意の正数 $\varepsilon > 0$ に対して $\alpha \leqq a_{n_0} < \alpha + \varepsilon$ を満たす番号 n_0 が存在する. $\{a_n\}$ は単調減少列であるから, $n \geqq n_0$ であれば,
$$-\varepsilon < 0 \leqq a_n - \alpha \leqq a_{n_0} - \alpha < \varepsilon$$
となる. したがって, $\lim_{n \to \infty} a_n = \alpha$ が成り立つ. (2) も同様に示される. □

1.1 実 数

例 1.5 $a_n = \left(1 + \dfrac{1}{n}\right)^n$ で定義される実数列 $\{a_n\}$ $(n \in \mathbb{N})$ が収束することを示そう。二項定理より

$$a_n = 1 + {}_nC_1 \frac{1}{n} + {}_nC_2 \frac{1}{n^2} + \cdots + {}_nC_k \frac{1}{n^k} + \cdots + {}_nC_n \frac{1}{n^n}$$

である。右辺の各項

$$\begin{aligned}{}_nC_k \frac{1}{n^k} &= \frac{n(n-1)\cdots(n-k+1)}{k!} \cdot \frac{1}{n^k} \\ &= \frac{1}{k!}\left(1 - \frac{1}{n}\right)\left(1 - \frac{2}{n}\right)\cdots\left(1 - \frac{k-1}{n}\right)\end{aligned}$$

は正で，n の増加に伴い単調増加である。しかも a_n は n の増加に伴い項の数を増やす。したがって a_n は単調増加である。また

$$\begin{aligned}a_n &\leqq 1 + \frac{1}{1!} + \frac{1}{2!} + \frac{1}{3!} + \cdots + \frac{1}{n!} \leqq 1 + 1 + \frac{1}{2} + \frac{1}{2^2} + \cdots + \frac{1}{2^{n-1}} \\ &= 1 + \frac{1 - \frac{1}{2^n}}{1 - \frac{1}{2}} < 1 + \frac{1}{1 - \frac{1}{2}} = 1 + 2 = 3\end{aligned}$$

であるから，$\{a_n \mid n \in \mathbb{N}\}$ は上に有界である。従って，命題 1.3 より $\{a_n\}$ は収束する。$\displaystyle\lim_{n\to\infty} a_n$ は **Napier** (ネイピア) 数 $e = 2.7182818\cdots$ で，自然対数の底になることはよく知られている。

注意 1.4 前例で，$a_n \in \mathbb{Q}$ $(n \in \mathbb{N})$ であるが，$\displaystyle\lim_{n\to\infty} a_n = e \notin \mathbb{Q}$ であることに注意せよ。したがって，この数列は有理数の範囲では収束せず，数の世界を実数に広げて初めて収束を議論できるようになるのである。

例 1.6 初期値 $a_1 = 2$ および漸化式

$$a_{n+1} = \frac{a_n}{2} + \frac{1}{a_n}, \quad n = 1, 2, 3, \cdots$$

で定まる有理数列 $\{a_n\}$ $(n \in \mathbb{N})$ がある無理数 (有理数でない実数) に収束することを示す。$a_1 > \sqrt{2}$ である。$a_n > \sqrt{2}$ と仮定すれば，相加相乗平均より

$$a_{n+1} > 2\sqrt{\frac{a_n}{2} \cdot \frac{1}{a_n}} = 2\sqrt{\frac{1}{2}} = \sqrt{2}$$

であるから，数学的帰納法により $a_n > \sqrt{2}$ $(n \in \mathbb{N})$ である。従って，$\{a_n \mid n \in \mathbb{N}\}$ は下に有界である。また

$$a_{n+1} - a_n = \left(\frac{a_n}{2} + \frac{1}{a_n}\right) - a_n = -\frac{a_n}{2} + \frac{1}{a_n} = \frac{2 - a_n^2}{2a_n} < 0$$

であるから，$\{a_n\}$ は単調減少である．したがって，命題 1.3 より $\{a_n\}$ は (一般に $\mathbb{R}$ において) 収束する．そこで，$\lim_{n \to \infty} a_n = \alpha \in \mathbb{R}$ とおき，漸化式の両辺において各々 $n \to \infty$ の極限をとって等しいと置けば

$$\alpha = \frac{\alpha}{2} + \frac{1}{\alpha}$$

となる．これから $\alpha^2 = 2$, 従って $\alpha = \sqrt{2}$ である．

注意 1.5 f を $\mathbb{R}$ で定義された実数に値をとる関数とする．初期値 $a_1 \in \mathbb{R}$ および漸化式

$$a_{n+1} = f(a_n), \quad n = 1, 2, 3, \cdots \tag{1.1}$$

で定まる実数列 $\{a_n\}$ ($n \in \mathbb{N}$) が収束するとき，その極限 $\lim_{n \to \infty} a_n = \alpha \in \mathbb{R}$ は，漸化式 (1.1) において $n \to \infty$ の極限をとることによって得られる方程式

$$\alpha = f(\alpha) \tag{1.2}$$

の実数解の一つになる．しかし，$\{a_n\}$ が発散する (収束しない) 場合にこの論法を適用すると一般に誤った結果を導くことになるので注意を要する．例えば，漸化式

$$a_{n+1} = 2a_n + 1, \quad n = 1, 2, 3, \cdots$$

において形式的に $n \to \infty$ の極限をとると，$\alpha = 2\alpha + 1$ より，$\{a_n\}$ は $\alpha = -1$ に収束することになるが，これは ($a_1 \neq -1$ の場合を除いて) 誤りである．実際，$a_1 > -1$ ($a_1 < -1$) のとき，$\{a_n\}$ は $+\infty$ ($-\infty$) に発散する．

問 1.3 $a_1 = 1, a_{n+1} = \dfrac{1}{1 + a_n}$ ($n = 1, 2, 3, \cdots$) で定まる数列 $\{a_n\}$ について，次に答えよ．

(1) a_2, a_3, a_4 を求めよ．
(2) 全ての $n \in \mathbb{N}$ について，$0 < a_n \leqq 1$ であることを示せ．
(3) $\{a_{2n+1}\}$ は単調減少列，$\{a_{2n}\}$ は単調増加列であることを示せ．
(4) $\lim_{n \to \infty} a_{2n+1} = \alpha$, $\lim_{n \to \infty} a_{2n} = \beta$ を求めよ．
(5) $\{a_n\}$ が収束列であることを示せ．

1.2 関　　数

2 つの集合 X, Y があって，X の任意の元 x に対して Y の元を 1 つ対応させる規則

1.2 関数

$$f : x \mapsto y = f(x)$$

が与えられているとき，その規則 f を X から Y への**関数**または**写像**といって

$$f : X \to Y$$

で表す．X を f の**定義域**，また $f(X) = \{f(x) \,|\, x \in X\} \subset Y$ を f の**値域**という．$Y = f(X)$ のとき f は**全射**，また

$$f(x_1) = f(x_2) \text{ であれば } x_1 = x_2$$

であるとき f は**単射**という．f が全射かつ単射のとき，f は**全単射**という．

2 つの関数 $f : X \to Y, g : Y \to Z$ が与えられたとき，$(g \circ f)(x) = g(f(x))$ $(x \in X)$ で関数 $g \circ f : X \to Z$ が定義できる．これを f と g の**合成関数**または**合成写像**という．

$y = f(x)$ で定まる関数 $f : X \to Y$ が全単射のとき，$f^{-1}(y) = x$ で定まる関数 $f^{-1} : Y \to X$ を f の**逆関数**または**逆写像**という．定義より，$x \in X$ に対して $(f^{-1} \circ f)(x) = x$ が成り立つ．逆関数 f^{-1} も全単射であり，$(f^{-1})^{-1} = f$ である．したがって，$y \in Y$ に対して $(f \circ f^{-1})(y) = y$ が成り立つ．

例 1.7 関数 $y = f(x) = x^2$ は $f : \mathbb{R} \to \mathbb{R}$ とみなせば全射でも単射でもない．$\mathbb{R}_{0,+} = \{y \in \mathbb{R} \,|\, y \geq 0\}$ とおいて $f : \mathbb{R} \to \mathbb{R}_{0,+}$ とみなせば f は全射であるが，単射ではない．$f : \mathbb{R}_{0,+} \to \mathbb{R}_{0,+}$ とみなせば f は全単射であり，逆関数 $f^{-1} : \mathbb{R}_{0,+} \to \mathbb{R}_{0,+}$ は $x = f^{-1}(y) = \sqrt{y}$ で与えられる．

問 1.4 次の $\mathbb{R}$ から $\mathbb{R}$ への関数で，全射なものはどれか．また，単射なものはどれか．ただし，$n \in \mathbb{N}$ とする．

$$x^{2n},\ x^{2n+1},\ x(x^2-1),\ \frac{x}{|x|+1},\ e^x,\ e^x - e^{-x},\ \log(1+x^2).$$

例 1.8 平面曲線の媒介変数表示 I を $\mathbb{R}$ 内の区間とし，$x, y : I \to \mathbb{R}$ を 2 つの連続関数とする．このとき，$f : I \to \mathbb{R}^2$ を $f(t) = (x(t), y(t))$ $(t \in I)$ で定めれば，$f(I)$ は平面 $\mathbb{R}^2$ 内に連続な曲線を定める．例えば，r を正定数，$I = \{t \in \mathbb{R} \,|\, 0 \leq t < 2\pi\}$，$x(t) = r\cos t,\ y(t) = r\sin t$ とすれば

$$f(I) = \{(r\cos t, r\sin t) \in \mathbb{R}^2 \,|\, 0 \leq t < 2\pi\}$$

は原点を中心とする半径 r の円である．

1.3 有理関数

例えば，$P(x) = 3x^3 + 2x^2 - x + 1$ のような形をした式のことを**多項式**という。この式の $3x^3$ や $2x^2$ などを**項**という。

注意 1.6 項が一つのものを**単項式**という。本書では，単項式も多項式に含める。項が二つ以上のもののみを多項式といい，単項式を多項式に含めない流儀もある。このような場合，単項式と多項式を合わせて**整式**という。他の文献を参照する場合は注意が必要である。

多項式 $P(x)$ および $Q(x)$ を用いて，

$$f(x) = \frac{P(x)}{Q(x)}$$

のような分数式で表される関数を**有理関数**という。ただし，$Q(x) \neq 0$ とする。例えば，図 1.1 は，有理関数

$$f(x) = \frac{x^2 - 2x + 3}{x - 2} \quad (ただし,\ x \neq 2)$$

の概形を示しており，分母が 0 となる $x = 2$ がこの曲線の**漸近線**となる。また，

$$f(x) = \frac{x^2 - 2x + 3}{x - 2} = x + \frac{3}{x - 2}$$

であることから，

$$\lim_{x \to \pm\infty} \left(\frac{x^2 - 2x + 3}{x - 2} - x \right) = \lim_{x \to \pm\infty} \frac{3}{x - 2} = 0$$

となる。したがって，直線 $y = x$ もこの曲線の漸近線となる。

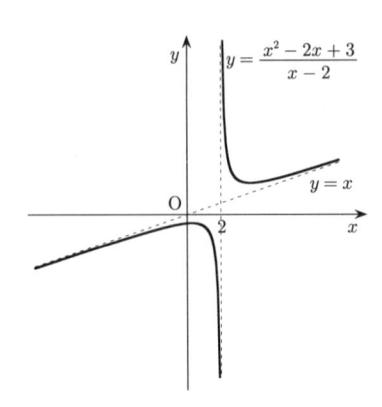

図 1.1 有理関数の一例

問 1.5 有理関数 $y = \dfrac{x^2 - 3}{2x - 4}$ の漸近線を求めよ。

例 1.9 有理関数 $y = \dfrac{1}{x^3 - 8}$ を部分分数で表そう。分母を因数分解して部分分数に分け，

$$\frac{1}{x^3 - 8} = \frac{1}{(x-2)(x^2 + 2x + 4)} = \frac{A}{x - 2} + \frac{Bx + C}{x^2 + 2x + 4}$$

とおいて，上式を満たす A, B, C を求めればよいので，次の連立方程式が得られる．

$$A + B = 0,$$
$$2A - 2B + C = 0,$$
$$4A - 2C = 1.$$

これを解けば $A = \dfrac{1}{12}$, $B = -\dfrac{1}{12}$, $C = -\dfrac{4}{12}$ が得られる．したがって，与えられた有理関数は次式に示す部分分数で表される．

$$\frac{1}{x^3 - 8} = \frac{1}{12}\left(\frac{1}{x - 2} - \frac{x + 4}{x^2 + 2x + 4}\right).$$

有理関数を積分する場合，このように部分分数で表すことが必要になる．

1.4 三角関数・逆三角関数

1.4.1 三 角 関 数

三角関数は，微分積分学において最も重要な初等関数の一つであり，微分・積分を行う上で頻繁に用いることになる．三角関数の定義などについては高等学校で習っているので，本節では三角関数に関する重要な定理および公式をまとめて書くことにする．

負角の公式

$$\sin(-x) = -\sin x, \tag{1.3}$$
$$\cos(-x) = \cos x, \tag{1.4}$$
$$\tan(-x) = -\tan x. \tag{1.5}$$

正弦関数および正接関数は奇関数，余弦関数は偶関数である．

余角の公式

$$\sin\left(\frac{\pi}{2}+x\right) = \cos x, \tag{1.6}$$

$$\sin\left(\frac{\pi}{2}-x\right) = \cos x, \tag{1.7}$$

$$\cos\left(\frac{\pi}{2}+x\right) = -\sin x, \tag{1.8}$$

$$\cos\left(\frac{\pi}{2}-x\right) = \sin x. \tag{1.9}$$

補角の公式

$$\sin(\pi+x) = -\sin x, \tag{1.10}$$

$$\sin(\pi-x) = \sin x, \tag{1.11}$$

$$\cos(\pi+x) = -\cos x, \tag{1.12}$$

$$\cos(\pi-x) = -\cos x. \tag{1.13}$$

加法定理

　正弦関数，余弦関数および正接関数の加法定理は特に重要である．余角の公式 (1.6)～(1.9) および補角の公式 (1.10)～(1.13) は加法定理を用いて導くことができる．また，後述する 2 倍角，3 倍角および半角公式なども加法定理より簡単に導くことができる．

$$\sin(x \pm y) = \sin x \cos y \pm \cos x \sin y, \tag{1.14}$$

$$\cos(x \pm y) = \cos x \cos y \mp \sin x \sin y, \tag{1.15}$$

$$\tan(x \pm y) = \frac{\tan x \pm \tan y}{1 \mp \tan x \tan y}. \tag{1.16}$$

問 1.6 加法定理を用いて次の値を求めよ．

(1) $\sin\left(\dfrac{5}{6}\pi\right)$, 　(2) $\cos\left(\dfrac{\pi}{12}\right)$, 　(3) $\tan\left(\dfrac{5}{12}\pi\right)$.

2 倍角の公式

　加法定理において $y = x$ とおけば，次の 2 倍角の公式が得られる．

$$\sin 2x = 2\sin x \cos x, \tag{1.17}$$

$$\cos 2x = \cos^2 x - \sin^2 x = 2\cos^2 x - 1 = 1 - 2\sin^2 x, \tag{1.18}$$

$$\tan 2x = \frac{2\tan x}{1 - \tan^2 x}. \tag{1.19}$$

1.4 三角関数・逆三角関数

3倍角の公式

加法定理において $y = 2x$ とおいて2倍角の公式を用いると，次の3倍角の公式が導かれる．

$$\sin 3x = 3\sin x - 4\sin^3 x, \tag{1.20}$$

$$\cos 3x = -3\cos x + 4\cos^3 x, \tag{1.21}$$

$$\tan 3x = \frac{3\tan x - \tan^3 x}{1 - 3\tan^2 x}. \tag{1.22}$$

半角公式

余弦関数に関する2倍角の公式 (1.18) より，次の半角公式が導かれる．

$$\sin^2 \frac{x}{2} = \frac{1}{2}\left(1 - \cos x\right), \tag{1.23}$$

$$\cos^2 \frac{x}{2} = \frac{1}{2}\left(1 + \cos x\right). \tag{1.24}$$

これら2式より，次の正接関数の半角公式が導かれる．

$$\tan^2 \frac{x}{2} = \frac{\sin^2 \frac{x}{2}}{\cos^2 \frac{x}{2}} = \frac{1 - \cos x}{1 + \cos x}. \tag{1.25}$$

積を和・差になおす公式

三角関数の積は，次の公式により和と差の形になおすことができる．

$$\sin x \cos y = \frac{1}{2}\left\{\sin(x+y) + \sin(x-y)\right\}, \tag{1.26}$$

$$\cos x \sin y = \frac{1}{2}\left\{\sin(x+y) - \sin(x-y)\right\}, \tag{1.27}$$

$$\cos x \cos y = \frac{1}{2}\left\{\cos(x+y) + \cos(x-y)\right\}, \tag{1.28}$$

$$\sin x \sin y = -\frac{1}{2}\left\{\cos(x+y) - \cos(x-y)\right\}. \tag{1.29}$$

これらの公式は，正弦関数および余弦関数の加法定理から導かれる．例えば，式 (1.26) は，加法定理を用いて $\sin(x+y)$ と $\sin(x-y)$ の和を求めることにより導かれる．

和・差を積になおす公式

三角関数の和と差は，次の公式により積の形になおすことができる．

$$\sin x + \sin y = 2\sin\frac{x+y}{2}\cos\frac{x-y}{2}, \tag{1.30}$$

$$\sin x - \sin y = 2\cos\frac{x+y}{2}\sin\frac{x-y}{2}, \tag{1.31}$$

$$\cos x + \cos y = 2\cos\frac{x+y}{2}\cos\frac{x-y}{2}, \tag{1.32}$$

$$\cos x - \cos y = -2\sin\frac{x+y}{2}\sin\frac{x-y}{2}. \tag{1.33}$$

これらの公式は，積を和・差になおす公式 (1.26)〜(1.29) において一度 $x+y = \alpha$, $x-y = \beta$ などとおいて，

$$x = \frac{\alpha+\beta}{2},\ y = \frac{\alpha-\beta}{2}$$

を代入してから α を x, β を y でおきかえることにより得られる。

三角関数の合成

$$\begin{aligned} a\sin x + b\cos x &= \sqrt{a^2+b^2}\sin(x+\alpha) \\ &= \sqrt{a^2+b^2}\cos(x-\beta). \end{aligned} \tag{1.34}$$

α および β は，それぞれ $\tan\alpha = \dfrac{b}{a}$ および $\tan\beta = \dfrac{a}{b}$ を満たす値であるが，§1.4.2 で述べる逆正接関数を用いれば，次式で求められる。

$$\alpha = \arctan\frac{b}{a}, \tag{1.35}$$

$$\beta = \arctan\frac{a}{b}. \tag{1.36}$$

例 1.10 上式を導いてみよう。a および b を用いて図 1.2 に示す三角形を考える。式 (1.34) の左辺を変形して正弦関数の加法定理を用いると次式が得られる。

$$\begin{aligned} a\sin x + b\cos x &= \sqrt{a^2+b^2}\left(\sin x\frac{a}{\sqrt{a^2+b^2}} + \cos x\frac{b}{\sqrt{a^2+b^2}}\right) \\ &= \sqrt{a^2+b^2}(\sin x\cos\alpha + \cos x\sin\alpha) \\ &= \sqrt{a^2+b^2}\sin(x+\alpha). \end{aligned}$$

ここで，角度 α は図 1.2 より $\tan\alpha = \dfrac{b}{a}$ を満たす値であるが，これを後述する逆正接関数を用いれば式 (1.35) のように表される。同様に，角度 β および余弦関数の加法定理を用いると，次式が得られる。

1.4 三角関数・逆三角関数

$$b\cos x + a\sin x = \sqrt{a^2+b^2}\left(\cos x \frac{b}{\sqrt{a^2+b^2}} + \sin x \frac{a}{\sqrt{a^2+b^2}}\right)$$
$$= \sqrt{a^2+b^2}\left(\cos x \cos\beta + \sin x \sin\beta\right)$$
$$= \sqrt{a^2+b^2}\cos(x-\beta).$$

同様に，角度 β は図 1.2 より $\tan\beta = \dfrac{a}{b}$ を満たす値であるが，逆正接関数を用いれば式 (1.36) のように表される．

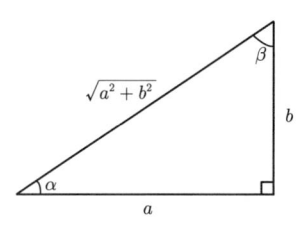

図 1.2 三角関数の合成

例 1.11 $y = \sin x - \cos x$ を合成した関数を求めよう．式 (1.34) において $a=1$, $b=-1$ とした場合に相当するので，角度 α および β は $\tan\alpha = \tan\beta = -1$ を満たす値であり，$\cos\alpha > 0$，$\sin\alpha < 0$ なので $\alpha = -\dfrac{\pi}{4}$，$\cos\beta < 0$，$\sin\beta > 0$ なので $\beta = \dfrac{3}{4}\pi$ が得られる．これより，

$$y = \sin x - \cos x = \sqrt{1^2 + (-1)^2}\sin\left(x - \frac{\pi}{4}\right) = \sqrt{2}\sin\left(x - \frac{\pi}{4}\right).$$

余弦関数を用いると $y = \sqrt{2}\cos\left(x - \dfrac{3}{4}\pi\right)$ で表される．関数の概形を図 1.3 に示す．

問 1.7 $y = \sqrt{3}\sin\left(x + \dfrac{\pi}{3}\right) - \sin\left(x + \dfrac{5}{6}\pi\right)$ を合成した関数を求めよ．なお，この関数の概形については図 1.4 に示す．

余割・正割・余接関数

正弦関数 $y = \sin x$，余弦関数 $y = \cos x$ および正接関数 $y = \tan x$ の逆数をそれぞれ**余割関数** $y = \text{cosec}\,x$（コセカント），**正割関数** $y = \sec x$（セカント）および**余接関数** $y = \cot x$（コタンジェント）という．したがって，これら

図 1.3 $y = \sin x - \cos x$

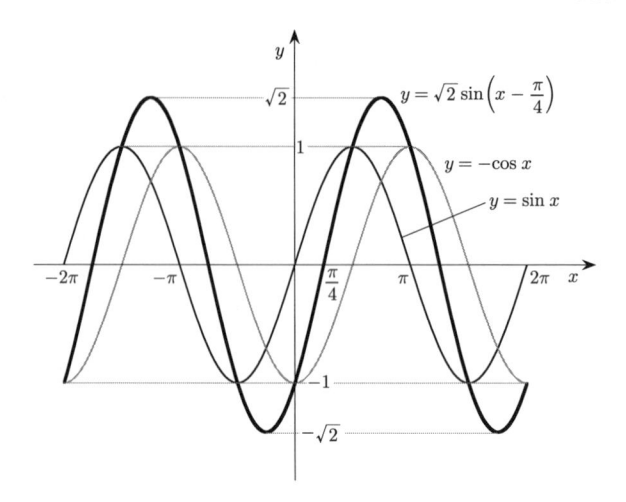

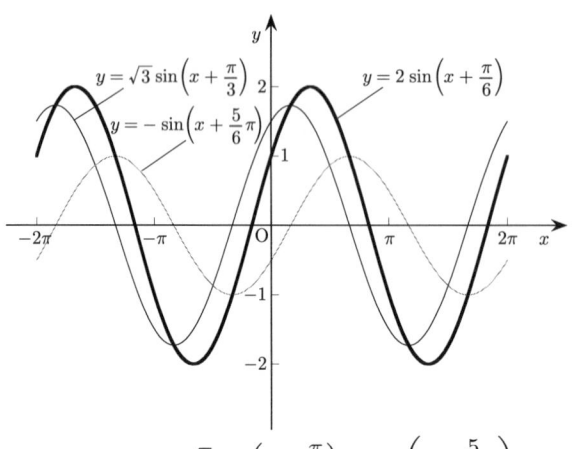

図 1.4 $y = \sqrt{3}\sin\left(x + \dfrac{\pi}{3}\right) - \sin\left(x + \dfrac{5}{6}\pi\right)$

の関数は次式で示す相互関係にある．

$$\operatorname{cosec} x = \frac{1}{\sin x}, \tag{1.37}$$

$$\sec x = \frac{1}{\cos x}, \tag{1.38}$$

$$\cot x = \frac{1}{\tan x} = \frac{\cos x}{\sin x}. \tag{1.39}$$

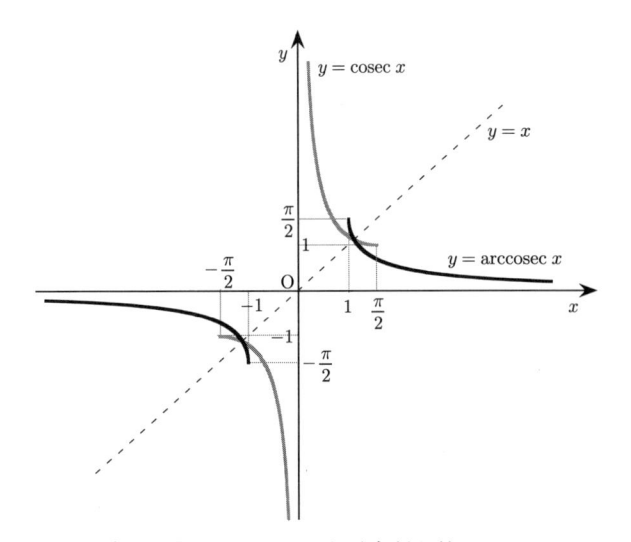

1.4 三角関数・逆三角関数

図 1.5 余割関数 $y = \operatorname{cosec} x$ と逆余割関数 $y = \operatorname{arccosec} x$

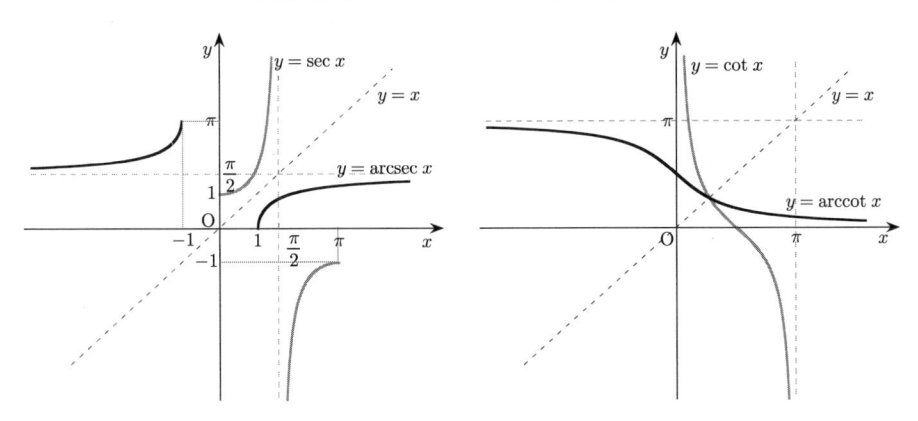

図 1.6 正割関数 $y = \sec x$ と逆正割関数 $y = \operatorname{arcsec} x$

図 1.7 余接関数 $y = \cot x$ と逆余接関数 $y = \operatorname{arccot} x$

文献によっては,余割関数 $y = \operatorname{cosec} x$ を $y = \csc x$ と表記している場合もある。余割・正割・余接関数の概形を後述する逆関数もあわせて図 1.5〜1.7 に示す。

これら三角関数の間には次に示す**平方定理**が成り立つ。

$$\sin^2 x + \cos^2 x = 1, \tag{1.40}$$

$$\tan^2 x + 1 = \sec^2 x = \frac{1}{\cos^2 x}, \tag{1.41}$$

$$1 + \cot^2 x = \operatorname{cosec}^2 x = \frac{1}{\sin^2 x}. \tag{1.42}$$

これらの関係式については，§1.8.1 で述べるように図 1.23 で覚えておくと便利である．

問 1.8 次の値を求めよ．

(1) $\sec\left(\dfrac{\pi}{3}\right)$, (2) $\cot\left(\dfrac{\pi}{6}\right)$, (3) $\operatorname{cosec}\left(\dfrac{\pi}{3}\right)$.

1.4.2 逆三角関数

逆正弦・逆余弦・逆正接関数

三角関数 $\sin x$, $\cos x$ および $\tan x$ の逆関数を**逆三角関数**といい，それぞれ**逆正弦関数** $y = \arcsin x$ (アーク サイン)，**逆余弦関数** $y = \arccos x$ (アーク コサイン) および**逆正接関数** $y = \arctan x$ (アーク タンジェント) で表わす．文献によっては，これを $\sin^{-1} x$, $\cos^{-1} x$, $\tan^{-1} x$ と表記している場合もあるが，これについては 1.8.2 節で述べる．逆関数をグラフに表すには，x 軸と y 軸を交換して描けば良いので，正弦・余弦・正接関数およびそれらの逆関数の概形は図 1.8〜1.10 に示すようになる．

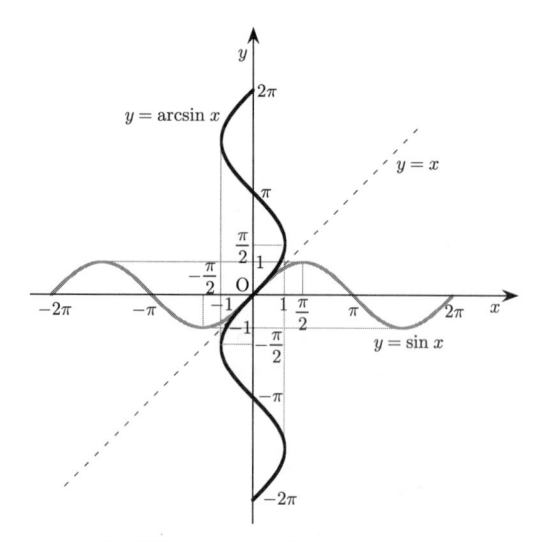

図 1.8 正弦関数 $y = \sin x$ と逆正弦関数 $y = \arcsin x$

1.4 三角関数・逆三角関数

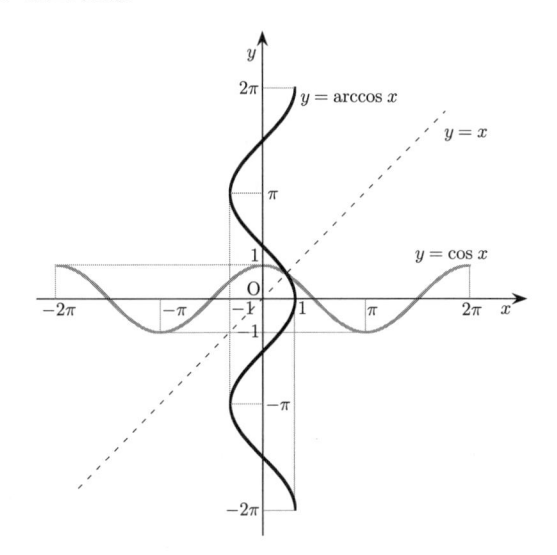

図 1.9 余弦関数 $y = \cos x$ と逆余弦関数 $y = \arccos x$

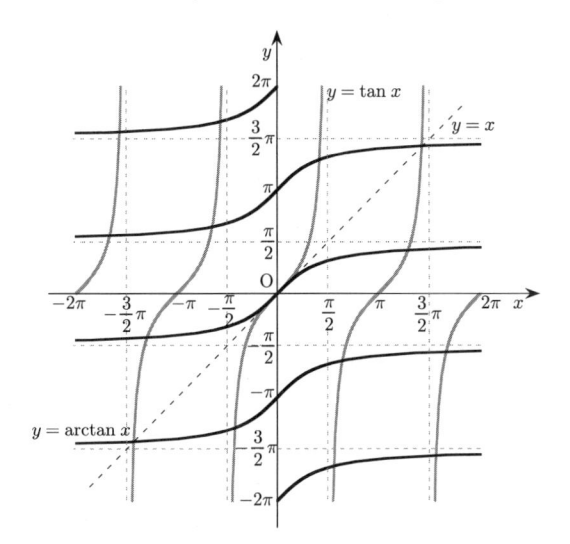

図 1.10 正接関数 $y = \tan x$ と逆正接関数 $y = \arctan x$

例えば，逆正弦関数 $y = \arcsin x$ は，独立変数 $x \in [-1, 1]$ に対し $x = \sin y$ を満たす y を定める関数であるが，図 1.8 に示すようにそのような y は無数に存在することになる．したがって，関数 $y = \arcsin x$ が 1.2 節で述べた全

単射となるように $-\frac{\pi}{2} \leqq y \leqq \frac{\pi}{2}$ に範囲を制限して考え，この範囲を**主値**という．これに対応させ，正弦関数 $y = \sin x$ の定義域についても $-\frac{\pi}{2} \leqq x \leqq \frac{\pi}{2}$ に範囲を制限する．同様に，図 1.9 に示す逆余弦関数 $y = \arccos x$ については $0 \leqq y \leqq \pi$，図 1.10 に示す逆正接関数 $y = \arctan x$ については $-\frac{\pi}{2} < y < \frac{\pi}{2}$ を主値とする．主値に対する正弦・余弦・正接関数およびそれらの逆関数の概形を図 1.11～1.13 に示す．また，これらの関数の定義域と主値を表 1.1 にまとめる．

表 1.1 正弦・余弦・正接関数および逆関数の定義域と主値

関数	定義域	主値
$y = \sin x$	$-\frac{\pi}{2} \leqq x \leqq \frac{\pi}{2}$	$-1 \leqq y \leqq 1$
$y = \cos x$	$0 \leqq x \leqq \pi$	$-1 \leqq y \leqq 1$
$y = \tan x$	$-\frac{\pi}{2} < x < \frac{\pi}{2}$	$-\infty < y < \infty$
$y = \arcsin x$	$-1 \leqq x \leqq 1$	$-\frac{\pi}{2} \leqq y \leqq \frac{\pi}{2}$
$y = \arccos x$	$-1 \leqq x \leqq 1$	$0 \leqq y \leqq \pi$
$y = \arctan x$	$-\infty < x < \infty$	$-\frac{\pi}{2} < y < \frac{\pi}{2}$

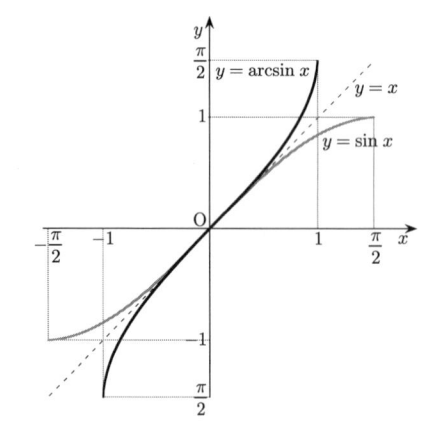

図 1.11 正弦関数 $y = \sin x$ と逆正弦関数 $y = \arcsin x$

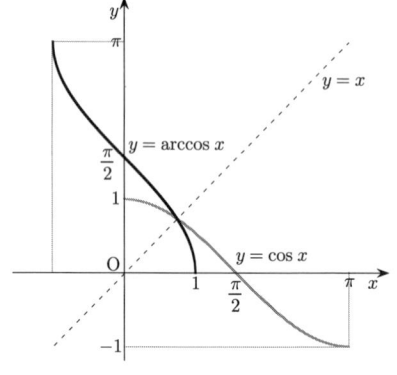

図 1.12 余弦関数 $y = \cos x$ と逆余弦関数 $y = \arccos x$

1.4 三角関数・逆三角関数

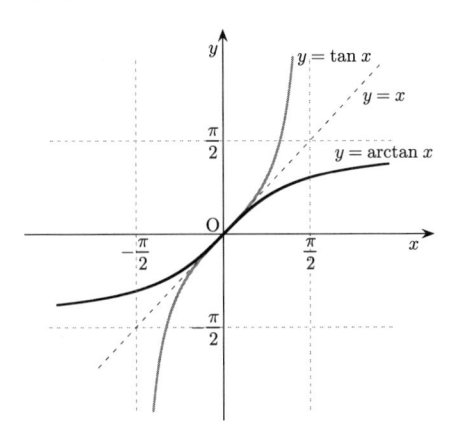

図 1.13 正接関数 $y = \tan x$ と逆正接関数 $y = \arctan x$

例 1.12 逆三角関数について，$\arcsin x + \arccos x = \dfrac{\pi}{2}$ が成り立つことを示そう。実際，$\arcsin x = y$, $y \in \left(-\dfrac{\pi}{2}, \dfrac{\pi}{2}\right)$ とおけば $x = \sin y$ であるので，

$$\arcsin x + \arccos x = y + \arccos(\sin y)$$

となる。$\sin y$ を余弦関数を用いて表すには，$\sin y = \cos\left(\dfrac{\pi}{2} - y\right)$ とおけば，$0 \leqq \dfrac{\pi}{2} - y \leqq \pi$ となり，余弦関数の定義域の範囲となる。これより，

$$\arcsin x + \arccos x = y + \arccos\left\{\cos\left(\dfrac{\pi}{2} - y\right)\right\} = y + \left(\dfrac{\pi}{2} - y\right) = \dfrac{\pi}{2}$$

が成り立つ。

問 1.9 次の逆三角関数の主値を求めよ。
 (1) $\arcsin\left(-\dfrac{1}{\sqrt{2}}\right)$, (2) $\arccos\left(\dfrac{\sqrt{3}}{2}\right)$, (3) $-\arctan\left(-\sqrt{3}\right)$.

問 1.10 逆三角関数について次を示せ。
 (1) $\sin(\arccos x) = \cos(\arcsin x) = \sqrt{1 - x^2}$,
 (2) $\arctan\left(\dfrac{1}{2}\right) + \arctan\left(\dfrac{1}{3}\right) = \dfrac{\pi}{4}$.

逆余割・逆正割・逆余接関数

三角関数 $\sin x$, $\cos x$ および $\tan x$ の逆数をそれぞれ $\operatorname{cosec} x$, $\sec x$ および $\cot x$ で表すことは述べたが，これらの関数の逆関数をそれぞれ**逆余割関数**

表 1.2 余割・正割・余接関数および逆関数の定義域と主値

関数	定義域	主値
$y = \operatorname{cosec} x$	$-\dfrac{\pi}{2} \leqq x < 0, \ 0 < x \leqq \dfrac{\pi}{2}$	$y \leqq -1, \ y \geqq 1$
$y = \sec x$	$0 \leqq x < \dfrac{\pi}{2}, \ \dfrac{\pi}{2} < x \leqq \pi$	$y \leqq -1, \ y \geqq 1$
$y = \cot x$	$0 < x < \pi$	$-\infty < y < \infty$
$y = \operatorname{arccosec} x$	$x \leqq -1, \ x \geqq 1$	$-\dfrac{\pi}{2} \leqq y < 0, \ 0 < y \leqq \dfrac{\pi}{2}$
$y = \operatorname{arcsec} x$	$x \leqq -1, \ x \geqq 1$	$0 \leqq y < \dfrac{\pi}{2}, \ \dfrac{\pi}{2} < y \leqq \pi$
$y = \operatorname{arccot} x$	$-\infty < x < \infty$	$0 < y < \pi$

$y = \operatorname{arccosec} x$ (アークコセカント), **逆正割関数** $y = \operatorname{arcsec} x$ (アークセカント) および**逆余接関数** $y = \operatorname{arccot} x$ (アークコタンジェント) で表す．文献によっては，これらを $\operatorname{cosec}^{-1} x$ ($\operatorname{csc}^{-1} x$), $\sec^{-1} x$ および $\cot^{-1} x$ と表記している場合もあるので注意が必要である．これらの関数の定義域と主値を表 1.2 に，関数の概形を図 1.5〜1.7 に示す．

問 1.11 次の式を簡単にせよ．
(1) $\arcsin(\cos x)$，　(2) $\arctan(\cot x)$，　(3) $\operatorname{arccosec}(\sec x)$．

問 1.12 逆三角関数について，次の等式が成り立つことを示せ．
(1) $\arctan x + \operatorname{arccot} x = \dfrac{\pi}{2}$，　(2) $\operatorname{arccosec} x + \operatorname{arcsec} x = \dfrac{\pi}{2}$．

1.5　べき関数

a と p を定数とした場合に，
$$y = ax^p$$
で表される関数を**べき関数**という．ただし，定義域は次の通りとする．

$$\begin{aligned}
&p = 0, 1, 2, \cdots && \text{のとき} && x \in \mathbb{R}, \\
&p = -1, -2, \cdots && \text{のとき} && x \in \mathbb{R} \setminus \{0\}, \\
&p > 0, p \neq 1, 2 \cdots && \text{のとき} && x \geqq 0, \\
&p < 0, p \neq -1, -2, \cdots && \text{のとき} && x > 0.
\end{aligned}$$

べき関数の概形を図 1.14 に示す．

1.6 指数関数・対数関数

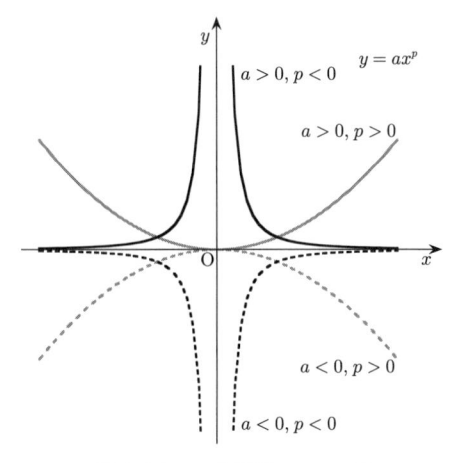

図1.14 べき関数 $y = ax^p$

1.6 指数関数・対数関数
1.6.1 指数関数
a を正の実数として,
$$y = a^x$$
で表される関数を**指数関数**という。指数関数の概形を図 1.15 に示す。指数関数の基本的性質を以下にまとめる。
$$a^x a^y = a^{x+y}, \quad (a^x)^y = a^{xy}, \quad \frac{a^x}{a^y} = a^{x-y}, \quad \left(\frac{a}{b}\right)^x = \frac{a^x}{b^x}.$$
a が Napier の数 e で,$e^{f(x)}$ の $f(x)$ が複雑な場合,$\exp(f(x))$ と書くこともある。

1.6.2 対数関数
指数関数の逆関数を**対数関数**という。すなわち,$a^y = x$ のとき,「y は a を底とする x の対数」といい,
$$y = \log_a x$$
で表す。特に,底を e とする対数 $\log_e x$ を**自然対数**という。本書では,自然対数を頻繁に用いるため底 e を省略し,$y = \log x$ で表すことにする。なお,文献によっては自然対数を $\ln x$ で表す場合もあり (関数電卓や Excel では "Ln"

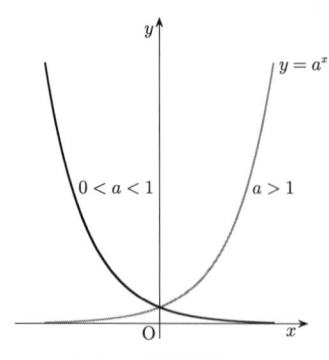

図 1.15 指数関数 $y = a^x$

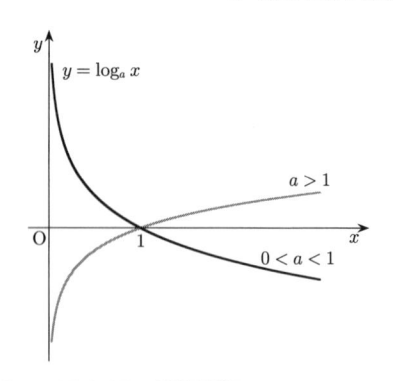

図 1.16 対数関数 $y = \log x$

のボタンにより自然対数の値が求められる)，これについては 1.8.3 節で述べる。底 a を 10 とする対数 $\log_{10} x$ を**常用対数**という。対数関数の概形を図 1.16 に示す。

対数関数の基本性質を以下にまとめる。

$$\log(xy) = \log x + \log y, \quad \log\left(\frac{x}{y}\right) = \log x - \log y,$$

$$\log x^y = y \log x, \quad \log_a x = \frac{\log x}{\log a}.$$

問 1.13 次の式を簡単にせよ。

(1) $\log \sqrt{e^3}$,

(2) $3\log x + \log\left(\dfrac{1}{x}\right) - \log x^2$, (3) $5\log \sqrt[3]{x} - \dfrac{1}{3}\log \sqrt{x^5}$.

1.7 双曲線関数・逆双曲線関数

1.7.1 双曲線関数

双曲線正弦・双曲線余弦・双曲線正接関数

双曲線関数を以下のように定義し，それぞれ**双曲線正弦関数** $y = \sinh x$ (ハイパボリック サイン)，**双曲線余弦関数** $y = \cosh x$ (ハイパボリック コサイン) および**双曲線正接関数** $y = \tanh x$ (ハイパボリック タンジェント) と呼ぶ。

1.7 双曲線関数・逆双曲線関数

$$\sinh x = \frac{e^x - e^{-x}}{2}, \tag{1.43}$$

$$\cosh x = \frac{e^x + e^{-x}}{2}, \tag{1.44}$$

$$\tanh x = \frac{\sinh x}{\cosh x} = \frac{e^x - e^{-x}}{e^x + e^{-x}}. \tag{1.45}$$

三角関数と同様に，双曲線関数に対しても次式で示す加法定理が成り立つ．

$$\sinh(x \pm y) = \sinh x \cosh y \pm \cosh x \sinh y, \tag{1.46}$$

$$\cosh(x \pm y) = \cosh x \cosh y \pm \sinh x \sinh y, \tag{1.47}$$

$$\tanh(x \pm y) = \frac{\tanh x \pm \tanh y}{1 \pm \tanh x \tanh y}. \tag{1.48}$$

例 1.13 双曲線関数の加法定理である式 (1.46)〜(1.48) が成り立つことを示そう．実際，式 (1.46) の右辺を計算すると，

$$\sinh x \cosh y \pm \cosh x \sinh y$$

$$= \frac{e^x - e^{-x}}{2} \cdot \frac{e^y + e^{-y}}{2} \pm \frac{e^x + e^{-x}}{2} \cdot \frac{e^y - e^{-y}}{2}$$

$$= \frac{1}{4} \left\{ e^{x+y} + e^{x-y} - e^{-(x-y)} - e^{-(x+y)} \right\}$$

$$\pm \frac{1}{4} \left\{ e^{x+y} - e^{x-y} + e^{-(x-y)} - e^{-(x+y)} \right\}$$

$$= \frac{1}{4} \left\{ 2e^{x \pm y} - 2e^{-(x \pm y)} \right\} = \sinh(x \pm y)$$

が得られるため，式 (1.46) が成り立つ．

同様に，式 (1.47) の右辺を計算すると，

$$\cosh x \cosh y \pm \sinh x \sinh y$$

$$= \frac{e^x + e^{-x}}{2} \cdot \frac{e^y + e^{-y}}{2} \pm \frac{e^x - e^{-x}}{2} \cdot \frac{e^y - e^{-y}}{2}$$

$$= \frac{1}{4} \left\{ e^{x+y} + e^{x-y} + e^{-(x-y)} + e^{-(x+y)} \right\}$$

$$\pm \frac{1}{4} \left\{ e^{x+y} - e^{x-y} - e^{-(x-y)} + e^{-(x+y)} \right\}$$

$$= \frac{1}{4} \left\{ 2e^{x \pm y} + 2e^{-(x \pm y)} \right\} = \cosh(x \pm y)$$

が得られる．

次に，式 (1.46) および式 (1.47) を利用して式 (1.48) の右辺を計算すると，

$$\frac{\tanh x \pm \tanh y}{1 \pm \tanh x \tanh y} = \frac{\frac{\sinh x}{\cosh x} \pm \frac{\sinh y}{\cosh y}}{1 \pm \frac{\sinh x}{\cosh x} \cdot \frac{\sinh y}{\cosh y}} = \frac{\sinh x \cosh y \pm \cosh x \sinh y}{\cosh x \cosh y \pm \sinh x \sinh y}$$
$$= \frac{\sinh(x \pm y)}{\cosh(x \pm y)} = \tanh(x \pm y)$$

が得られる。

双曲線余割・双曲線正割・双曲線余接関数

　双曲線正弦関数, 双曲線余弦関数および双曲線正接関数の逆数を次のように定義し, 三角関数と同様にそれぞれ**双曲線余割関数** $y = \text{cosech}\, x$ (ハイパボリック コセカント)(文献によっては, $y = \text{csch}\, x$), **双曲線正割関数** $y = \text{sech}\, x$ (ハイパボリック セカント) および**双曲線余接関数** $y = \coth x$ (ハイパボリック コタンジェント) と呼ぶ。

$$\text{cosech}\, x = \frac{1}{\sinh x} = \frac{2}{e^x - e^{-x}} \quad (x \neq 0), \tag{1.49}$$

$$\text{sech}\, x = \frac{1}{\cosh x} = \frac{2}{e^x + e^{-x}}, \tag{1.50}$$

$$\coth x = \frac{1}{\tanh x} = \frac{e^x + e^{-x}}{e^x - e^{-x}} \quad (x \neq 0). \tag{1.51}$$

双曲線関数の概形を図 1.17〜図 1.22 に示す。また, 双曲線関数および § 1.7.2 で述べる逆双曲線関数が全単射となるように, その定義域と主値を表 1.3 および表 1.4 に示すように定める。

　これら双曲線関数の間には, 次に示す平方定理が成り立つ。

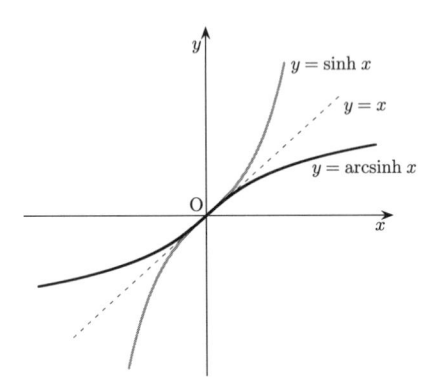

図 1.17 双曲線正弦関数 $y = \sinh x$ と逆双曲正弦線関数 $y = \text{arcsinh}\, x$

1.7 双曲線関数・逆双曲線関数

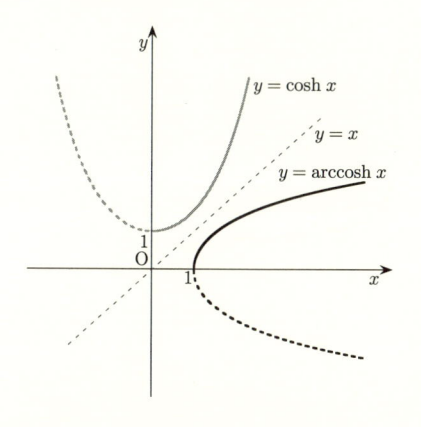

図 1.18 双曲線余弦関数 $y = \cosh x$ と逆双曲線余弦関数 $y = \mathrm{arccosh}\, x$

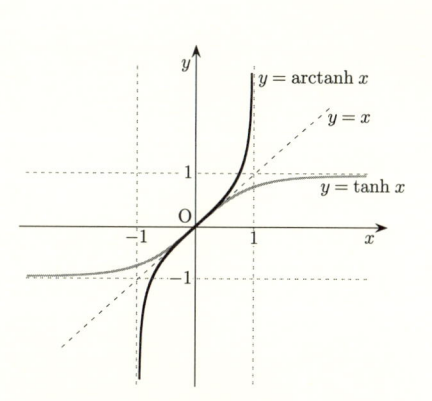

図 1.19 双曲線正接関数 $y = \tanh x$ と逆双曲線正接関数 $y = \mathrm{arctanh}\, x$

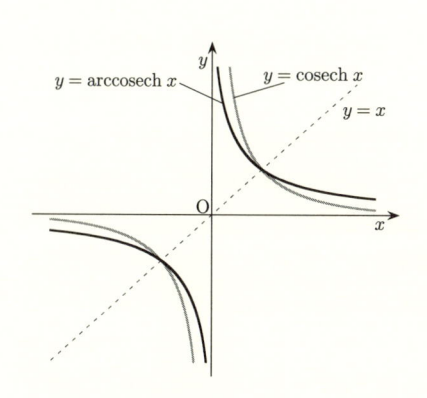

図 1.20 双曲線余割関数 $y = \mathrm{cosech}\, x$ と逆双曲線余割関数 $y = \mathrm{arccosech}\, x$

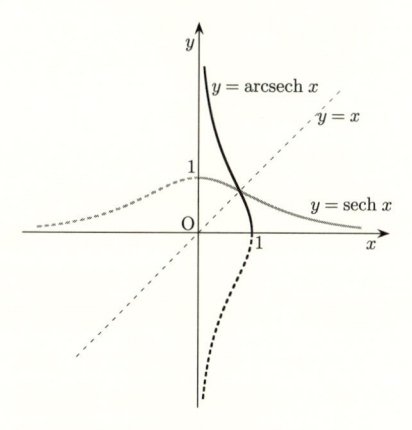

図 1.21 双曲線正割関数 $y = \mathrm{sech}\, x$ と逆双曲線正割関数 $y = \mathrm{arcsech}\, x$

$$\cosh^2 x - \sinh^2 x = 1, \tag{1.52}$$

$$1 - \tanh^2 x = \mathrm{sech}^{\,2} x = \frac{1}{\cosh^2 x}, \tag{1.53}$$

$$\coth^2 x - 1 = \mathrm{cosech}^{\,2} x = \frac{1}{\sinh^2 x}. \tag{1.54}$$

問 1.14 次の等式が成り立つことを示せ。

(1) $\sinh(-x) = -\sinh x$,　(2) $\cosh(-x) = \cosh x$,

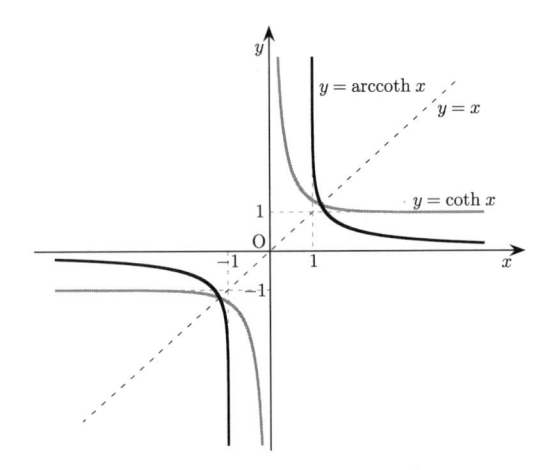

図 1.22 双曲線余接関数 $y = \coth x$ と逆双曲線余接関数 $y = \text{arccoth}\, x$

(3) $\cosh^2 x - \sinh^2 x = 1$.

1.7.2 逆双曲線関数

双曲線関数 $\sinh x$, $\cosh x$, $\tanh x$ およびそれらの逆数の $\text{cosech}\, x$, $\text{sech}\, x$, $\coth x$ の逆関数を**逆双曲線関数**といい，それぞれ**逆双曲線正弦関数** $y = \text{arcsinh}\, x$ (アーク ハイパボリック サイン)，**逆双曲線余弦関数** $y = \text{arccosh}\, x$ (アーク ハイパボリック コサイン)，**逆双曲線正接関数** $y = \text{arctanh}\, x$ (アーク ハイパボリック タンジェント)，**逆双曲線余割関数** $y = \text{arccosech}\, x$ (アーク ハイパボリック コセカント)，**逆双曲線正割関数** $y = \text{arcsech}\, x$ (アーク ハイパボリック セカント)，**逆双曲線余接関数** $y = \text{arccoth}\, x$ (アーク ハイパボリック コタンジェント) で表す．これらの逆双曲線関数についても文献によっては，それぞれ $\sinh^{-1} x$, $\cosh^{-1} x$, $\tanh^{-1} x$, $\text{cosech}^{-1} x$ ($\text{csch}^{-1} x$), $\text{sech}^{-1} x$, $\coth^{-1} x$ と表記している場合がある．逆双曲線関数の概形については図 1.17～1.22 に示す．これらの関数についても全単射となるように，表 1.3 および表 1.4 に示すように定義域と主値が定義されている．

問 1.15 次の等式が成り立つことを示せ．

(1) $\text{arcsinh}\, x = \log\left(x + \sqrt{x^2 + 1}\right)$,

(2) $\text{arccosh}\, x = \log\left(x + \sqrt{x^2 - 1}\right)$, $(x \geqq 1)$,

表 1.3 双曲線正弦・余弦・正接関数および逆関数の定義域と主値

関数	定義域	主値
$\sinh x$	$-\infty < x < \infty$	$-\infty < y < \infty$
$\cosh x$	$x \geqq 0$	$y \geqq 1$
$\tanh x$	$-\infty < x < \infty$	$-1 < y < 1$
$\operatorname{arcsinh} x$	$-\infty < x < \infty$	$-\infty < y < \infty$
$\operatorname{arccosh} x$	$x \geqq 1$	$y \geqq 0$
$\operatorname{arctanh} x$	$-1 < x < 1$	$-\infty < y < \infty$

表 1.4 双曲線余割・正割・余接関数および逆関数の定義域と主値

関数	定義域	主値
$\operatorname{cosech} x$	$x < 0,\ x > 0$	$y < 0,\ y > 0$
$\operatorname{sech} x$	$x \geqq 0$	$0 < y \leqq 1$
$\coth x$	$x < 0,\ x > 0$	$y < -1,\ y > 1$
$\operatorname{arccosech} x$	$x < 0,\ x > 0$	$y < 0,\ y > 0$
$\operatorname{arcsech} x$	$0 < x \leqq 1$	$y \geqq 0$
$\operatorname{arccoth} x$	$x < -1,\ x > 1$	$y < 0,\ y > 0$

(3) $\operatorname{arctanh} x = \dfrac{1}{2} \log\left(\dfrac{1+x}{1-x}\right), \quad (-1 < x < 1),$

(4) $\operatorname{arccosech} x = \log\left|\dfrac{1+\sqrt{1+x^2}}{x}\right|, \quad (x \neq 0),$

(5) $\operatorname{arcsech} x = \log\left(\dfrac{1+\sqrt{1-x^2}}{x}\right), \quad (0 < x \leqq 1),$

(6) $\operatorname{arccoth} x = \dfrac{1}{2} \log\left(\dfrac{x+1}{x-1}\right), \quad (x < -1,\ x > 1).$

1.8 コメント

1.8.1 三角関数・双曲線関数の覚え方

三角関数や双曲線関数については，いつでも使えるようにしておくことが大切であるが，これらの関数については図 1.23 でまとめて覚えておくと便利なことが多い．次に示すような 5 つの使い方がある．

(1) 隣あう 3 関数を使用すると，例えば次式が得られる (時計方向でも反時計方向でも構わない)．

(正弦) sin(h)　　　　(余弦) cos(h)
(正接) tan(h)　　1　　(余接) cot(h)
(正割) sec(h)　　　　(余割) cosec(h)

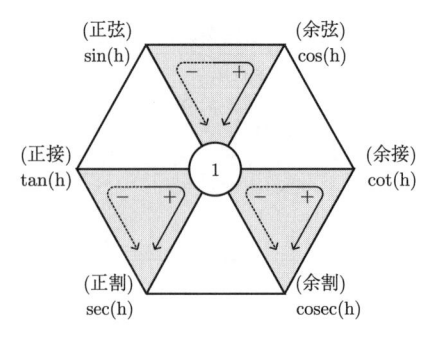

図 1.23 三角関数・双曲線関数の覚え方

$$\frac{\sec x}{\tan x} = \operatorname{cosec} x, \quad \frac{\cot x}{\operatorname{cosec} x} = \cos x, \quad \frac{\sinh x}{\cosh x} = \tanh x.$$

(2) 対角線上にある 2 関数と中心の 1 を使うと，例えば次式が得られる．

$$\frac{1}{\sec x} = \cos x, \quad \frac{1}{\coth x} = \tanh x.$$

(3) 時計回りの矢印 (実線) に位置する 2 関数と中心の 1 および対角線に位置する関数を使用すると，三角関数の平方定理が得られる (図に示すように「＋」を用いることに注意する)．

$$\sin^2 x + \cos^2 x = 1,$$
$$1 + \cot^2 x = \operatorname{cosec}^2 x = \frac{1}{\sin^2 x},$$
$$\tan^2 x + 1 = \sec^2 x = \frac{1}{\cos^2 x}.$$

(4) 反時計回りの矢印 (点線) に位置する 2 関数と中心の 1 および対角線に位置する関数を使用すると，双曲線関数の平方定理が得られる (図に示すように「－」を用いることに注意する)．

$$\cosh^2 x - \sinh^2 x = 1,$$
$$\coth^2 x - 1 = \operatorname{cosech}^2 x = \frac{1}{\sinh^2 x},$$
$$1 - \tanh^2 x = \operatorname{sech}^2 x = \frac{1}{\cosh^2 x}.$$

(5) 左右に位置する 2 関数を使用すると，次の式が得られる．

$$\arcsin x + \arccos x = \frac{\pi}{2},$$

$$\arctan x + \text{arccot}\, x = \frac{\pi}{2},$$
$$\text{arcsec}\, x + \text{arccosec}\, x = \frac{\pi}{2}.$$

問 1.16 図 1.24 に示すように，第 1 象限において単位円を描いて角度 θ をとるとき，図に示す長さ $L_1 \sim L_6$ を θ を用いて表せ．

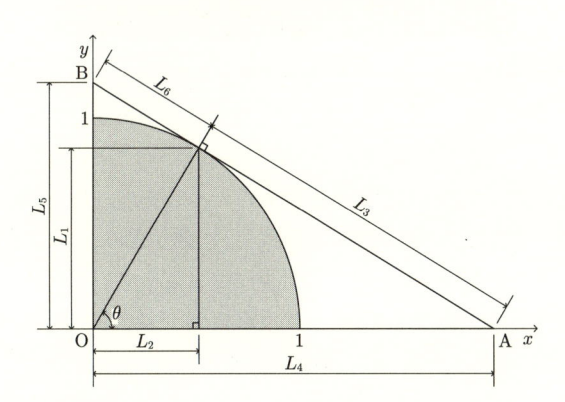

図 1.24 長さ $L_1 \sim L_6$ を角度 θ を用いて表す

1.8.2 逆三角関数の表記

本書では，正弦関数，余弦関数および正接関数の逆関数をそれぞれ $\arcsin x$, $\arccos x$ および $\arctan x$ で表している．これを教科書によっては，$\sin^{-1} x$, $\cos^{-1} x$ および $\tan^{-1} x$ で表す場合もある．ここで，「$^{-1}$」は逆関数を示すインバース記号であり -1 乗ではないので注意が必要である．

また，一般的な関数電卓でも図 1.25 に示すようにこの表記方法が採用されている場合が多く，ボタンには $\boxed{\sin^{-1}}$, $\boxed{\cos^{-1}}$, $\boxed{\tan^{-1}}$ と表示されている．Microsoft 社の Excel ワークシート関数には，ASIN( )，ACOS( ) および ATAN( ) として組み込まれており，弧度 [rad] の値が返される．なお，逆関数であることが明らかな場合，例えば逆関数 $f^{-1}(x)$ のような場合には，インバース記号を用いて表すことにする．

1.8.3 対数関数の表記

本書では自然対数を "$\log x$"，常用対数を "$\log_{10} x$" で表している．ところが，図 1.25 に示すように一般的な関数電卓では $\boxed{\text{Ln}}$ あるいは $\boxed{\ln}$ のボタ

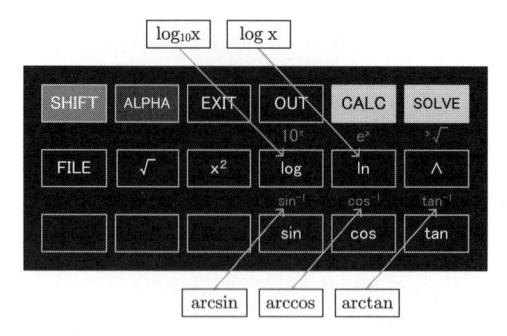

図 1.25　一般的な関数電卓における関数部分の表記

ンを押すことによって自然対数の値が求められる。また，$\boxed{\text{Log}}$ あるいは $\boxed{\text{log}}$ のボタンを押すことによって常用対数 $\log_{10} x$ の値が求められるので，注意する必要がある。また，Microsoft 社の表計算ソフトウェアの Excel におけるワークシート関数でも自然対数が "Ln"，常用対数が "Log" と組み込まれている。

例えば，図 1.26 に示すように，任意のセルに "= Log(10)" と入力し Enter キーを押せば，$\log_{10} 10 = 1$ の値が求められる。また，"= Ln(2.718281828)" と入力すれば $\log e = 1$ の値が求められる。自分の関数電卓で対数関数を求める場合には，特に，$\boxed{\text{Log}}$ のボタンが自然対数なのか常用対数なのかを調べてから使わなければならない。

図 1.26　ワークシート関数を用いて対数関数の値を求める

表 1.5　対数関数の表記

対数の種類	本書の表記	一般的な関数電卓，Excel の表記
自然対数	$\log x$	"Ln"，"ln"
常用対数	$\log_{10} x$	"Log"，"log"

章末問題 1

1 次のそれぞれの集合の下限・上限を求めよ。またそれらは，最小値・最大値であるか。

(1) $A = \left\{ \dfrac{1}{m} + \dfrac{1}{n} \,\middle|\, m,\ n \in \mathbb{N} \right\}$,

(2) $B = \left\{ \dfrac{1}{m} - \dfrac{1}{n} \,\middle|\, m,\ n \in \mathbb{N} \right\}$,

(3) $C = \{ x \in \mathbb{R} \,|\, x^2 > 1 \}$.

2 下限・上限について，次は正しいか。正しければ証明を与え，誤りであれば反例を挙げよ。

(1) $\inf X = \inf Y$ であり，$\min Y$ が存在するならば，$\min X$ も存在して，$\min X = \inf X$ となる。

(2) $\min X = \min Y$ かつ $\max X = \max Y$ であれば，$X = Y$ である。

(3) $X \subset Y$ かつ $\min X = \inf Y$ であれば，$\min Y$ が存在して，$\min Y = \inf Y$ となる。

3 $a_1 = 2,\ a_{n+1} = 2 + \dfrac{1}{a_n}\ (n = 1, 2, 3, \cdots)$ で定まる数列 $\{a_n\}$ について，次に答えよ。

(1) a_2, a_3, a_4 を求めよ。

(2) 全ての $n \in \mathbb{N}$ について，$2 \leqq a_n \leqq \dfrac{5}{2}$ であることを示せ。

(3) $\{a_{2n+1}\}$ は単調増加列，$\{a_{2n}\}$ は単調減少列であることを示せ。

(4) $\displaystyle\lim_{n \to \infty} a_{2n+1} = \alpha,\ \lim_{n \to \infty} a_{2n} = \beta$ を求めよ。

(5) $\{a_n\}$ が収束列であることを示せ。

4 f と g は共に $\mathbb{R}$ から $\mathbb{R}$ への関数とする。

(1) f, g が共に全射であるとき，$f \circ g$ も全射であることを示せ。

(2) f, g が共に単射であるとき，$f \circ g$ も単射であることを示せ。

(3) f は全射，g は単射とする。

    (i) $f \circ g$ が全射でない f と g の例をあげよ。

    (ii) $f \circ g$ が単射でない f と g の例をあげよ。

(4) f は単射，g は全射とする。

    (i) $f \circ g$ が全射でない f と g の例をあげよ。

(ii) $f \circ g$ が単射でない f と g の例をあげよ。

5 次の関数の逆関数を求めよ。
(1) $y = \arctan(3x+4)$, (2) $y = \arccos(\tan x) + 2$,
(3) $y = \sqrt[3]{\arcsin 2x} + 3$, (4) $y = \dfrac{1-\cos x}{1+\cos x}$ (ただし, $x \neq \pi$).

6 図 1.23 を参考にして, 次の値を求めよ。
(1) $\dfrac{\cos x}{\sin x} \cdot \dfrac{\sec x}{\operatorname{cosec} x}$, (2) $\operatorname{cosec} x \cdot \dfrac{\tan x}{\sec x}$,
(3) $x = \dfrac{\pi}{4}$ のときの $\sqrt{\dfrac{1}{\cot^2 x} + 1}$, (4) $x = 1$ のときの $\operatorname{sech} x$,
(5) $x = 1$ のときの $\sqrt{\coth^2 x - 1}$.

7 加法定理を用いて次の式が成り立つことを示せ。
(1) $\sin\left(x - \dfrac{\pi}{2}\right) = -\cos x$, (2) $\cos\left(x + \dfrac{\pi}{2}\right) = -\sin x$,
(3) $\sin x \cos x = \dfrac{1}{2} \sin 2x$, (4) $\sin^3 x = \dfrac{1}{4}(3\sin x - \sin 3x)$,
(5) $\cos^3 x = \dfrac{1}{4}(3\cos x + \cos 3x)$.

8 次の有理関数を部分分数で表せ。
(1) $y = \dfrac{1}{x^2 - 5x + 6}$, (2) $y = \dfrac{x}{x^3 + 1}$, (3) $y = \dfrac{x^2 - 4x + 13}{(x+1)(x-2)^2}$.

2
1変数関数の微分

　この章では，1 変数関数に対する微分法とその応用について考える。1 変数とは，独立変数が 1 つという意味である。微分とは，関数のグラフを描いたとき，接線の傾きを表す量である。微分を定義するための準備として，最初に関数の極限や連続性について述べるが，本書の性質上，極限の厳密な定義は行わないことにする。いくつかの微分の基礎理論を述べた後，微分の計算法や応用などについて解説する。

2.1　極　　限

　x を変数とする関数 $f(x)$ が，($x = a$ で $f(a)$ が定義されていてもいなくてもよいが，) a の近くの a 以外のすべての点 x で定義されているとする。

定義 2.1 x が a に限りなく近づくとき，$f(x)$ が A に限りなく近づくとする。このとき，A を $x \to a$ のときの $f(x)$ の**極限値**といい，

$$x \to a \text{ のとき，} f(x) \to A,$$
$$\lim_{x \to a} f(x) = A$$

等と書く。$x \to a$ のとき，$f(x)$ は A に**収束する**という。

　上記の定義では，「x が a に限りなく近づく」とき，$x > a$ と $x < a$ の両方を考えている。しばしば，「x が $x > a$ の範囲で a に限りなく近づく」(これを「x が右から a に限りなく近づく」という) 場合の極限値を考える場合が生じるので，その定義を記そう。

定義 2.2 x が右から a に限りなく近づくとき，$f(x)$ が A に限りなく近づく

とする．このとき，A を $x=a$ での $f(x)$ の**右極限値**といい，
$$x \to a+0 \text{ のとき,} \quad f(x) \to A,$$
$$\lim_{x \to a+0} f(x) = A$$
等と書く．$x \to a+0$ のとき，$f(x)$ は A に**収束する**ともいう．

同様に，「x が $x<a$ の範囲で a に限りなく近づく」場合の極限値も考えることができて，$x=a$ での $f(x)$ の**左極限値**，
$$\lim_{x \to a-0} f(x) = A$$
が定義される．

定義 2.3 x が a に限りなく近づくときに $f(x)$ が収束しないときは，$x \to a$ のとき，$f(x)$ は**発散する**という．

特に，$f(x)$ が発散する場合で，$f(x)$ が限りなく大きくなる場合は次のように呼ばれる．

定義 2.4 x が a に限りなく近づくとき，$f(x)$ が限りなく大きくなるとする．このとき，
$$x \to a \text{ のとき,} \quad f(x) \to \infty,$$
$$\lim_{x \to a} f(x) = \infty$$
等と書き，$x \to a$ のとき，$f(x)$ は**無限大に発散する**という．

「$f(x)$ が限りなく小さくなる」場合も，「$f(x)$ が限りなく大きくなる」場合と同様に，
$$\lim_{x \to a} f(x) = -\infty$$
が定義される．

さらに，「x が a に限りなく近づく」のではなく，「x が限りなく大きくなる」場合を考えることもある．

定義 2.5 x が限りなく大きくなるとき，$f(x)$ が A に限りなく近づくとする．このとき，A を $x \to \infty$ のときの $f(x)$ の**極限値**といい，

2.1 極限

$$x \to \infty \text{ のとき}, \ f(x) \to A,$$
$$\lim_{x \to \infty} f(x) = A$$

等と書く。$x \to \infty$ のとき，$f(x)$ は A に**収束する**という。

以下，同様に考えることによって，

$$\lim_{x \to -\infty} f(x) = A, \ \lim_{x \to a} f(x) = \infty, \ \lim_{x \to a+0} f(x) = -\infty, \ \lim_{x \to a-0} f(x) = \infty$$

等が定義される。

例 2.1 (1) $\displaystyle\lim_{x \to a} x^2 = a^2$.
(2) $\displaystyle\lim_{x \to 0+0} \frac{1}{x} = \infty$.
(3) $\displaystyle\lim_{x \to 0-0} \frac{1}{x} = -\infty$.
(4) $\displaystyle\lim_{x \to -\infty} e^x = 0$.
(5) $\displaystyle\lim_{x \to \infty} e^x = \infty$.

関数の極限値について，以下の基本性質が成立する。

定理 2.1 $\displaystyle\lim_{x \to a} f(x) = A, \ \lim_{x \to a} g(x) = B \ (A, B \neq \pm\infty)$ とし，$k, l \in \mathbb{R}$ とする。

(1) $\displaystyle\lim_{x \to a} (kf(x) + lg(x)) = kA + lB$.
(2) $\displaystyle\lim_{x \to a} f(x)g(x) = AB$.
(3) $A \neq 0$ のとき，$\displaystyle\lim_{x \to a} \frac{g(x)}{f(x)} = \frac{B}{A}$.

上記の定理は，$x \to a$ を $x \to a+0$ あるいは $x \to \infty$ のように変更しても成立する。また，A や B が $\pm\infty$ であった場合，次のように解釈することによって，等式は成り立つ。

$$\infty + B = \infty, \ -\infty + B = -\infty, \ \frac{B}{\pm\infty} = 0 \ (B \neq \pm\infty),$$
$$\infty \cdot B' = \begin{cases} \infty & (B' > 0) \\ -\infty & (B' < 0) \end{cases},$$
$$\infty + \infty = \infty, \ \infty \cdot \infty = \infty.$$

例 2.2 (1) $\displaystyle\lim_{x \to \infty} \frac{6x^2 + 5x + 4}{3x^2 + 2x + 1} = \lim_{x \to \infty} \frac{6 + \frac{5}{x} + \frac{4}{x^2}}{3 + \frac{2}{x} + \frac{1}{x^2}} = \frac{6}{3} = 2$.

(2) $\displaystyle\lim_{x \to a} \frac{x^3 - a^3}{x - a} = \lim_{x \to a}(x^2 + ax + a^2) = 3a^2.$

(3) $\displaystyle\lim_{x \to 0} \frac{\sqrt{x+2} - \sqrt{2}}{x} = \lim_{x \to 0} \frac{x}{x(\sqrt{x+2} + \sqrt{2})} = \lim_{x \to 0} \frac{1}{\sqrt{x+2} + \sqrt{2}}$
$= \dfrac{1}{2\sqrt{2}}.$

問 2.1 次の極限値を求めよ。

(1) $\displaystyle\lim_{x \to 1} \frac{2x^2 - 3x + 1}{x^2 - 1},$ (2) $\displaystyle\lim_{x \to \infty} \frac{2x^2 - 3x + 1}{x^2 - 1},$

(3) $\displaystyle\lim_{x \to \infty} \sqrt{x}(\sqrt{x+2} - \sqrt{x}).$

また，関数の極限値は単調性の性質がある。下記の定理 2.2 の (3) は，**はさみうちの原理**と呼ばれる。

定理 2.2 $\displaystyle\lim_{x \to a} f(x) = A, \ \lim_{x \to a} g(x) = B$ を満たすとする。

(1) すべての $x \in \mathbb{R}$ に対し，$f(x) \geqq 0$ であれば，$A \geqq 0$ が成り立つ。

(2) すべての $x \in \mathbb{R}$ に対し，$f(x) \leqq g(x)$ であれば，$A \leqq B$ が成り立つ。

(3) すべての $x \in \mathbb{R}$ に対し，$f(x) \leqq h(x) \leqq g(x)$ および $A = B$ であれば $\displaystyle\lim_{x \to a} h(x)$ は存在して，$\displaystyle\lim_{x \to a} h(x) = A$ が成り立つ。

上記の定理は，$x \to a$ を $x \to a+0$ あるいは $x \to \infty$ のように変更しても成立する。

例 2.3 はさみうちの原理を使って，
$$\lim_{x \to 0} x \sin \frac{1}{x} = 0$$
を示そう。$x \neq 0$ に対し，
$$-|x| \leqq x \sin \frac{1}{x} \leqq |x|$$
が成り立つ。$\displaystyle\lim_{x \to 0}(-|x|) = \lim_{x \to 0} |x| = 0$ ゆえ，はさみうち原理から，
$$\lim_{x \to 0} x \sin \frac{1}{x} = 0$$
を得る。

この節の最後に，次の 2 つの重要な極限値を紹介する。証明は省略する。

命題 2.1　(1) $\displaystyle\lim_{x\to 0}\frac{\sin x}{x}=1.$
(2) $\displaystyle\lim_{h\to 0}(1+h)^{\frac{1}{h}}=e.$

問 2.2 次の極限値を求めよ。

(1) $\displaystyle\lim_{x\to 0}\frac{1-\cos 2x}{x^2},$　(2) $\displaystyle\lim_{x\to 0}(1+3x)^{\frac{1}{x}}.$

2.2　連続性と連続関数

定義 2.6 $I\subset\mathbb{R}$ 上の関数 $f:I\to\mathbb{R}$ と $a\in I$ に対し,
$$\lim_{x\to a}f(x)=f(a)$$
が成り立つとき, f は a で連続であるという。

また, すべての $a\in I$ で f が連続であるとき, f は I 上**連続**であるという。

関数の連続性について, いくつかの基本的性質を述べよう。

定理 2.3 f,g を I 上連続な関数とし, $a\in I$, $k,l\in\mathbb{R}$ とする。

(1) $kf(x)+lg(x)$ は I 上連続な関数であり,
$$\lim_{x\to a}(kf(x)+lg(x))=kf(a)+lg(a)$$
が成り立つ。

(2) $f(x)g(x)$ は I 上連続な関数であり,
$$\lim_{x\to a}f(x)g(x)=f(a)g(a)$$
が成り立つ。

(3) すべての $x\in I$ に対し, $f(x)\neq 0$ のとき, $\dfrac{g(x)}{f(x)}$ は I 上連続な関数であり,
$$\lim_{x\to a}\frac{g(x)}{f(x)}=\frac{g(a)}{f(a)}$$
が成り立つ。

例 2.4　(1) $f_1(x)=C$（定数関数）は $\mathbb{R}$ 上連続である。
(2) $f_2(x)=a_n x^n+a_{n-1}x^{n-1}+\cdots+a_1 x+a_0$ は $\mathbb{R}$ 上連続である。

(3) $f_3(x) = \log x$ は $(0, \infty)$ 上連続である。

(4) $f_4(x) = \tan x$ は $\mathbb{R} \setminus \left\{ \dfrac{(2k-1)\pi}{2} \,\middle|\, k \in \mathbb{Z} \right\}$ 上連続である。

次の定理は，2 つの連続関数の合成関数は連続関数になることを述べている。

定理 2.4 $I \subset \mathbb{R}$ 上の連続関数 $f : I \to \mathbb{R}$ と $J \subset \mathbb{R}$ 上の連続関数 $g : J \to \mathbb{R}$ が $f(I) \subset J$ を満たすとする。このとき，合成関数 $g \circ f : I \to \mathbb{R}$ は I 上連続となり，
$$\lim_{x \to a} g \circ f(x) = g \circ f(a)$$
が成り立つ。

例 2.5 $\mathbb{R}$ 上で定義された関数
$$f(x) = \begin{cases} x \sin \dfrac{1}{x} & (x \neq 0), \\ 0 & (x = 0) \end{cases}$$
は $\mathbb{R}$ 上連続である。実際，$x \neq 0$ での $f(x)$ の連続性は明らかである。また，
$$\lim_{x \to 0} x \sin \dfrac{1}{x} = 0 = f(0)$$
より，$x = 0$ でも連続である。

有界閉区間上の連続関数には，**最大値・最小値の原理**と呼ばれる次の重要な性質がある。

定理 2.5（最大値・最小値の原理） 有界閉区間 $I = [a,b]$ 上の連続関数 f は最大値と最小値をもつ。すなわち，$c, d \in I$ が存在して，すべての $x \in I$ に対して，
$$f(c) \leqq f(x) \leqq f(d)$$
が成り立つ。

次の定理も連続関数の重要な性質のひとつで，**中間値の定理**と呼ばれる。

定理 2.6（中間値の定理） $I = [a,b]$ 上の連続関数 f は，$f(a)$ と $f(b)$ の間のすべての値をとる。すなわち，$f(a)$ と $f(b)$ の間の任意の実数 C に対し，

$c \in I$ が存在して，$f(c) = C$ が成り立つ。

2.3 微分可能性と導関数

関数 $f : I \to \mathbb{R}$ と $a, b \in I$ $(a \neq b)$ に対し，$x = a$ から $x = b$ までの**平均変化率**とは，

$$\frac{f(b) - f(a)}{b - a}$$

のことである。平均変化率は，グラフ $y = f(x)$ 上の 2 点 $(a, f(a))$ と $(b, f(b))$ を結ぶ直線の傾きを表す。b を a に限りなく近づけたとき，平均変化率の極限値が存在するとき，その極限値はグラフ $y = f(x)$ の点 $(a, f(a))$ における接線の傾きを表す。

定義 2.7 関数 $f : I \to \mathbb{R}$ と $a \in I$ に対し，

$$\lim_{x \to a} \frac{f(x) - f(a)}{x - a}$$

が存在するとき，f は a で**微分可能**であるという。この極限値を $f'(a)$ あるいは $\dfrac{df}{dx}(a)$ と書き，f の a における**微分係数**という。

$h = x - a$ とおくことにより，微分係数 $f'(a)$ の計算式は

$$f'(a) = \lim_{x \to a} \frac{f(x) - f(a)}{x - a} = \lim_{h \to 0} \frac{f(a + h) - f(a)}{h}$$

とも書き表される。

定義 2.8 (導関数) 関数 $f : I \to \mathbb{R}$ がすべての $x \in I$ で微分可能であるとき，f は I 上で微分可能であるという。$x \in I$ に対し，微分係数 $f'(x)$ を対応させる関数 $f' : I \to \mathbb{R}$ を f の**導関数**という。

命題 2.2 関数 $f : I \to \mathbb{R}$ が I 上で微分可能であれば，f は I 上で連続である。

証明. 任意に $a \in I$ を取るとき，

$$\lim_{x \to a} \{f(x) - f(a)\} = \lim_{x \to a} (x - a) \frac{f(x) - f(a)}{x - a} = 0 \cdot f'(a) = 0$$

となる．したがって，
$$\lim_{x \to a} f(x) = f(a)$$
が成り立つ． □

2.4 微 分 公 式

この節では，微分に関する基本性質をいくつか述べよう．

定理 2.7 $f(x), g(x)$ は I 上微分可能な関数とし，$k, l \in \mathbb{R}$ とする．

(1) $kf(x) + lg(x)$ は I 上微分可能な関数であり，
$$(kf(x) + lg(x))' = kf'(x) + lg'(x)$$
が成り立つ．

(2) $f(x)g(x)$ は I 上微分可能な関数であり，
$$(f(x)g(x))' = f'(x)g(x) + f(x)g'(x) \quad (\text{積の微分公式})$$
が成り立つ．

(3) すべての $x \in I$ に対して $f(x) \neq 0$ のとき，$\dfrac{g(x)}{f(x)}$ は I 上微分可能な関数であり，
$$\left(\frac{g(x)}{f(x)}\right)' = \frac{g'(x)f(x) - g(x)f'(x)}{\{f(x)\}^2} \quad (\text{商の微分公式})$$
が成り立つ．

例 2.6 $x' = 1$ と上で述べた微分公式を用いると，自然数 n に対して，
$$(x^n)' = nx^{n-1}$$
を示すことができる．実際，これは，$x' = 1 = 1 \cdot x^0$ であるので $n = 1$ のときは正しい．$n - 1$ のとき成立すると仮定すると，
$$(x^n)' = (x)' \cdot x^{n-1} + x \cdot (x^{n-1})' = 1 \cdot x^{n-1} + x \cdot (n-1)x^{n-2} = nx^{n-1}$$
となる．よって，n でも成立するので，数学的帰納法により示された．

問 2.3 次の関数を微分せよ．

(1) $\dfrac{ax+b}{cx+d}$ $((c,d) \neq (0,0))$，　(2) $\dfrac{1}{(x^2+1)^3}$．

2.4 微分公式

例 2.7 指数関数 e^x の微分は,
$$(e^x)' = e^x$$
である. 実際, 微分の定義に基づいて,
$$(e^x)' = \lim_{h \to 0} \frac{e^{x+h} - e^x}{h} = e^x \lim_{h \to 0} \frac{e^h - 1}{h} = e^x \lim_{k \to 0} \frac{k}{\log(1+k)}$$
$$= e^x \lim_{k \to 0} \frac{1}{\log(1+k)^{\frac{1}{k}}} = e^x \frac{1}{\log e} = e^x$$
となる. ただし, 上記の計算において, $k = e^h - 1$ とおいた.

例 2.8 三角関数 $\sin x$ の微分は,
$$(\sin x)' = \cos x$$
である. 実際, 微分の定義と三角関数の差を積に直す公式により,
$$(\sin x)' = \lim_{h \to 0} \frac{\sin(x+h) - \sin x}{h} = \lim_{h \to 0} \cos\left(x + \frac{h}{2}\right) \frac{\sin \frac{h}{2}}{\frac{h}{2}} = \cos x$$
となる.

問 2.4 $(\cos x)' = -\sin x$ を示せ.

例 2.9 三角関数 $\tan x$ の微分は, 商の微分公式によって,
$$(\tan x)' = \left(\frac{\sin x}{\cos x}\right)' = \frac{(\sin x)' \cos x - \sin x (\cos x)'}{\cos^2 x}$$
$$= \frac{\cos x \cdot \cos x - \sin x (-\sin x)}{\cos^2 x} = \frac{1}{\cos^2 x}$$
と計算される. ゆえに
$$(\tan x)' = \frac{1}{\cos^2 x}$$
である.

問 2.5 $\dfrac{\sin x}{1 - \cos x}$ を微分せよ.

対象となる関数を合成関数 $y = (g \circ f)(x)$ と考えることができる場合には, 以下の定理に従い導関数を求めれば良い.

定理 2.8 (合成関数の微分公式) $I \subset \mathbb{R}$ 上微分可能な関数 $f : I \to \mathbb{R}$ と

$J \subset \mathbb{R}$ 上の微分可能な関数 $g : J \to \mathbb{R}$ が $f(I) \subset J$ を満たすとする．このとき，合成関数 $g \circ f : I \to \mathbb{R}$ は I 上微分可能な関数となり，
$$(g \circ f)'(x) = g'(f(x))f'(x)$$
が成り立つ．すなわち，$z = g(y)$, $y = f(x)$ のとき，
$$\frac{dz}{dx} = \frac{dz}{dy}\frac{dy}{dx}$$
が成り立つ．

証明． x の増分 $\Delta x (\neq 0)$ に対する $y = f(x)$ の増分を Δy とする．$\Delta x \to 0$ のとき $\dfrac{\Delta y}{\Delta x} \to f'(x)$ であるから，
$$\Delta y = (f'(x) + \varepsilon_1)\Delta x$$
とおけば，$\Delta x \to 0$ のとき $\varepsilon_1 \to 0$ となる．

また y の増分 Δy に対する $z = g(y)$ の増分を Δz とすると，$\Delta z \to 0$ のとき $\dfrac{\Delta z}{\Delta y} \to g'(y)$ であるから，
$$\Delta z = (g'(y) + \varepsilon_2)\Delta y$$
とおけば，$\Delta y \to 0$ のとき $\varepsilon_2 \to 0$ となる．なお Δy は 0 になりうるので，$\Delta y = 0$ のとき $\varepsilon_2 = 0$ と定める．

以上をまとめると
$$\Delta z = (g'(y) + \varepsilon_2)(f'(x) + \varepsilon_1)\Delta x$$
と表わすことができ，
$$\frac{\Delta z}{\Delta x} = (g'(y) + \varepsilon_2)(f'(x) + \varepsilon_1)$$
となる．

ここで $\Delta x \to 0$ のとき $\varepsilon_1 \to 0$ となるとともに $\Delta y \to 0$ となるので，結果として $\varepsilon_2 \to 0$ となる．以上より右辺は $g'(f(x))f'(x)$ となる．一方 $\Delta x \to 0$ のとき左辺は $(g \circ f)'(x)$ となるので，主張が示された． □

例 2.10 $\sin^4 x$ の導関数を求める．$f(x) = \sin x$, $g(y) = y^4$ と考えると，$\sin^4 x = (g \circ f)(x)$ であるので，
$$(\sin^4 x)' = g'(\sin x)(\sin x)' = 4\sin^3 x \cos x$$

となる。

問 2.6 次の関数の導関数を求めよ。

(1) $e^{ax}\cos bx$, (2) e^{-x^2}.

例 2.11 $a > 0$, $a \neq 1$ に対し,
$$(a^x)' = a^x \log a$$
である。実際，$a^x = e^{x \log a}$ であるので，合成関数の微分公式により,
$$(a^x)' = (e^{x \log a})' = e^{x \log a}(x \log a)' = a^x \log a$$
となる。

問 2.7 $k > 0$, $x > 0$ に対し，$x^k = e^{k \log x}$ を利用し,
$$(x^k)' = kx^{k-1}$$
であることを示せ。

　例えば逆三角関数のように，x の関数 $y = f(x)$ の導関数を求めることは困難な場合であっても，その逆関数 $y = f^{-1}(x) = g(x)$ の導関数を求めることは容易な場合がある。このような場合，以下の定理に従い導関数を求めれば良い。

定理 2.9 (逆関数の微分公式) $y = f(x)$ が単調で微分可能であれば，その逆関数 $x = f^{-1}(y)$ は，$f'(x) \neq 0$ となる y で微分可能となり,
$$(f^{-1})'(y) = \frac{1}{f'(x)} = \frac{1}{f'(f^{-1}(y))}$$
が成り立つ。すなわち,
$$\frac{dy}{dx} = \frac{1}{\frac{dx}{dy}}$$
が成り立つ。

証明. $f^{-1}(f(x)) \equiv x$ の両辺を微分する。左辺については合成関数の微分公式を用いて,
$$(f^{-1})'(f(x))f'(x) = 1$$

となる。$f'(x) \neq 0$ で両辺を割り，$f(x) = y$ または $x = f^{-1}(y)$ を代入すればよい。 □

例 2.12 対数関数 $\log x$ の微分は，
$$(\log x)' = \frac{1}{x}$$
であることを示す。$y = e^x$ とおく。
$$y' = e^x = y$$
である。したがって，
$$(\log y)' = \frac{1}{y}$$
を得る。

問 2.8 $(\arctan x)' = \dfrac{1}{1+x^2}$ を示せ。

　この節の最後に，代表的な関数の導関数を表 2.1 にまとめることにする。いくつかの関数の導関数はすでに求めたので，残りの関数の計算については読者に委ねることにする。

問 2.9 表 2.1 を確かめよ。

問 2.10 表 2.1 を用いて，次の関数を微分せよ。

(1) $\arcsin \dfrac{1}{x} \ (x > 0)$,　(2) $\arctan \sqrt{x}$,
(3) $x \arcsin x + \sqrt{1-x^2}$,　(4) $x \arctan x - \log \sqrt{1+x^2}$

2.5　微分の計算法

　これまでに学んだ微分公式を用いることにより，さまざまな関数の導関数を求めることができるが，それらの公式の組み合わせだけでは導関数を求めることが困難な場合がある。以下では，導関数の計算に関する種々の定理を示し，それらを組み合わせて用いることによりさまざまな関数の導関数を求める事例を示す。

2.5 微分の計算法

表 2.1 導関数表

$f(x)$	$f'(x)$	$f(x)$	$f'(x)$
C （定数関数）	0	$\arctan x$	$\dfrac{1}{1+x^2}$
$x^k \quad (x>0)$	kx^{k-1}	$\sinh x$	$\cosh x$
e^x	e^x	$\cosh x$	$\sinh x$
$a^x \quad (a>0,\ a\neq 1)$	$a^x \log a$	$\tanh x$	$\dfrac{1}{\cosh^2 x}$
$\log|x|$	$\dfrac{1}{x}$	$\mathrm{arcsinh}\ x$	$\dfrac{1}{\sqrt{1+x^2}}$
$\sin x$	$\cos x$	$\mathrm{arccosh}\ x$	$\dfrac{1}{\sqrt{x^2-1}}$
$\cos x$	$-\sin x$	$\mathrm{arctanh}\ x$	$\dfrac{1}{1-x^2}$
$\tan x$	$\dfrac{1}{\cos^2 x}$		
$\arcsin x$	$\dfrac{1}{\sqrt{1-x^2}}$		
$\arccos x$	$-\dfrac{1}{\sqrt{1-x^2}}$		

2.5.1 対数微分法

関数 $y=f(x)$ の導関数を求めることが困難な場合であっても，その関数の自然対数をとった関数 $\log|f(x)|$ の導関数は容易に求められる場合，以下の定理に従い導関数を求めれば良い．

定理 2.10 (対数微分法) x の関数 y が微分可能でかつ $y \neq 0$ のとき

$$(\log|y|)' = \frac{y'}{y}$$

である．

証明． $y \neq 0$ に対し $z = \log|y|$ を定義する．このとき

$$\frac{dz}{dx} = \frac{dz}{dy}\frac{dy}{dx} \quad \text{より} \quad (\log|y|)' = \frac{1}{y}y'$$

となるので，主張が得られる． □

例 2.13 例 2.11 で $a^x\ (a>0)$ の導関数を合成関数の微分を用いて計算したが，対数微分法でも次のように計算できる．

$$(a^x)' = a^x (\log|a^x|)' = a^x (x \log a)' = a^x \log a.$$

問 2.11 対数微分法を用いて，次の関数の導関数を求めよ．

(1) $\log|\log|x||$, (2) $\log\left|\tan\dfrac{x}{2}\right|$, (3) $\sqrt{x(x+1)(x+2)}$ $(x > 0)$.

2.5.2 媒介変数で表わされた関数の微分法

例えば平面上をすべらずに転がる半径 a の円筒面上の 1 点の軌跡である**サイクロイド** (cycloid) を xy 平面に表わす場合について考える．サイクロイド上の点 (x, y) の x および y 座標は円筒の回転角 θ の関数として

$$x = a(\theta - \sin\theta), \quad y = a(1 - \cos\theta) \quad (a > 0, \ 0 \leqq \theta \leqq 2\pi)$$

と表される．

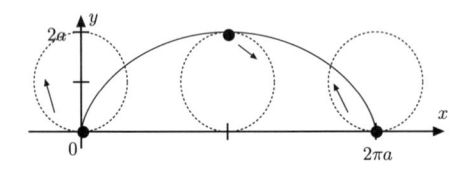

図 2.1 すべらずに転がる円筒面とサイクロイド

しかし，x の陽関数 y として表わすのは決して簡単ではなく，またその導関数を求めるのも困難である．このような媒介変数で表わされた関数の場合，以下の定理に従い導関数を求めれば良い．

定理 2.11 (媒介変数で表わされた関数の微分) 区間 I で $y = g(t)$ は微分可能，$x = f(t)$ は狭義の単調関数で微分可能かつ $\dfrac{dx}{dt} \neq 0$ の条件を満たしているとする．このとき y は x の関数として微分可能となり，

$$\frac{dy}{dx} = \frac{\dfrac{dy}{dt}}{\dfrac{dx}{dt}}$$

が成り立つ．

証明. $x = f(t)$ は狭義の単調関数であるので $t = f^{-1}(x)$ が存在し，微分可能であるので $\dfrac{dt}{dx} = \dfrac{1}{\dfrac{dx}{dt}}$ となる．また合成関数の微分と考えると $\dfrac{dy}{dx} = \dfrac{dy}{dt}\dfrac{dt}{dx}$

2.5 微分の計算法

であるので，
$$\frac{dy}{dx} = \frac{\dfrac{dy}{dt}}{\dfrac{dx}{dt}}$$
が成り立つ。 □

例 2.14 半円 $x = a\cos\theta, y = a\sin\theta$ $(a > 0, 0 < \theta < \pi)$ について $\dfrac{dy}{dx}$ を求める
$$\frac{dx}{d\theta} = -a\sin\theta$$
であるので，$0 < \theta < \pi$ のとき，$\dfrac{dx}{d\theta} \neq 0$ であり，このとき，$\dfrac{dy}{dx} = \dfrac{\dfrac{dy}{d\theta}}{\dfrac{dx}{d\theta}} = \dfrac{a\cos\theta}{-a\sin\theta} = -\cot\theta$ となる。

問 2.12 サイクロイド $x = a(\theta - \sin\theta), y = a(1 - \cos\theta)$ $(a > 0, 0 \leqq \theta \leqq 2\pi)$ について，$\dfrac{dy}{dx}$ はいつ存在するか。また，そのときの値を求めよ。

2.5.3 高階導関数

x の関数 $y = f(x)$ が微分可能であり，その導関数 $y' = f'(x)$ が微分可能であり，さらにその導関数 $y'' = f''(x)$ が微分可能である場合のように，$y = f(x)$ を順次 n 回微分することが可能であるとき，$y = f(x)$ を n 回微分して得られる関数を y の**第 n 階導関数**または**第 n 次導関数**といい，
$$y^{(n)}, \quad f^{(n)}(x), \quad \frac{d^n f}{dx^n}(x), \quad \frac{d^n}{dx^n} f(x)$$
などと表す。

定義 2.9 関数 $f : I \to \mathbb{R}$ が I 上で連続であるとき，f を $\boldsymbol{C^0}$**級関数**という。自然数 n に対し，f が n 回微分可能で，n 階導関数 $f^{(n)}(x)$ が I 上連続であるとき，f を $\boldsymbol{C^n}$**級関数**という。f が何回でも微分可能であるとき，f を $\boldsymbol{C^\infty}$**級関数**という。

例 2.15 $x' = 1$, $(x^2)'' = (2x)' = 2$, $(x^3)''' = (3x^2)'' = (6x)' = 6$ であ

るので,$(x^n)^{(n)} = n! \ (n \in \mathbb{N})$ と予想される.これを数学的帰納法にて証明する.

(a) $n = 1$ のときは,上で計算したように予想は正しい.
(b) $n = k$ のとき正しいとする.x^k に対して $(x^k)^{(k)} = k!$ である.ここで $(x^{k+1})' = (k+1)x^k$ であるので,$(x^{k+1})^{(k+1)} = (k+1)(x^k)^{(k)} = (k+1)k! = (k+1)!$ となる.よって $n = k+1$ のとき,予想は正しいことが分かる.

(a) および (b) より,n が自然数のとき $(x^n)^{(n)} = n!$ が成り立つ.

問 2.13 $\sin x$ の第 n 階導関数を予想し,数学的帰納法を用いて証明せよ.

関数の積の第 n 階導関数について,次の定理が成り立つ.

定理 2.12 (Leibniz (ライプニッツ) の定理) 2 つの x の関数 $f = f(x)$ および $g = g(x)$ がいずれも n 回微分可能であるならば,以下の式が成り立つ.

$$(fg)^{(n)} = {}_nC_0 f^{(n)}g + {}_nC_1 f^{(n-1)}g' + {}_nC_2 f^{(n-2)}g'' \\ + \cdots + {}_nC_r f^{(n-r)}g^{(r)} + \cdots + {}_nC_n fg^{(n)}$$

ここで ${}_nC_r$ は二項係数である.

証明. $n = 1$ のとき,$(fg)' = f'g + fg'$ であるから定理は成り立つ.
$n = k$ のとき,定理が成り立つとすると,

$$(fg)^{(k)} = {}_kC_0 f^{(k)}g + {}_kC_1 f^{(k-1)}g' + {}_kC_2 f^{(k-2)}g'' \\ + \cdots + {}_kC_r f^{(k-r)}g^{(r)} + \cdots + {}_kC_k fg^{(k)}$$

となる.この式の両辺を x で微分すると,

$$(fg)^{(k+1)} = {}_kC_0 f^{(k+1)}g + ({}_kC_0 + {}_kC_1)f^{(k)}g' + \cdots \\ + ({}_kC_{r-1} + {}_kC_r)f^{(k-r+1)}g^{(r)} + \cdots + {}_kC_k fg^{(k+1)}$$

となる.ところが,${}_kC_{r-1} + {}_kC_r = {}_{k+1}C_r$ であり,また ${}_kC_0 = {}_{k+1}C_0$ かつ ${}_kC_k = {}_{k+1}C_{k+1}$ であるので,

$$(fg)^{(k+1)} = {}_{k+1}C_0 f^{(k+1)}g + {}_{k+1}C_1 f^{(k)}g' + {}_{k+1}C_2 f^{(k-1)}g'' + \cdots \\ + {}_{k+1}C_r f^{(k-r+1)}g^{(r)} + \cdots + {}_{k+1}C_{k+1} fg^{(k+1)}$$

となる.この式は,定理が $n = k+1$ のときにも成り立つことを示している.

2.6 微分の応用

以上より，任意の自然数 n に対して定理が成り立つことが示された。 □

例 2.16 $x^2 e^{ax}$ の第 n 階導関数は Leibniz の定理により求められる。実際，$f = e^{ax}$, $g = x^2$ とすると，以下の通りに求められる。

r	${}_nC_r$	$f^{(n-r)}$	$g^{(r)}$
0	1	$a^n e^{ax}$	x^2
1	n	$a^{n-1} e^{ax}$	$2x$
2	$\frac{1}{2}n(n-1)$	$a^{n-2} e^{ax}$	2
3	${}_nC_3$	$a^{n-3} e^{ax}$	0

よって，

$$\begin{aligned}(fg)^{(n)} &= a^n x^2 e^{ax} + 2na^{n-1} x e^{ax} + \frac{2n(n-1)}{2} a^{n-2} e^{ax} \\ &= a^{n-2} e^{ax} \left\{ a^2 x^2 + 2anx + n(n-1) \right\}.\end{aligned}$$

問 2.14 $\sin x$ の第 n 階導関数が $\sin\left(x + \frac{n\pi}{2}\right)$ であることを用いて，$x \sin x$ の第 n 階導関数を求めよ。

2.6 微分の応用

ある関数の変化率が導関数により明らかになることから，微分法を用いて関数の増減の傾向を明らかにできることは容易に予想できることであるが，関数の近似式を求めたり関数の極限値を求める際にも微分法は威力を発揮する。以下では微分法に関するいくつかの定理を示し，関数の増減の傾向を求める事例を示すとともに，関数の近似式を求めたり関数の極限値を求める事例を示す。

2.6.1 平均値の定理

定理 2.13 (Rolle (ロル) の定理) 閉区間 $[a,b]$ 上で定義された連続関数 f が，開区間 (a,b) 上で微分可能で $f(a) = f(b)$ であれば，a と b の間に $f'(c) = 0$ となる点 c が存在する。すなわち $f'(a + \theta(b-a)) = 0$ $(0 < \theta < 1)$ が成り立つような θ が存在する。

証明. $y = f(x)$ が定数のときは自明であり，定理は成り立つ。

定数でない場合，区間 (a,b) において $f(x)$ が $f(a)=f(b)=p$ より大きくなる x が存在する場合について考えると，$f(x)$ は微分可能であるから連続であり $f(x)$ が最大となる c が区間 (a,b) に存在する (図 2.2)．

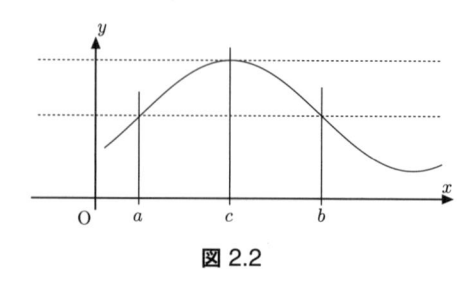

図 2.2

したがって $|h|<c-a$, $|h|<b-c$ であれば，常に $f(c+h)-f(c)\leq 0$ が成り立つので，$h>0$ のときは $\dfrac{f(c+h)-f(c)}{h}\leqq 0$ であり，$h<0$ のときは $\dfrac{f(c+h)-f(c)}{h}\geqq 0$ である．

ところが $f(x)$ は c で微分可能であるので，$h\to 0$ とすると $f'(c)\leqq 0$ かつ $f'(c)\geqq 0$，すなわち $f'(c)=0$ となることがわかる．

$\theta=(c-a)/(b-a)$ とおくと，$a<c<b$ であるので $0<\theta<1$ となる．上式より $c=a+\theta(b-a)$ が得られるので，

$$f'(a+\theta(b-a))=0 \quad (0<\theta<1)$$

が成り立つような θ の存在が示された．

$f(x)$ が $f(a)=f(b)=p$ より小さくなる x が存在する場合についても，同様に証明することができる． □

定理 2.14 (平均値の定理) 閉区間 $[a,b]$ 上で定義された連続関数 f が，開区間 (a,b) 上で微分可能であれば，

$$\frac{f(b)-f(a)}{b-a}=f'(c) \quad (a<c<b)$$

を満たす c が存在する (図 2.3)．すなわち

$$f(b)=f(a)+f'(a+\theta(b-a))(b-a) \quad (0<\theta<1)$$

となる θ が存在する．

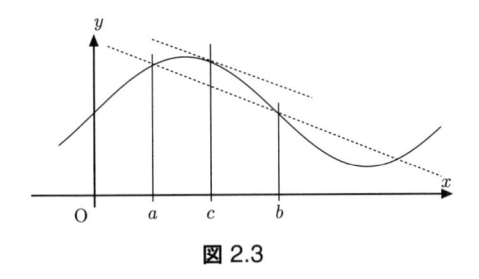

2.6 微分の応用

図 2.3

証明.
$$g(x) = f(x) - f(a) - \frac{f(b)-f(a)}{b-a}(x-a)$$

を考えると，$g(x)$ は閉区間 $[a,b]$ 上で連続，開区間 (a,b) 上で微分可能であり，$g(a) = g(b) = 0$ である．したがって，$g(x)$ は Rolle の定理の仮定をみたす．

$$g'(x) = f'(x) - \frac{f(b)-f(a)}{b-a}$$

であるので，Rolle の定理より a と b の間に

$$g'(c) = f'(c) - \frac{f(b)-f(a)}{b-a} = 0$$

となる点 c が存在する．すなわち $c = a + \theta(b-a)$ $(0 < \theta < 1)$ とおくと，

$$f(b) = f(a) + f'(a + \theta(b-a))(b-a) \quad (0 < \theta < 1)$$

となる θ が存在することが分かる． □

2.6.2 Taylor の定理

定理 2.15 (Taylor (テイラー) の定理) 関数 $y = f(x)$ が 2 点 a および b を含むある区間で C^n 級であれば，

$$f(b) = f(a) + f'(a)(b-a) + \frac{f''(a)}{2!}(b-a)^2 + \frac{f'''(a)}{3!}(b-a)^3$$
$$+ \cdots + \frac{f^{(n-1)}(a)}{(n-1)!}(b-a)^{n-1} + R_n,$$

$$R_n = \frac{f^{(n)}(a + \theta(b-a))}{n!}(b-a)^n \quad (0 < \theta < 1)$$

となる θ が存在する。

証明. まず

$$f(b) - \sum_{r=0}^{n-1} \frac{(b-a)^r}{r!} f^{(r)}(a) - \frac{(b-a)^n}{n!} \beta = 0$$

を満たすように β を定め，次に関数

$$g(x) = f(b) - \sum_{r=0}^{n-1} \frac{(b-x)^r}{r!} f^{(r)}(x) - \frac{(b-x)^n}{n!} \beta$$

を考える。このとき明らかに $g(b) = 0$ であり，β の定義から $g(a) = 0$ である。また

$$g'(x) = -\frac{(b-x)^{n-1}}{(n-1)!} \left\{ f^{(n)}(x) - \beta \right\}$$

となる。よって Rolle の定理より

$$\begin{aligned} g'(a + \theta(b-a)) &= -\frac{[b - \{a + \theta(b-a)\}]^{n-1}}{(n-1)!} \left\{ f^{(n)}(a + \theta(b-a)) - \beta \right\} \\ &= 0 \quad (0 < \theta < 1) \end{aligned}$$

を満たす θ が存在することが分かる。よって $\beta = f^{(n)}(a + \theta(b-a))$ となる。以上より x を a に，$\dfrac{(b-a)^n}{n!} \beta$ を R_n とすることにより，

$$\begin{aligned} f(b) &= f(a) + f'(a)(b-a) + \frac{f''(a)}{2!}(b-a)^2 + \frac{f'''(a)}{3!}(b-a)^3 \\ &\quad + \cdots + \frac{f^{(n-1)}(a)}{(n-1)!}(b-a)^{n-1} + R_n, \end{aligned}$$

$$R_n = \frac{f^{(n)}(a + \theta(b-a))}{n!}(b-a)^n \quad (0 < \theta < 1)$$

が成り立つ θ が存在することが示された。

□

Taylor の定理において，$a = 0$，$b = x$ とおくことにより，以下の定理が得られる。

定理 2.16 (Maclaurin (マクローリン) の定理) 関数 $y = f(x)$ が $x = 0$ を含む区間で C^n 級であれば，

2.6 微分の応用

$$f(x) = f(0) + f'(0)x + \frac{f''(0)}{2!}x^2 + \cdots + \frac{f^{(n-1)}(0)}{(n-1)!}x^{n-1} + R_n,$$

$$R_n = \frac{f^{(n)}(\theta x)}{n!}x^n \quad (0 < \theta < 1)$$

となる θ が存在する。

Maclaurin 級数

関数 $y = f(x)$ が $x = 0$ を含む区間で何回でも微分可能であるとき，Maclaurin の定理において $n \to \infty$ とすると $f(x)$ を無限級数で表すことができる場合がある。すなわち

$$f(x) = f(0) + \frac{f'(0)}{1!}x + \frac{f''(0)}{2!}x^2 + \frac{f'''(0)}{3!}x^3 + \cdots + \frac{f^{(n)}(0)}{n!}x^n + \cdots$$

である。この式が成り立つとき，関数 f は $x = 0$ で**解析的**であるという。初等関数のほとんどは，解析的である。この無限級数を $f(x)$ の **Maclaurin 級数**，あるいは $x = 0$ での **Taylor 級数**という。

例 2.17 $f(x) = e^x$ とおくと $f^{(n)}(x) = e^x$ であるので，$f(0) = f'(0) = f''(0) = \cdots = f^{(n)}(0) = \cdots = 1$ である。したがって，e^x の Maclaurin 級数は，

$$e^x = 1 + \frac{1}{1!}x + \frac{1}{2!}x^2 + \frac{1}{3!}x^3 + \cdots + \frac{1}{n!}x^n + \cdots$$

となる。

例 2.18 $(\sin x)^{(n)} = \sin\left(x + \frac{n\pi}{2}\right)$ であるので，$\sin x$ の Maclaurin 級数は，
$\sin x = \dfrac{1}{1!}x - \dfrac{1}{3!}x^3 + \dfrac{1}{5!}x^5 - \dfrac{1}{7!}x^7 + \cdots + \dfrac{(-1)^n}{(2n+1)!}x^{2n+1} + \cdots$ となる。

問 2.15 $\cos x$ の Maclaurin 級数を求めよ．

関数の近似

上述のように，Maclaurin 級数に展開することにより関数をべき関数で表わすことが可能になるが，$|x|$ が 1 未満の場合 x の高次の項ほど小さくなることから，x が微小な場合関数 $y = f(x)$ を x の低次の項の和のみで表わすことにより，対象とする関数を近似することができる。

例えば x の一次の項のみで表わすことにより，$y = \sin x \approx x$ や $y = \cos x \approx 1$ というように関数を近似することができる。

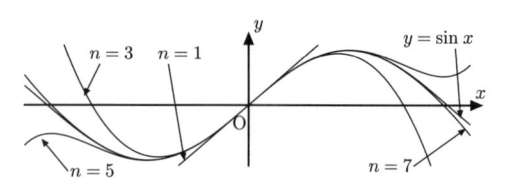

図 2.4 $\sin x$ の Maclaurin 級数

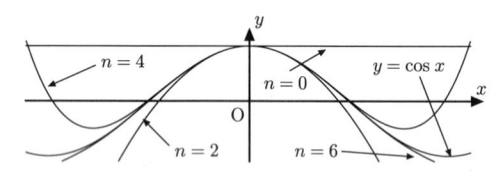

図 2.5 $\cos x$ の Maclaurin 級数

例 2.19 $\cos x$ を Maclaurin 級数に展開し，4 次以上の項を無視することで，
$$\cos x \approx 1 - \frac{1}{2}x^2$$
が得られる。

問 2.16 $\sqrt{1+x}$ を Maclaurin 級数に展開し，4 次以上の項を無視することで，3 次の近似式を作れ．

2.6.3 増　　減

関数で種々の現象を表わす場合，その現象について知るためには対象となる関数の増減関係を明らかにする必要がある．以下では関数の増減関係を微分法により明らかにする事例を示す．

定義 2.10 関数 $y = f(x)$ が $x = a$ の近くで定義されていて，正の数 h が十分小さいときは常に $f(a-h) < f(a) < f(a+h)$ あるいは $f(a-h) > f(a) > f(a+h)$ である場合，$f(x)$ はそれぞれ $x = a$ で**増加の状態**あるいは**減少の状態**であるという．

2.6 微分の応用

定理 2.17 関数 $y = f(x)$ が $x = a$ で微分可能であるとき，$f'(a) > 0$ であれば $f(x)$ は $x = a$ で増加の状態にあり，$f'(a) < 0$ であれば $f(x)$ は $x = a$ で減少の状態にある。

証明． $f'(a) = \lim_{h \to 0} \dfrac{f(a+h) - f(a)}{h} > 0$ の場合，h が十分小さいならば，$h > 0$ のとき $f(a+h) > f(a)$ であり，$h < 0$ であれば $f(a+h) < f(a)$ である。このことは $f(x)$ が $x = a$ で増加の状態にあることを示している。同様にして，$f'(a) < 0$ の場合 $f(x)$ が $x = a$ で減少の状態にあることが証明できる。 □

定義 2.11 関数 $y = f(x)$ が $x = a$ の近くで定義されていて，$|h|$ が十分小さいときは常に $f(a+h) \leqq f(a)$ であるとき，$f(x)$ は $x = a$ で**極大**になると言い，$f(a)$ を**極大値**という。また常に $f(a+h) \geqq f(a)$ であるとき，$f(x)$ は $x = a$ で**極小**であると言い，$f(a)$ を**極小値**という。極大値と極小値をまとめて $f(x)$ の**極値**という。

定理 2.18 関数 $y = f(x)$ が $x = a$ で極値をとるとする．そこで微分可能であれば $f'(a) = 0$ である。

証明． もし $f'(a) > 0$ であれば関数 $y = f(x)$ は $x = a$ で増加の状態にあり，$f'(a) < 0$ ならば $x = a$ で減少の状態にある。したがって，どちらの場合も $f(a)$ は極値にならない。よって $x = a$ で極値をとるなら $f'(a) = 0$ でなければならない。 □

定理 2.19 関数 $y = f(x)$ が $x = a$ の近くで連続で正の数 h が十分小さいとき，区間 $(a-h, a)$ では $f'(x) > 0$ $(f'(x) < 0)$ で，区間 $(a, a+h)$ では $f'(x) < 0$ $(f'(x) > 0)$ であれば，$f(x)$ は $x = a$ で極大 (極小) となる。

証明． 区間 $(a-h, a)$ で $f'(x) > 0$ であれば増加関数であり，区間 $(a, a+h)$ で $f'(x) < 0$ であれば減少関数であるから，$x = a$ で極大となる。極小となる場合も同様である。 □

定理 2.20 関数 $y = f(x)$ が $x = a$ で C^2 級で，$f'(a) = 0$ のとき，$f''(a) > 0$

ならば $x = a$ で極小となり，$f''(a) < 0$ であれば $x = a$ で極大となる．

証明． $f''(a) > 0$ であれば $x = a$ において $y = f'(x)$ は増加関数となり，かつ $f'(a) = 0$ であれば，$x = a$ の近くで正の数 h が十分小さいとき区間 $(a-h, a)$ では $f'(x) < 0$ となり区間 $(a, a+h)$ では $f'(x) > 0$ となるから，$x = a$ で $f(x)$ は極小となる．$f''(a) < 0$ のときについても同様に証明できる． □

例 2.20 関数の増減表を作ることで，極大値および極小値とそれらを与える x を求めることができる．$f(x) = 2x^3 - 3x^2 - 12x + 3$ について考える．$f'(x) = 6x^2 - 6x - 12 = 6(x+1)(x-2)$，$f''(x) = 12x - 6$ であるので，増減表は以下のようになる．

x	$\cdots$	-1	$\cdots$	$\frac{1}{2}$	$\cdots$	2	$\cdots$
$f''(x)$		$-$		0		$+$	
$f'(x)$	$+$	0	$-$			0	$+$
$f(x)$	↗	10	↘			-17	↗

$x = -1$ において極大値 10 をとり，$x = 2$ において極小値 -17 をとることが分かる．

問 2.17 $f(x) = \dfrac{4x+2}{x^2+2x+3}$ の増減表を作ることで，極大値および極小値とそれらを与える x を求めよ．

例 2.21 半径 r，中心角 θ で，周の長さ l が一定な扇形について考える．面積 S が最大となるときの r と，そのときの S を求めよう．
$l = 2r + r\theta \left(0 < r < \dfrac{l}{2}\right)$ より $\theta = \dfrac{l-2r}{r}$ となる．そして $S = \dfrac{\theta}{2\pi}\pi r^2$ に代入して，
$$S = \frac{1}{2}r^2 \frac{l-2r}{r} = -r^2 + \frac{l}{2}r$$
となる．よって
$$S' = -2r + \frac{l}{2},\ S'' = -2$$
となる．増減表は以下のようになる．

2.6 微分の応用

r	0	$\cdots$	$\dfrac{l}{4}$	$\cdots$	$\dfrac{l}{2}$
S''			$-$		
S'		$+$	0	$-$	
S	0	$\nearrow$	$\dfrac{l^2}{16}$	$\searrow$	0

以上より $r = \dfrac{l}{4}$ のとき S は極大値 $\dfrac{l^2}{16}$ をとる．これは最大値でもある．

問 2.18 高さが x で底面の半径が r の直円柱が，半径 a の球に内接している場合について考える．このとき，半径 r を a および x で表わすことにより体積 V を x の関数で表わし，V が最大となるときの x を求めよ．またそのときの V を求めよ．

2.6.4 凹　凸

定義 2.12 関数 $f(x)$ が区間 I で定義されていて，$a < b < c$ を満たすような I の任意の 3 点 a, b, c に対して，

$$\frac{f(b) - f(a)}{b - a} \leqq \frac{f(c) - f(b)}{c - b}$$

がつねに成り立っているとき，関数 $f(x)$ は下に凸 (または単に凸) であるという．

$$\frac{f(b) - f(a)}{b - a} \geqq \frac{f(c) - f(b)}{c - b}$$

がつねに成り立っているとき，関数 $f(x)$ は上に凸 (または単に凹) であるという．

注意 2.1 数学用語の凸と凹の英単語はそれぞれ convex と concave である．英語では凸が下に出っ張った形状，凹は上に出っ張った形状を表す．例えば，$-x^2$ は a concave function (凹関数) である．すなわち，漢字の形から連想する形状と逆である．言語の差であるので仕方ないが，紛らわしいので本書では，「下に出っ張った形状」を「下に凸」，「上に出っ張った形状」を「上に凸」で表すことにする．

定理 2.21 $y = f(x)$ が微分可能であるとき，$f(x)$ が区間 I で下に凸であるための必要十分条件は $f'(x)$ が I で増加関数であることである．

また $f(x)$ が C^2 級であるとき，$f(x)$ が区間 I で下に凸であるための必要十分条件は，I で常に $f''(x) \geqq 0$ となることである．

証明． 関数 $f(x)$ が区間 I で下に凸であれば，$a < b < c$ を満たすような I の任意の 3 点 a, b, c に対して，

$$\frac{f(b) - f(a)}{b - a} \leqq \frac{f(c) - f(b)}{c - b}$$

がつねに成り立つ．ここで $b \to a$ のとき，

$$\frac{f(b) - f(a)}{b - a} \to f'(a)$$

であるので，

$$f'(a) \leqq \frac{f(c) - f(b)}{c - b}$$

である．一方 $b \to c$ のとき，

$$\frac{f(c) - f(b)}{c - b} \to f'(c)$$

である．以上より

$$f'(a) \leqq f'(c)$$

となるが，a, c は区間 I における任意の点であるので，上式は区間 I で $f'(x)$ が増加関数であることを示している．

また区間 I で $a < b < c$ を満たすような I の任意の 3 点 a, b, c に対して，平均値の定理より

$$f'(\alpha) = \frac{f(b) - f(a)}{b - a}$$

を満たす α が区間 (a, b) に存在し，

$$f'(\beta) = \frac{f(c) - f(b)}{c - b}$$

を満たす β が区間 (b, c) に存在する．ここで $f'(x)$ が増加関数であれば，$\alpha < \beta$ より $f'(\alpha) \leqq f'(\beta)$ となるので，上式より

$$\frac{f(b) - f(a)}{b - a} \leqq \frac{f(c) - f(b)}{c - b}$$

が得られる．よって，関数 $f(x)$ は下に凸である．

また $f''(x) \geqq 0$ であれば $f'(x)$ は増加関数となるので，上述の証明より関数 $f(x)$ は下に凸であり，逆に関数 $f(x)$ が下に凸であれば $f'(x)$ は増加関数とな

るので $f''(x) \geqq 0$ である。

□

定義 2.13 関数 $y = f(x)$ の凹凸の種類が変わる点を，$y = f(x)$ の**変曲点**という。

例 2.22 $f(x) = \dfrac{1}{64}x^3 - 3x$ の極値と変曲点を求めよう。

$$f'(x) = \frac{3}{64}(x^2 - 64) = \frac{3}{64}(x-8)(x+8), \quad f''(x) = \frac{3}{32}x$$

であるので，増減表は以下のようになる。

x	$\cdots$	-8	$\cdots$	0	$\cdots$	8	$\cdots$
$f''(x)$		$-$		0		$+$	
$f'(x)$	$+$	0	$-$			0	$+$
$f(x)$	↗	16	↘	0	↘	-16	↗

$x = -8$ において $f'(x) = 0$ かつ $f''(x) < 0$ であるので上に凸であり，極大値 16 をとり，$x = 8$ において $f'(x) = 0$ かつ $f''(x) > 0$ であるので下に凸であり，極小値 -16 をとる。また凸と凹が切り替わる点である変曲点は $x = 0$ である (図 2.6)。

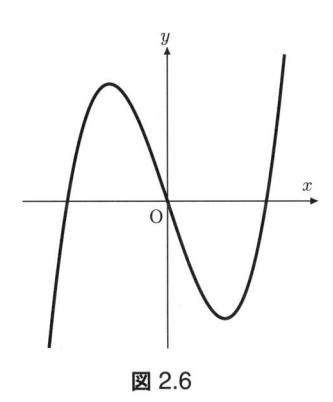

図 2.6

問 2.19 $f(x) = x^4 - 4x^3 + 8x - 5$ の極値と変曲点を求めよ。

2.6.5 曲線の概形

関数 $y = f(x)$ で表わされる曲線の形状を表わすには，これまで説明してきた微分法を用いて関数の増減と凹凸の傾向を明らかにすることのほかにも，検討しなければならないことがある．以下では，微分法と直接の関係はないが曲線の概形を明らかにする際に考慮すべき内容について記す．

定義 2.14 曲線 C 上を点 P が原点から限りなく遠ざかるとき，P がある定直線に限りなく近づくならば，この直線を曲線 C の**漸近線**という．

1. y 軸に平行な漸近線：$x = a$ が $y = f(x)$ で表わされる曲線 C の漸近線であるということは，定義から $x \to a$ のとき $|y| \to \infty$ である．したがって
$$\lim_{x \to a+0} |f(x)| = \infty \quad \text{あるいは} \quad \lim_{x \to a-0} |f(x)| = \infty$$
である．

2. y 軸に平行でない漸近線：$y = f(x)$ で表わされる曲線 C の漸近線を
$$y = ax + b$$
とすると，定義から $x \to \infty$ あるいは $x \to -\infty$ のとき $f(x) - (ax+b) \to 0$ である．したがって $\dfrac{f(x)}{x} - \left(a + \dfrac{b}{x}\right) \to 0$ となるから，傾き a は
$$a = \lim_{x \to \infty} \frac{f(x)}{x} \quad \text{あるいは} \quad a = \lim_{x \to -\infty} \frac{f(x)}{x}$$
でなければならない．また切片 b は，
$$b = \lim_{x \to \infty} (f(x) - ax) \quad \text{あるいは} \quad b = \lim_{x \to -\infty} (f(x) - ax)$$
で与えられる．

また，曲線の対称性に関して以下の定理が成り立つ．

定理 2.22 関数 $y = f(x)$ で表される曲線の対称の中心が点 (α, β) となる必要十分条件は，関数 $y = f(x)$ の定義域の任意の x に関して $f(x + \alpha) = -f(-x + \alpha) + 2\beta$ が成り立つことである．

証明． $y = f(x)$ で表される曲線の対称の中心が点 (α, β) となるならば，$y = f(x)$ を x 方向に $-\alpha$，y 方向に $-\beta$ 平行移動した曲線を表す関数

2.6 微分の応用

$$y = g(x) = f(x+\alpha) - \beta$$

は点 $(0,0)$ が対称の中心となる奇関数となるので，$y = f(x)$ の定義域に対応する $y = g(x)$ の定義域の任意の x に関して $g(x) = -g(-x)$ が成り立つ．よって

$$f(x+\alpha) - \beta = -(f(-x+\alpha) - \beta)$$

が成り立つことから，関数 $y = f(x)$ の定義域の任意の x に関して

$$f(x+\alpha) = -f(-x+\alpha) + 2\beta$$

が成り立つ．

逆に，関数 $y = f(x)$ の定義域の任意の x に関して

$$f(x+\alpha) = -f(-x+\alpha) + 2\beta$$

が成り立つならば，

$$f(-x+\alpha) = -(f(x+\alpha) - 2\beta)$$

となるが，このとき $y = f(x)$ を x 方向に $-\alpha$，y 方向に $-\beta$ 平行移動した曲線を表す関数

$$g(x) = f(x+\alpha) - \beta$$

を考えると，

$$\begin{aligned}g(-x) &= f(-x+\alpha) - \beta = -(f(x+\alpha) - 2\beta) - \beta \\ &= -(f(x+\alpha) - \beta) = -g(x)\end{aligned}$$

となる．よって $y = g(x)$ は奇関数であり点 $(0,0)$ に関して対称となるが，$y = g(x)$ は $y = f(x)$ を x 方向に $-\alpha$，y 方向に $-\beta$ 平行移動した関数であることから，$y = f(x)$ で表される曲線の対称の中心は点 (α, β) となる．　□

定理 2.23 関数 $y = f(x)$ で表される曲線の対称軸が $x = \alpha$ となる必要十分条件は，関数 $y = f(x)$ の定義域の任意の x に関して $f(x+\alpha) = f(-x+\alpha)$ が成り立つことである．

証明．$y = f(x)$ で表される曲線の対称軸が $x = \alpha$ となるなら，$y = f(x)$ を x 方向に $-\alpha$ 平行移動した曲線を表す関数

$$y = g(x) = f(x+\alpha)$$

は $x = 0$ が対称軸となる偶関数となるので，$y = f(x)$ の定義域に対応する $y = g(x)$ の定義域の任意の x に関して $g(x) = g(-x)$ が成り立つ．よって関

数 $y = f(x)$ の定義域の任意の x に関して
$$f(x+\alpha) = f(-x+\alpha)$$
が成り立つ。

逆に，関数 $y = f(x)$ の定義域の任意の x に関して
$$f(x+\alpha) = f(-x+\alpha)$$
が成り立つならば，$y = f(x)$ を x 方向に $-\alpha$ 平行移動した曲線を表す関数
$$g(x) = f(x+\alpha)$$
を考えると，
$$g(-x) = f(-x+\alpha) = f(x+\alpha) = g(x)$$
となる。よって $y = g(x)$ は偶関数であり $x = 0$ が対称軸となるが，$y = g(x)$ は $y = f(x)$ を x 方向に $-\alpha$ 平行移動した関数であることから，$y = f(x)$ の対称軸は $x = \alpha$ となる。 □

以下に曲線の概形を表わす際に調べるべき項目をまとめる。

1. $f(x)$ が増加関数，減少関数になる区間。$f(x)$ が上に凸，下に凸になる区間。$f(x)$ の極値とその極値をとる点。変曲点。
2. 曲線が座標軸と交わる点。
3. 曲線の存在範囲。
4. 曲線の漸近線と漸近線への近づきかた。
5. 曲線の対称性。

例 2.23 $f(x) = x + 1 + \dfrac{1}{x-1}$ の極値などを求め，$y = f(x)$ のグラフの概形を描く。$f'(x) = 1 - \dfrac{1}{(x-1)^2} = \dfrac{x(x-2)}{(x-1)^2}$, $f''(x) = \dfrac{2}{(x-1)^3}$ となる。
$$\lim_{x \to 1+0} f(x) = \infty \quad , \quad \lim_{x \to 1-0} f(x) = -\infty$$
であるので，$x = 1$ が漸近線となる。また
$$\lim_{x \to \infty} \frac{f(x)}{x} = 1 \quad , \quad \lim_{x \to -\infty} \frac{f(x)}{x} = 1$$
かつ，
$$\lim_{x \to \infty} (f(x) - x) = 1 \quad , \quad \lim_{x \to -\infty} (f(x) - x) = 1$$

2.6 微分の応用

であるので，$y = x + 1$ も漸近線となる。

また $x = 1$ で，$f(x)$, $f'(x)$, $f''(x)$ はいずれも不連続となる。
増減表は以下のようになる。

x	$-\infty$	$\cdots$	0	$\cdots$	1	$\cdots$	2	$\cdots$	∞
$f''(x)$				$-$			$+$		
$f'(x)$		$+$	0	$-$		$-$	0	$+$	
$f(x)$	$-\infty$	↗	0	↘	$-\infty \setminus \infty$	↘	4	↗	∞

また $y = f(x)$ の対称の中心が点 (α, β) になるならば
$$f(x + \alpha) = -f(-x + \alpha) + 2\beta$$
が成り立つが，与式より
$$x + \alpha + 1 + \frac{1}{x + \alpha - 1} = -\left(-x + \alpha + 1 + \frac{1}{-x + \alpha - 1}\right) + 2\beta$$
となる。これを整理すると
$$(\alpha - \beta + 1)x^2 - (\alpha - 1)(\alpha^2 - \alpha\beta + \beta) = 0$$
となる。$f(x)$ の定義域の任意の x で上式が成り立つには
$$\alpha - \beta + 1 = 0, \quad (\alpha - 1)(\alpha^2 - \alpha\beta + \beta) = 0$$
が成り立たなければならないので，$\alpha = 1$, $\beta = 2$ となる。以上より対称の中心は $(1, 2)$ となる。グラフの概形は図 2.7 のとおりである。

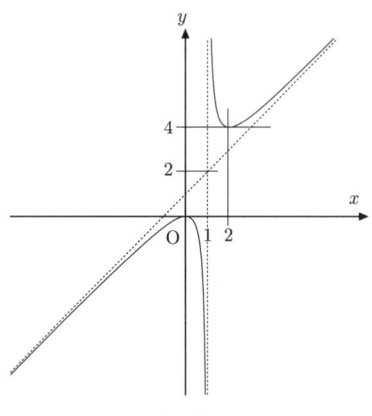

図 2.7

問 2.20 $f(x) = x^4 - 2x^2 + 1$ の極値などを求め, $y = f(x)$ のグラフ概形を書け.

2.6.6 不定形の極限値

例えば $\lim_{x \to a} f(x) = 0$ かつ $\lim_{x \to a} g(x) = 0$ となる場合, $\lim_{x \to a} \dfrac{f(x)}{g(x)}$ は分母と分子がともに 0 に収束するので, 極限値が求まらないように見える. このような場合を不定形と呼ぶ. 不定形の極限値は微分法を用いると容易に求まることが少なくないが, その基本となる定理を以下に示す.

定理 2.24 (Cauchy (コーシー) の平均値定理) 関数 $f(x)$ および $g(x)$ は区間 $[a, b]$ で連続で (a, b) で微分可能であり, $g'(x)$ は (a, b) で 0 にならないならば,

$$\frac{f(b) - f(a)}{g(b) - g(a)} = \frac{f'(c)}{g'(c)} \quad (a < c < b)$$

となるような c が存在する.

証明. 平均値の定理から $g(b) - g(a) = (b - a)g'(\alpha)$ を満たす α が区間 (a, b) に存在する. ここで $g'(x)$ は (a, b) で 0 にならないので, $g(b) - g(a) \neq 0$ である. そこで

$$\frac{f(b) - f(a)}{g(b) - g(a)} = \beta$$

とおき, 整理すると

$$f(b) - f(a) - \beta (g(b) - g(a)) = 0$$

となる. 次に左辺における a を x に置き換えた式に対応する, 以下に示す x の関数を考える.

$$h(x) = f(b) - f(x) - \beta (g(b) - g(x))$$

$h(a) = h(b) = 0$ であり, また

$$h'(x) = -f'(x) + \beta g'(x)$$

なので, Rolle の定理より区間 (a, b) に

$$h'(c) = -f'(c) + \beta g'(c) = 0$$

を, すなわち

2.6 微分の応用

$$\beta = \frac{f'(c)}{g'(c)}$$

を満たす c が存在する。ゆえに

$$\frac{f(b)-f(a)}{g(b)-g(a)} = \beta$$

より,

$$\frac{f(b)-f(a)}{g(b)-g(a)} = \frac{f'(c)}{g'(c)} \quad (a<c<b)$$

となる。

□

定理 2.25 (L'Hospital (ロピタル) の定理) $f(x)$ および $g(x)$ は $x=a$ の近くで連続で, $x=a$ 以外では微分可能であるとする。さらに $f(a)=g(a)=0$ で $x=a$ 以外では $g'(x) \neq 0$ とする。このとき, もし

$$\lim_{x \to a} \frac{f'(x)}{g'(x)} = \beta$$

であれば,

$$\lim_{x \to a} \frac{f(x)}{g(x)} = \beta$$

である。

証明. Cauchy の平均値の定理より, a の近くに x をとると a と x の間に

$$\frac{f(x)-f(a)}{g(x)-g(a)} = \frac{f'(c)}{g'(c)}$$

を満たす c が存在する。また $f(a)=g(a)=0$ であるので,

$$\frac{f(x)}{g(x)} = \frac{f'(c)}{g'(c)}$$

となる。従って $x \to a$ のとき $c \to a$ なので,

$$\lim_{x \to a} \frac{f(x)}{g(x)} = \lim_{c \to a} \frac{f'(c)}{g'(c)} = \lim_{x \to a} \frac{f'(x)}{g'(x)} = \beta$$

となる。

□

以上は $\lim_{x \to a} f(x) = 0$ および $\lim_{x \to a} g(x) = 0$ となる，しばしば

$$\lim_{x \to a} \frac{f(x)}{g(x)} = \frac{0}{0}$$

と表わされる形式の不定形の極限値を求める場合についてであるが，$\lim_{x \to a} f(x) = \infty$ および $\lim_{x \to a} g(x) = \infty$ となる場合などの，

$$\lim_{x \to a} \frac{f(x)}{g(x)} = \frac{\infty}{\infty} \ , \ \lim_{x \to \infty} \frac{f(x)}{g(x)} = \frac{0}{0} \ , \ \lim_{x \to \infty} \frac{f(x)}{g(x)} = \frac{\infty}{\infty}$$

と表わされる形式の不定形の極限値を求める場合についても同様に適用できる．

そのほか，例えば $\lim_{x \to a} f(x) = 0$ および $\lim_{x \to a} g(x) = \infty$ となる，

$$\lim_{x \to a} f(x)g(x) = 0 \cdot \infty$$

と表される不定形の場合，

$$\lim_{x \to a} f(x)g(x) = \lim_{x \to a} \frac{f(x)}{\frac{1}{g(x)}}$$

と変形し $\dfrac{0}{0}$ と表される形式の不定形の極限値を求める場合に帰着することができる．

また $\lim_{x \to a} f(x) = \infty$ および $\lim_{x \to a} g(x) = \infty$ となる，

$$\lim_{x \to a} \{f(x) - g(x)\} = \infty - \infty$$

と表される不定形の場合，

$$\lim_{x \to a} \{f(x) - g(x)\} = \lim_{x \to a} \frac{\dfrac{1}{g(x)} - \dfrac{1}{f(x)}}{\dfrac{1}{f(x)g(x)}}$$

と変形し，$\dfrac{0}{0}$ と表される形式の不定形の極限値を求める場合に帰着することができる．

例 2.24 L'Hospital の定理を用いると，$\lim_{x \to 0} \dfrac{e^x - \cos x}{\sin x} = \lim_{x \to 0} \dfrac{e^x + \sin x}{\cos x} = 1$ となる．

問 2.21 L'Hospital の定理を用いて，次の極限値を求めよ．

(1) $\displaystyle\lim_{x\to 0}\frac{\sinh x}{x}$, (2) $\displaystyle\lim_{x\to 0}\frac{\tan x - \sin x}{x^3}$, (3) $\displaystyle\lim_{x\to\infty}\frac{(\log x)^3}{x}$,

(4) $\displaystyle\lim_{x\to 0}\frac{a^x - b^x}{x}$ $(a>0, b>0)$, (5) $\displaystyle\lim_{x\to\infty}\frac{x^2}{e^x}$.

2.7 コメント

関数 $y = f(x)$ が与えられたとき，導関数 $f'(x), f''(x), \cdots$ の計算は関数が複雑になると非常に煩雑になる．また，$f(x)$ の零点，すなわち，方程式 $f(x) = 0$ の解を正確に求めることは一般には困難である．たとえば，一般の5次方程式に対する解の公式は存在しないことが知られている (Abel(アーベル)-Ruffini(ルフィニ) の定理)．このような際に対応できるように，導関数の計算や方程式を解くための近似的な方法を学ぶことは大切である．ここで述べる方法は計算機を用いて導関数を計算したり，方程式を解く際にも用いられる．

2.7.1 差 分

関数 $y = f(x)$ の k 階の導関数 $f^{(k)}(x)$ の $x = a$ での値 $f^{(k)}(a)$ を $x = \cdots, a-h, a, a+h, \cdots$ での関数値

$$\cdots, f(a-h), f(a), f(a+h), \cdots$$

を用いて近似することを考察する．ここで，$h > 0$ は微小な正定数である．一般に，$f^{(k)}(a)$ に対する近似公式 $f^{(k)}_{\text{approx}}(a, h)$ が与えられたとき，

$$\left| f^{(k)}_{\text{approx}}(a, h) - f^{(k)}(a) \right| \leqq Ch^p$$

を満たす定数 $p \geqq 1, C > 0$ が存在すれば，$f^{(k)}_{\text{approx}}(a, h)$ は $f^{(k)}(a)$ に対する p 次公式であるという．p が大きいほど近似の精度は高い．

以下，主として1階の導関数 ($k = 1$ の場合) を考察する．関数 $y = f(x)$ は閉区間 I で定義されているものとし，必要に応じて f に対して適当な滑らかさを仮定する．

$f'(a)$ に対する最も単純な近似公式は **Euler** (オイラー) の前進差分

$$\Delta_h[f](x) = f(x+h) - f(x)$$

および **Euler** の後退差分

$$\nabla_h[f](x) = f(x) - f(x-h)$$

を用いた

$$f^{(1)}_{1;f}(a,h) = \frac{\Delta_h[f](a)}{h} = \frac{f(a+h)-f(a)}{h},$$
$$f^{(1)}_{1;b}(a,h) = \frac{\nabla_h[f](a)}{h} = \frac{f(a)-f(a-h)}{h}$$

である。$y = f(x)$ を C^2 級とすれば，Taylor の定理より

$$f(a+h) - f(a) - f'(a)h = \frac{1}{2}f''(a+\theta_f h)h^2,$$
$$f(a) - f(a-h) - f'(a)h = -\frac{1}{2}f''(a-\theta_b h)h^2$$

を満たす $0 < \theta_f < 1$, $0 < \theta_b < 1$ が存在するから

$$C = \frac{1}{2}\max_{x \in I}|f''(x)|$$

とおけば

$$\left|f^{(1)}_{1;f}(a,h) - f'(a)\right| \leqq Ch,$$
$$\left|f^{(1)}_{1;b}(a,h) - f'(a)\right| \leqq Ch$$

が成り立つ。したがって，$f^{(1)}_{1;f}(a,h)$ および $f^{(1)}_{1;b}(a,h)$ はともに $f'(x)$ に対する 1 次公式である。

中心差分

$$\delta_h[f](x) = f(x+h/2) - f(x-h/2)$$

を用いた公式

$$f^{(1)}_2(a,h) = \frac{\delta_{2h}[f](a)}{2h} = \frac{f(a+h)-f(a-h)}{2h}$$

は $f'(a)$ に対する 2 次公式で，前進差分を用いた公式 $f^{(1)}_{1;f}(a,h)$ や後退差分を用いた公式 $f^{(1)}_{1;b}(a,h)$ より精度が高い。$y = f(x)$ を C^3 級とし

$$F(h) = f(a+h) - f(a-h) - 2hf'(a)$$

に対して Taylor の定理を適用すれば

$$F'(h) = f'(a+h) + f'(a-h) - 2f'(a),$$
$$F''(h) = f''(a+h) - f''(a-h),$$
$$F'''(h) = f'''(a+h) + f'''(a-h)$$

より $F(0) = F'(0) = F''(0) = 0$ であるから

2.7 コメント

$$F(h) = \frac{1}{3!}F'''(\theta h)h^3 = \frac{1}{6}\left(f'''(a+\theta h) + f'''(a-\theta h)\right)h^3$$

を満たす $0 < \theta < 1$ が存在することがわかる。そこで

$$C = \frac{1}{6}\max_{x \in I}|f'''(x)|$$

とおけば

$$\left|f_2^{(1)}(a,h) - f'(a)\right| = \frac{|F(h)|}{2h} \leqq Ch^2$$

が成り立つ。したがって，$f_2^{(1)}(a,h)$ は $f'(a)$ に対する 2 次公式である。

k 階の導関数については次の命題が成り立つことが知られている。

命題 2.3 $k \in \mathbb{N}$ とする。

$$f_2^{(k)}(a,h) = \frac{1}{h^k}\sum_{l=0}^{k}(-1)^l\,{}_kC_l\,f(a+(k/2-l)h)$$

は $f^{(k)}(a)$ に対する 2 次公式である。ここで

$$_kC_l = \frac{k!}{l!(k-l)!}$$

は二項係数である。$k = 2, 3, 4$ の場合に具体的に書き下せば

$$f_2^{(2)}(a,h) = \frac{f(a+h) - 2f(a) + f(a-h)}{h^2},$$

$$f_2^{(3)}(a,h) = \frac{f(a+3h/2) - 3f(a+h/2) + 3f(a-h/2) - f(a-3h/2)}{h^3},$$

$$f_2^{(4)}(a,h) = \frac{f(a+2h) - 4f(a+h) + 6f(a) - 4f(a-h) + f(a-2h)}{h^4}$$

である。

例 2.25 $f_2^{(2)}(a,h)$ が $f''(a)$ に対する 2 次公式であることを確認する。$y = f(x)$ を閉区間 I 上 C^4 級の関数とし

$$F(h) = f(a+h) - 2f(a) + f(a-h) - h^2 f''(a)$$

に対して Taylor の定理を適用すれば

$$F'(h) = f'(a+h) - f'(a-h) - 2hf'(a),$$
$$F''(h) = f''(a+h) + f''(a-h) - 2f'(a),$$
$$F'''(h) = f'''(a+h) - f'''(a-h),$$
$$F^{(4)}(h) = f^{(4)}(a+h) + f^{(4)}(a-h)$$

より $F(0) = F'(0) = F''(0) = F'''(0) = 0$ であるから

$$F(h) = \frac{1}{4!}F^{(4)}(\theta h)h^4 = \frac{1}{24}\left(f^{(4)}(a+\theta h) + f^{(4)}(a-\theta h)\right)h^4$$

を満たす $0 < \theta < 1$ が存在することがわかる.そこで

$$C = \frac{1}{12}\max_{x \in I}\left|f^{(4)}(x)\right|$$

とおけば

$$\left|f_2^{(2)}(a,h) - f''(a)\right| = \frac{|F(h)|}{h^2} \leqq Ch^2$$

が成り立つ.すなわち,$f_2^{(2)}(a,h)$ は $f''(a)$ に対する 2 次公式である.

2.7.2 Newton 法

Newton (ニュートン) 法は,方程式 $f(x) = 0$ の代表的な近似解法である.Newton 法では,$f(x) = 0$ の解 α を求めるために近似解 x_0 を α の近くにとり,曲線 $y = f(x)$ を $(x_0, f(x_0))$ における接線

$$y = f'(x_0)(x - x_0) + f(x_0)$$

で近似して,この接線と x 軸の交点

$$x_1 = x_0 - \frac{f(x_0)}{f'(x_0)}$$

を次の近似解とする.この手順を繰り返し,初期値 x_0 が与えられたときに

$$x_{n+1} = x_n - \frac{f(x_n)}{f'(x_n)}, \quad n = 0, 1, 2, \cdots \tag{2.1}$$

で数列 $\{x_n\}$ を生成し,その極限

$$\lim_{n \to \infty} x_n$$

として $f(x) = 0$ の解 α を求める方法が **Newton 法**である.実際,数列 $\{x_n\}$ がある実数 α に収束し,かつ $f'(\alpha) \neq 0$ であれば,(2.1) で $n \to \infty$ の極限をとれば $f(\alpha) = 0$,すなわち α は方程式 $f(x) = 0$ の解であることがわかる.

例 2.26 平方根の計算 β を正数とする。$f(x) = x^2 - \beta$ に Newton 法を適用すると，$\sqrt{\beta}$ は漸化式

$$x_{n+1} = \frac{1}{2}\left(x_n + \frac{\beta}{x_n}\right), \quad x_0 > 0, \quad n = 0, 1, 2, \cdots \quad (2.2)$$

で定まる数列 $\{x_n\}$ の極限で与えられることがわかる．

実際に，数列 $\{x_n\}$ は $\sqrt{\beta}$ に収束することを確認する．相加相乗平均より

$$x_1 = \frac{1}{2}\left(x_0 + \frac{\beta}{x_0}\right) \geqq \sqrt{x_0 \cdot \frac{\beta}{x_0}} = \sqrt{\beta}$$

が成立する．以下

$$x_1 \geqq x_2 \geqq x_3 \geqq \cdots \geqq x_n \geqq \cdots \geqq \sqrt{\beta} \quad (2.3)$$

が成り立つことをみる．$x_n \geqq \sqrt{\beta}\ (n = 2, 3, \cdots)$ となることは上と同様である．また，$x_n \geqq \sqrt{\beta}$ であれば

$$x_{n+1} - x_n = \frac{1}{2}\left(x_n + \frac{\beta}{x_n}\right) - x_n = \frac{\beta - x_n^2}{2x_n} \leqq 0$$

となる．したがって，帰納的に (2.3) が成り立つことがわかる．

(2.3) より，数列 $\{x_n\}\ (n \in \mathbb{N})$ は単調減少列で，$X = \{x_n \mid n \in \mathbb{N}\}$ は下に有界であるから，命題 1.3 より数列 $\{x_n\}$ は収束する．そこで $\alpha = \lim_{n \to \infty} x_n \geqq \sqrt{\beta}$ とおき，漸化式 (2.2) で $n \to \infty$ の極限とれば $\alpha = \sqrt{\beta}$ を得る．

最後に，漸化式 (2.2) で定まる数列 $\{x_n\}$ の $\sqrt{\beta}$ への収束の「速さ」について調べる．

$$x_{n+1} - \sqrt{\beta} = \frac{1}{2}\left(x_n + \frac{\beta}{x_n}\right) - \sqrt{\beta} = \frac{1}{2x_n}(x_n - \sqrt{\beta})^2$$

であるから，$C = 1/(2\sqrt{\beta})$ とおけば

$$|x_{n+1} - \sqrt{\beta}| \leqq C|x_n - \sqrt{\beta}|^2 \quad (n \in \mathbb{N})$$

が成立する．これは数列 $\{x_n\}$ の $\sqrt{\beta}$ への収束が 2 次収束であることを示している．大雑把にいえば，初期値の誤差が $|x_0 - \sqrt{\beta}| \simeq 10^{-1}$ であれば n の増加に伴って誤差が

$$10^{-1},\ 10^{-2},\ 10^{-4},\ 10^{-8},\ 10^{-16},\ 10^{-32},\ \cdots$$

のように減少することを意味しており，数列 $\{x_n\}$ は実用的には十分な速さで $\sqrt{\beta}$ に収束しているといえる．

一般に, $\{x_n\}$ $(n \in \mathbb{N})$ を収束列, その極限を α としたとき, ある番号 $n_0 \in \mathbb{N}$ が存在して
$$n \geqq n_0 \text{ であれば } |x_{n+1} - \alpha| \leqq C|x_n - \alpha|^p$$
を満たす定数 $p \geqq 1, C > 0$ が存在すれば, 数列 $\{x_n\}$ は α に **p 次収束する**という。p が大きいほど, 極限への収束が速いことを意味する。

方程式 $f(x) = 0$ の解 α が $f'(\alpha) \neq 0$ を満たすとき, 初期値 x_0 を α に十分近くとって Newton 法を適用すれば, 生成される数列 $\{x_n\}$ は α に 2 次収束することが知られている。

例 2.27 立方根の計算 Newton 法を適用し, 立法根の計算をしてみよう。β を正数とする。$f(x) = x^3 - \beta$ を (2.1) に代入すれば漸化式
$$x_{n+1} = x_n - \frac{x_n^3 - \beta}{3x_n^2} = \frac{1}{3}\left(2x_n + \frac{\beta}{x_n^2}\right), \quad n = 0, 1, 2, \cdots$$
が導かれる。初期値は $x_0 > \sqrt[3]{\beta}$ を満たすものとする。正数 a, b, c に対して $(a+b+c)/3 \geqq \sqrt[3]{abc}$ が成り立つことを使うと,
$$x_{n+1} = \frac{1}{3}\left(x_n + x_n + \frac{\beta}{x_n^2}\right) \geqq \sqrt[3]{x_n \cdot x_n \cdot \frac{\beta}{x_n^2}} = \sqrt[3]{\beta}$$
となる。また,
$$x_{n+1} - x_n = \frac{1}{3}\left(2x_n + \frac{\beta}{x_n^2}\right) - x_n = \frac{\beta - x_n^3}{3x_n^2} \leqq 0$$
であるので, $x_{n+1} \leqq x_n$ となる。数列 $\{x_n\}$ は下に有界な単調減少列であるので収束する。その極限を α とおく。漸化式で $n \to \infty$ の極限をとれば
$$\alpha = \frac{1}{3}\left(2\alpha + \frac{\beta}{\alpha^2}\right)$$
となる。これより $\alpha^3 = \beta$, したがって $\alpha = \sqrt[3]{\beta}$ である。これと漸化式より
$$x_{n+1} - \alpha = \frac{2x_n + \alpha}{3x_n^2}(x_n - \alpha)^2$$
が成り立つことがわかる。
$$\frac{2x_n + \alpha}{3x_n^2} = \frac{2}{3x_n} + \frac{\alpha}{3x_n^2} \leqq \frac{2}{3\alpha} + \frac{\alpha}{3\alpha^2} = \frac{1}{\alpha}$$
より, $C = 1/\alpha$ とおけば

$$|x_{n+1} - \alpha| \leq C|x_n - \alpha|^2$$

となる。すなわち，数列 $\{x_n\}$ の α への収束は 2 次収束である。

章末問題 2

1 次の関数の導関数を求めよ。

(1) $x(\cos x)(\log x)$,　(2) $e^{-3x}\cos 2x$,
(3) $\dfrac{2\sin x}{\cos x + 2}$,　(4) $\dfrac{x+3}{x^2+2x+2}$,
(5) $\cos(3e^{2x})$,　(6) $\log(\sin 3x + 2)$,　(7) $(x^2 + 3x)\sin(\log x)$,
(8) $\tan\dfrac{1}{x^2+1}$,　(9) $a^{\sin x}$ $(a > 0)$,　(10) $(\sin x + 3)^x$,
(11) $\log\left|x + \sqrt{x^2+c}\right|$ $(c \neq 0)$,
(12) $x\sqrt{x^2+c} + c\log\left|x+\sqrt{x^2+c}\right|$ $(c \neq 0)$,　(13) x^x,　(14) x^{x^x}.

2 逆関数の微分公式を用いて，次の関数を微分せよ。また，第 1 章で求めたこれらの関数の対数を用いた表現を微分し，結果が一致することを確かめよ。

(1) $\operatorname{arcsinh} x$,　(2) $\operatorname{arctanh} x$.

3 次の関数を考える。

$$f(x) = \begin{cases} x^2 \cos \dfrac{1}{x} & (x \neq 0), \\ 0 & (x = 0) \end{cases}$$

(1) $f(x)$ の導関数を求めよ。
(2) $f'(x)$ は，$x = 0$ で連続でないことを示せ。

4 $x > 0$ とする。平均値の定理を用いて，

$$\dfrac{1}{2\sqrt{x+1}} < \sqrt{x+1} - \sqrt{x} < \dfrac{1}{2\sqrt{x}}$$

を示せ。

5 次の関数を 5 次の項 (x^5) まで Maclaurin 展開せよ (剰余項が 6 次)。

(1) $f(x) = \dfrac{1}{1+x}$,
(2) $f(x) = xe^x$.

6 関数 $f(x) = \dfrac{1}{1-x}$ $(x<1)$ に Taylor の定理を適用し，
$$\frac{1}{1-x} = \sum_{k=0}^{n-1} x^k + R_n, \quad R_n = \frac{x^n}{(1-\theta x)^{n+1}}$$
となる $\theta \in (0,1)$ が存在することを確かめよ．

7 次の極限値を求めよ．

(1) $\displaystyle\lim_{x\to 0} \frac{\arctan x - x}{x^3}$, (2) $\displaystyle\lim_{x\to\infty} x^2 \log\cos\frac{a}{x}$, (3) $\displaystyle\lim_{x\to 0} \frac{e^x - \cos x}{x^2 - 2\sin x}$,

(4) $\displaystyle\lim_{x\to +0} x^x$, (5) $\displaystyle\lim_{x\to +0} x^{x^x}$,

(6) f が $x=a$ の近くで C^2 級であるとき，
$\displaystyle\lim_{h\to 0} \frac{f(a+2h) - 2f(a+h) + f(a)}{h^2}$.

8 $a>0$, $b>0$ とする．このとき $\displaystyle\lim_{x\to\ell}\left(\frac{a^x + b^x}{2}\right)^{\frac{1}{x}}$ に対して以下の問いに答えよ．

(1) $\ell = 0$ のときの極限値を求めよ．

(2) $\ell = \infty$ および $\ell = -\infty$ のときの極限値を求めよ．

9 $f(x) = x^x$ $(x>0)$ の極値を求めよ．

10 曲線 $f(x) = -3x^4 + 4bx^3 + 24x^2 - 48bx + a$ $(-2<b<2)$ に関する以下の問いに答えよ．

(1) 曲線の増減表を書き，極値を与える x を求めよ．

(2) 曲線が極小となる点で x 軸と接するときの a を b で表せ．

(3) 2 つの極大値が等しくなるときの b を求めよ．

3
1変数関数の積分

　この章では，1変数関数の積分を考える。定積分とは，正値関数の場合，グラフの下の面積を表す量と考えるとイメージしやすいであろう。前半では，Riemann (リーマン) の意味での積分を定義した後，積分の基礎理論と計算法を述べる。後半では，広義積分や積分の応用について解説する。

3.1 積分の定義

　高等学校では積分は微分の"逆操作"というように習うが，ここでは積分を，微分とは関係ない方法で定義する。そして，積分と微分の関係を次節で導くことにする。

　閉区間 $I = [a,b]$ 上で定義された有界な関数 $f: I \to \mathbb{R}$ に対して，f の I 上での積分を次のように定義する。

　まず，区間 $I = [a,b]$ を細かく分割する。いくつかの記号を次で定める。

$$分割 \Delta: a = x_0 < x_1 < \cdots < x_m = b,$$
$$\delta(\Delta) = \max\{x_i - x_{i-1} \mid i = 1, \cdots, m\},$$
$$I_i = [x_{i-1}, x_i],$$
$$|I_i| = x_i - x_{i-1}$$

とおく。$\xi_i \in I_i$ を選んだとき，f の **Riemann 和** $R(\{\xi_i\}, \Delta, f)$ を

$$R(\{\xi_i\}, \Delta, f) = \sum_{i=1}^{m} f(\xi_i)|I_i|$$

で定義する。

定義 3.1 $\delta(\Delta) \to 0$ のとき，ξ_i の選び方によらない数 S が存在して，

$$\lim_{\delta(\Delta)\to 0} R(\{\xi_i\}, \Delta, f) = S$$

となるとき，f は (**Riemann** の意味で) I 上積分可能という．

定義 3.2 f が $I = [a, b]$ 上積分可能であるとき，上の定義に現れる数 S を

$$\int_a^b f(x)\,dx$$

と書き，f の I での**定積分**（あるいは**積分値**）という．

今，定積分 $\int_a^b f(x)\,dx$ を $a < b$ に対して定義したが，便宜上，$a > b$ や $a = b$ に対しては次のように定義する．

定義 3.3 $b < a$ とし，f が $I = [b, a]$ 上積分可能とする．このとき，

$$\int_a^b f(x)\,dx = -\int_b^a f(x)\,dx$$

と定義する．また，

$$\int_a^a f(x)\,dx = 0$$

と定義する．

次に定積分に関する基本的な性質を述べよう．

命題 3.1 有界な閉区間 $I = [a, b]$ 上で定義された関数 $f : I \to \mathbb{R}$ が積分可能で，$a \leqq c < d \leqq b$ とする．このとき，f は $J = [c, d]$ 上で積分可能となる．

定理 3.1 (積分の加法性) f が有界閉区間 I 上積分可能であるとし，$a, b, c \in I$ とする．このとき，

$$\int_a^b f(x)\,dx = \int_a^c f(x)\,dx + \int_c^b f(x)\,dx$$

が成り立つ．

次の定理は積分の線形性に関する性質である．

定理 3.2 (積分の線形性) f, g が $I = [a, b]$ 上積分可能な関数であるとし，$k, l \in \mathbb{R}$ とする．このとき，関数 $kf(x) + lg(x)$ は I 上積分可能で，

3.1 積分の定義

$$\int_a^b (kf(x) + lg(x))\,dx = k\int_a^b f(x)\,dx + l\int_a^b g(x)\,dx$$

が成り立つ.

命題 3.2 f, g が $I = [a, b]$ 上積分可能な関数であるとする.

1. すべての $x \in I$ に対し, $f(x) \geqq 0$ であるとき,

$$\int_a^b f(x)\,dx \geqq 0$$

   が成り立つ (**積分の単調性**).

2. すべての $x \in I$ に対し, $f(x) \geqq g(x)$ であるとき,

$$\int_a^b f(x)\,dx \geqq \int_a^b g(x)\,dx$$

   が成り立つ.

3. $|f|$ は $I = [a, b]$ 上積分可能な関数となり,

$$\int_a^b |f(x)|\,dx \geqq \left|\int_a^b f(x)\,dx\right|$$

   が成り立つ.

ここまで, 積分可能な関数 f の定積分に関する基本性質を列挙したが, どのような関数が積分可能になるのかについて述べていなかった. 次の定理は, 関数が積分可能になるための十分条件のひとつである.

定理 3.3 関数 f が $I = [a, b]$ 上で連続であれば, f は I 上で積分可能である.

ここで, 連続でない関数で, 積分可能なものと積分可能でないものの 2 つの例をあげておこう. 積分可能性の証明は読者に委ねる.

例 3.1 $I = [0, 1]$ 上の関数

$$f_1(x) = \begin{cases} \dfrac{1}{p} & (x = \dfrac{q}{p} \text{ (既約分数, } p \text{ は自然数, } q \text{ は整数))}, \\ 0 & (x \notin \mathbb{Q}) \end{cases}$$

は, I 上積分可能であり,

$$\int_0^1 f_1(x)\,dx = 0$$

である．

例 3.2 $I = [0,1]$ 上の関数

$$f_2(x) = \begin{cases} 1 & (x \in \mathbb{Q}), \\ 0 & (x \notin \mathbb{Q}) \end{cases}$$

は，I 上積分可能でない．

次の定理は，**積分学の平均値の定理**と呼ばれる．

定理 3.4 (積分学の平均値の定理) f が $I = [a,b]$ 上で連続な関数であるとする．このとき，

$$\int_a^b f(x)\,dx = f(\xi)(b-a)$$

を満たすような $\xi \in [a,b]$ が存在する．

証明． 連続関数 f の $I = [a,b]$ 上での最小値と最大値をそれぞれ m と M とおく．

$$m \leqq f(x) \leqq M$$

となる．ここで，積分の単調性より，

$$m(b-a) \leqq \int_a^b f(x)\,dx \leqq M(b-a)$$

となる．したがって，

$$m \leqq \frac{1}{b-a}\int_a^b f(x)\,dx \leqq M$$

となり，中間値の定理から，

$$f(\xi) = \frac{1}{b-a}\int_a^b f(x)\,dx$$

を満たすような $\xi \in [a,b]$ が存在する． □

3.2 不定積分と原始関数

まず，微分と積分を関連付ける重要な定理を述べよう．

定理 3.5 f が $I = [a, b]$ 上連続な関数とし，$c \in I$ とする．$x \in I$ の関数 $F(x)$ を
$$F(x) = \int_c^x f(t)\, dt$$
とおくとき，F は I 上微分可能で，
$$F'(x) = f(x)$$
が成り立つ．

証明． $x \in I$ とし，h を $x + h \in I$ となるよう十分小さく取る．
$$F(x+h) - F(x) = \int_c^{x+h} f(t)\, dt - \int_c^x f(t)\, dt = \int_x^{x+h} f(t)\, dt$$
ここで，積分の平均値の定理より，
$$\int_x^{x+h} f(t)\, dt = h f(\xi_h)$$
となる ξ_h が x と $x + h$ の間に存在する．従って，
$$\frac{F(x+h) - F(x)}{h} = f(\xi_h)$$
となる．ここで，$h \to 0$ のとき，$\xi_h \to x$ であるから，$f(x)$ の連続性より，
$$F'(x) = \lim_{h \to 0} \frac{F(x+h) - F(x)}{h} = \lim_{h \to 0} f(\xi_h) = f(x)$$
を得る． □

定義 3.4 $I = [a, b]$ 上の関数 $F(x)$ と $f(x)$ が
$$F'(x) = f(x) \quad (x \in I)$$
を満たすとき，$F(x)$ を $f(x)$ の**原始関数**という．

例 3.3 (1) x^n は，nx^{n-1} の原始関数である．

(2) $\sin x$ は，$\cos x$ の原始関数である．

(3) $\arctan x$ は，$\dfrac{1}{x^2 + 1}$ の原始関数である．

区間 $I = [a, b]$ 上で積分可能な関数 $f(x)$ に対し,
$$F(x) = \int_a^x f(t)\,dt$$
とおいた関数 $F : I \to \mathbb{R}$ を f の**不定積分**という。微分積分学の基本定理より, f が I で連続であれば, 不定積分 F は f の原始関数になる。よって, 連続関数を考える限り, 不定積分と原始関数を区別しないことにする。

原始関数はひとつとは限らないが, 同じ関数の原始関数の差は区間上で一定になる。

命題 3.3 $I = [a, b]$ 上の関数 $f(x)$ に対し, 関数 F_1 と F_2 が f の原始関数とする。このとき, $F_1 - F_2$ は定数関数となる。

証明. $G(x) = F_1(x) - F_2(x)$ とおくと, $G'(x) = f(x) - f(x) = 0$ となる。$G(x)$ は微分可能であるから, 平均値の定理より,
$$G(x) - G(a) = G'(\xi)(x - a)$$
となる $\xi \in [a, x]$ が存在する。$G'(\xi) = 0$ ゆえ,
$$G(x) = G(a) \quad (x \in I)$$
となり, $F_1 - F_2$ は定数関数となる。 □

系 3.1 $I = [a, b]$ 上の連続関数 f の原始関数を F とすると,
$$\int_a^b f(t)\,dt = F(b) - F(a)$$
が成り立つ。

証明. $\int_a^x f(t)\,dt$ は f の原始関数であったから,
$$F(x) = \int_a^x f(t)\,dt + C$$
を満たす定数 C が存在する。よって,
$$F(b) - F(a) = \left(\int_a^b f(t)\,dt + C\right) - \left(\int_a^a f(t)\,dt + C\right) = \int_a^b f(t)\,dt$$
となる。 □

高等学校のとき習った記号として,

3.3 積分の計算法

$$[F(x)]_a^b = F(b) - F(a)$$

を使うことにすると，定積分は

$$\int_a^b f(t)\,dt = [F(x)]_a^b = F(b) - F(a)$$

のように書き表される。

例 3.4 $n \in \mathbb{N}$ のとき，$\displaystyle\int_0^1 x^n\,dx = \left[\dfrac{x^{n+1}}{n+1}\right]_0^1 = \dfrac{1}{n+1}$.

連続関数 f の原始関数を

$$\int f(x)\,dx$$

と書き，これも f の**不定積分**という。前述の命題から，f の不定積分に定数を加えた関数も f の不定積分となる。したがって，F が f の原始関数であるとき，

$$\int f(x)\,dx = F(x) + C \quad (C \text{ は任意定数})$$

と表すことができるが，この C を省略して，単に

$$\int f(x)\,dx = F(x)$$

と書き表したりする。

例 3.5 $\displaystyle\int \cos x\,dx = \sin x$.

この節の最後として，代表的な関数の不定積分を表 3.1 にまとめた。その証明は，右欄の関数を微分して，左欄の関数になることを確かめればよいので，それは読者に委ねることにする。

問 3.1 表 3.1 を確かめよ。

3.3 積分の計算法

本節では，部分積分法および置換積分法について述べる。次に，これらの積分法を用いて初等関数の不定積分および定積分を求める方法について述べる。

表 3.1 原始関数表

$f(x)$	$\int f(x)\,dx$
$x^k \quad (k \neq -1)$	$\dfrac{x^{k+1}}{k+1}$
x^{-1}	$\log |x|$
e^x	e^x
$a^x \quad (a>0,\ a\neq 1)$	$\dfrac{a^x}{\log a}$
$\log x$	$x \log x - x$
$\sin x$	$-\cos x$
$\cos x$	$\sin x$
$\tan x$	$-\log |\cos x|$
$\dfrac{1}{x^2 - a^2} \quad (a \neq 0)$	$\dfrac{1}{2a}\log\left|\dfrac{x-a}{x+a}\right|$
$\dfrac{1}{x^2 + a^2} \quad (a \neq 0)$	$\dfrac{1}{a}\arctan\dfrac{x}{a}$
$\dfrac{1}{\sqrt{a^2 - x^2}} \quad (a \neq 0)$	$\arcsin\dfrac{x}{a}$
$\sqrt{a^2 - x^2} \quad (a \neq 0)$	$\dfrac{1}{2}\left(x\sqrt{a^2-x^2} + a^2 \arcsin\dfrac{x}{a}\right)$
$\dfrac{1}{\sqrt{x^2 + c}} \quad (c \neq 0)$	$\log|x + \sqrt{x^2 + c}|$
$\sqrt{x^2 + c} \quad (c \neq 0)$	$\dfrac{1}{2}\left(x\sqrt{x^2+c} + c\log|x+\sqrt{x^2+c}|\right)$

3.3.1 部分積分法

$f(x)$ と $g(x)$ を微分可能な関数とする。積の微分法の公式を用いれば次式が得られる。

$$(f(x)\,g(x))' = f'(x)\,g(x) + f(x)\,g'(x).$$

これより，次式が得られる。

$$f(x)\,g'(x) = (f(x)\,g(x))' - f'(x)\,g(x).$$

上式の両辺を積分することにより，次の**部分積分法**に関する定理を得ることができる。

定理 3.6 (部分積分法) $f(x)$ と $g(x)$ を微分可能な関数とすると，次式が成り立つ。

3.3 積分の計算法

$$\int f(x)\,g'(x)\,dx = f(x)\,g(x) - \int f'(x)\,g(x)\,dx. \qquad (3.1)$$

上式において $g(x) = x$ とおけば次式が得られる。

$$\int f(x)\,dx = xf(x) - \int xf'(x)\,dx. \qquad (3.2)$$

例えば，$\log x$ を積分する場合に上式を用いることができる。また，式 (3.1) において $g(x) = f(x)$ とおけば次式が得られる。

$$\int f(x)f'(x)\,dx = \frac{1}{2}(f(x))^2. \qquad (3.3)$$

上式は，例えば $\dfrac{\log x}{x}$ を積分する場合に用いることができる。

例 3.6 表 3.1 より，$c \neq 0$ のとき，

$$\int \sqrt{x^2 + c}\,dx = \frac{1}{2}\left(x\sqrt{x^2 + c} + c\log\left|x + c\sqrt{x^2 + c}\right|\right)$$

であるが，これを積分で確かめてみよう。左辺を I とおく。部分積分法により，

$$\begin{aligned}
I &= \int (x)'\sqrt{x^2 + c}\,dx = x\sqrt{x^2 + c} - \int x\frac{2x}{2\sqrt{x^2 + c}}\,dx \\
&= x\sqrt{x^2 + c} - \int \frac{x^2}{\sqrt{x^2 + c}}\,dx \\
&= x\sqrt{x^2 + c} - \int \frac{(x^2 + c) - c}{\sqrt{x^2 + c}}\,dx \\
&= x\sqrt{x^2 + c} - \int \left(\sqrt{x^2 + c} - \frac{c}{\sqrt{x^2 + c}}\right)dx \\
&= x\sqrt{x^2 + c} - I + c\int \frac{1}{\sqrt{x^2 + c}}\,dx
\end{aligned}$$

となる。したがって，次式が得られる。

$$I = \frac{1}{2}\left(x\sqrt{x^2 + c} + c\int \frac{dx}{\sqrt{x^2 + c}}\right).$$

右辺に現れる積分については，後述の置換積分法を用いて例 3.7 で計算しよう。

問 3.2 部分積分法を用いて，次の不定積分を求めよ。

(1) $\displaystyle\int (2x + 1)\log x\,dx$, (2) $\displaystyle\int xe^{2x}\,dx$, (3) $\displaystyle\int \log x\,dx$,

(4) $I = \int e^{ax} \cos bx \, dx$ と $J = \int e^{ax} \sin bx \, dx$ (ただし, $a^2 + b^2 \neq 0$),
(5) $\int e^{3x} \sin 2x \, dx$.

3.3.2 置換積分法

不定積分を求める場合，部分積分法とならんで欠くことのできないのが**置換積分法**である。

$F(x)$ を $f(x)$ の一つの原始関数とすると $F(x) = \int f(x) \, dx$ が成り立つ。また, $x = \psi(t)$ は微分可能であるとすると，合成関数の導関数の公式から，

$$\frac{dF}{dt} = \frac{dF}{dx}\frac{dx}{dt} = f(x)\psi'(t) = f(\psi(t))\,\psi'(t)$$

が得られる。したがって，上式を t で積分すれば，

$$\int \frac{dF}{dt}\,dt = \int f(x)\,dx = \int f(\psi(t))\,\psi'(t)\,dt$$

が得られる。これより，次の**置換積分法**の定理を得る。

定理 3.7 (置換積分法) 関数 $\psi(t)$ が微分可能であり, $f(x)$ と $\psi'(t)$ が連続ならば, $x = \psi(t)$ とおいて，次式が成り立つ。

$$\int f(x)\,dx = \int f(\psi(t))\,\psi'(t)\,dt. \tag{3.4}$$

被積分関数によって以下のように置換すると比較的容易に積分できる場合が多い。

i) $f\left(\sqrt{a^2 - x^2}\right)$ の場合 $x = a\sin\theta$ $\left(-\frac{\pi}{2} \leq \theta \leq \frac{\pi}{2}\right)$ とおく。
ii) $f\left(\dfrac{1}{a^2 + x^2}\right)$ の場合 $x = a\tan\theta$ $\left(-\frac{\pi}{2} < \theta < \frac{\pi}{2}\right)$ とおく。
iii) $f\left(\sqrt{x + a}\right)$ の場合 $\sqrt{x + a} = t$ とおく。
iv) $f\left(\sqrt{x^2 + a}\right)$ の場合 $\sqrt{x^2 + a} = t - x$ とおく。
v) $f\left(\dfrac{1}{a\sin x + b\cos x}\right)$ の場合 $\tan\dfrac{x}{2} = \theta$ とおく。

例 3.7 例3.6の不定積分を求める過程で現れた $\int \dfrac{dx}{\sqrt{x^2 + c}}$ を置換積分法を用いて計算しよう。被積分関数による分類の iv) に該当するので, $\sqrt{x^2 + c} = t - x$

3.3 積分の計算法

とおくと, $x^2 + c = t^2 - 2tx + x^2$ より, $x = \dfrac{t^2 - c}{2t}$ が得られる。よって,
$$dx = \frac{2t^2 - (t^2 - c)}{2t^2} dt = \frac{t^2 + c}{2t^2} dt$$
となる。これより,
$$\int \frac{dx}{\sqrt{x^2 + c}} = \int \frac{1}{t - \frac{t^2-c}{2t}} \cdot \frac{t^2 + c}{2t^2} dt$$
$$= \int \frac{2t}{2t^2 - (t^2 - c)} \cdot \frac{t^2 + c}{2t^2} dt = \int \frac{2t}{t^2 + c} \cdot \frac{t^2 + c}{2t^2} dt$$
$$= \log |t| = \log \left| x + \sqrt{x^2 + c} \right|$$
となる。例 3.6 の計算に代入すると, 次式が得られる。
$$I = \int \sqrt{x^2 + c}\, dx = \frac{1}{2} \left(x\sqrt{x^2 + c} + c \log \left| x + c\sqrt{x^2 + c} \right| \right).$$

問 3.3 次の不定積分を求めよ。

(1) $\displaystyle \int \frac{dx}{\sqrt{a^2 - x^2}}$ $(a \geqq 0)$, (2) $\displaystyle \int \frac{dx}{a^2 + x^2}$ $(a \neq 0)$.

3.3.3 初等関数の不定積分

この節では, 初等関数の不定積分の計算例をみていこう。基本的な関数の不定積分は, 表 3.1 にまとめた。これらの不定積分についても全て暗記しておくか, 簡単に導き出せるように練習しておくことが大切である。

基本的な関数

例 3.8 余弦関数の 2 倍角の公式 ($\cos 2x = \cos^2 x - \sin^2 x$) より,
$$\sin^2 x = \frac{1}{2}(1 - \cos 2x), \quad \cos^2 x = \frac{1}{2}(1 + \cos 2x)$$
である。したがって, 次の不定積分が得られる。
$$\int \sin^2 x\, dx = \frac{1}{2} \int (1 - \cos 2x)\, dx = \frac{1}{2} \left(x - \frac{1}{2} \sin 2x \right),$$
$$\int \cos^2 x\, dx = \frac{1}{2} \int (1 + \cos 2x)\, dx = \frac{1}{2} \left(x + \frac{1}{2} \sin 2x \right).$$

問 3.4 3 倍角の公式を利用して, $\displaystyle \int \sin^3 x\, dx$ と $\displaystyle \int \cos^3 x\, dx$ を求めよ。

例 **3.9**
$$\int \frac{2}{x^2+x+1}\,dx = 2\int \frac{dx}{\left(x+\frac{1}{2}\right)^2 + \left(\frac{\sqrt{3}}{2}\right)^2}$$
$$= \frac{4}{\sqrt{3}} \arctan \frac{2}{\sqrt{3}} \left(x+\frac{1}{2}\right) = \frac{4}{\sqrt{3}} \arctan \frac{2x+1}{\sqrt{3}}.$$

例 **3.10**
$$\int \frac{x^2}{x^2+a^2}\,dx = \int \frac{(x^2+a^2)-a^2}{x^2+a^2}\,dx = \int \left(1 - \frac{a^2}{x^2+a^2}\right) dx$$
$$= x - a^2 \cdot \frac{1}{a} \arctan \frac{x}{a} = x - a \arctan \frac{x}{a}.$$

問 **3.5** $4x - x^2 = 2^2 - (x-2)^2$ を利用して, $\displaystyle\int \frac{dx}{\sqrt{4x-x^2}}$ を求めよ。

問 **3.6** 次の不定積分を求めよ。
(1) $\displaystyle\int \sinh ax \quad (a \neq 0),$ (2) $\displaystyle\int \cosh ax \quad (a \neq 0),$
(3) $\displaystyle\int \tanh ax \quad (a \neq 0).$

問 **3.7** 次の不定積分を求めよ。
(1) $\displaystyle\int \sec^2 ax\,dx \quad (a \neq 0),$ (2) $\displaystyle\int \operatorname{cosec}^2 ax\,dx \quad (a \neq 0).$

逆三角関数

例 **3.11** $(\arcsin x)' = \dfrac{1}{\sqrt{1-x^2}}$ であることに注意して部分積分法を適用すると,
$$\int \arcsin x\,dx = \int (x)' \arcsin x\,dx = x \arcsin x - \int \frac{x}{\sqrt{1-x^2}}\,dx$$
となる。ここで,
$$\left(\sqrt{1-x^2}\right)' = \frac{-2x}{2\sqrt{1-x^2}} = -\frac{x}{\sqrt{1-x^2}}$$
であるから,
$$\int \arcsin x\,dx = x \arcsin x + \sqrt{1-x^2}$$
が得られる。

3.3 積分の計算法

問 3.8 $\displaystyle\int \arccos x\, dx$ と $\displaystyle\int \arctan x\, dx$ を求めよ。

例 3.12 $I = \displaystyle\int \sqrt{a^2 - x^2}\, dx$ （ただし, $a > 0$）を求める。
$x = a\sin\theta \left(-\frac{\pi}{2} \leqq \theta \leqq \frac{\pi}{2}\right)$ とおくと, $dx = a\cos\theta\, d\theta$ となる。よって,
$$I = \int \sqrt{a^2(1 - \sin^2\theta)}\, a\cos\theta\, d\theta = a^2 \int \cos^2\theta\, d\theta$$
$$= \frac{a^2}{2} \int (1 + \cos 2\theta)\, d\theta = \frac{a^2}{2}\left(\theta + \frac{1}{2}\sin 2\theta\right)$$
$$= \frac{1}{2}\left(a^2 \arcsin\frac{x}{a} + a^2 \sin\theta\cos\theta\right) = \frac{1}{2}\left(a^2 \arcsin\frac{x}{a} + x\sqrt{a^2 - x^2}\right)$$
となる。

次の方法もある。部分積分法を用いると,
$$I = x\sqrt{a^2 - x^2} + \int \frac{x^2}{\sqrt{a^2 - x^2}}\, dx = x\sqrt{a^2 - x^2} - \int \frac{(a^2 - x^2) - a^2}{\sqrt{a^2 - x^2}}\, dx$$
$$= x\sqrt{a^2 - x^2} - \int \sqrt{a^2 - x^2}\, dx + a^2 \int \frac{dx}{\sqrt{a^2 - x^2}}$$
$$= x\sqrt{a^2 - x^2} - I + a^2 \int \frac{dx}{\sqrt{a^2 - x^2}}$$
$$= x\sqrt{a^2 - x^2} - I + a^2 \arcsin\frac{x}{a}$$
となる。これより,
$$I = \frac{1}{2}\left(x\sqrt{a^2 - x^2} + a^2 \arcsin\frac{x}{a}\right)$$
が得られる。

例 3.13 $J = \displaystyle\int x\arcsin x\, dx$ を求める。部分積分法を用いると,
$$J = \int x\arcsin x\, dx = \frac{1}{2}\int (x^2)' \arcsin x\, dx$$
$$= \frac{1}{2}\left(x^2 \arcsin x - \int \frac{x^2}{\sqrt{1 - x^2}}\, dx\right)$$
$$= \frac{1}{2}\left\{x^2 \arcsin x + \int \frac{(1 - x^2) - 1}{\sqrt{1 - x^2}}\, dx\right\}$$
$$= \frac{1}{2}\left(x^2 \arcsin x + \int \sqrt{1 - x^2}\, dx - \int \frac{dx}{\sqrt{1 - x^2}}\right)$$

となる．右辺の第 2 項目に例 3.12 の結果を用いると，

$$J = \frac{1}{2}(x^2 - 1)\arcsin x + \frac{1}{4}\left(x\sqrt{1-x^2} + \arcsin x\right)$$
$$= \frac{1}{4}\left\{(2x^2 - 1)\arcsin x + x\sqrt{1-x^2}\right\}$$

が得られる．

問 3.9 $\displaystyle\int x \arccos x \, dx$ および $\displaystyle\int x \arctan x \, dx$ を求めよ．

有理関数

x の有理関数 $f(x) = \dfrac{P(x)}{Q(x)}$ の不定積分は，次のような手順で求めることができる．

i) 分子の次数が分母の次数よりも高い場合には，除算をする．
ii) 分母を因数分解し，部分分数に分解する．
iii) 分母を微分すれば分子に近い形，すなわち $\dfrac{af'(x)}{f(x)}$ の形に変形する．これを積分すれば，$a\log|f(x)|$ が得られる．
iv) 分母が 2 次関数の場合には平方完成するなど，表 3.1 にある関数のどれかに帰着されるように変形する．

例 3.14 不定積分 $\displaystyle\int \frac{dx}{x^2 - a^2}$ を求める．被積分関数を部分分数に分解すると，

$$\frac{1}{x^2 - a^2} = \frac{1}{(x+a)(x-a)} = \frac{1}{2a}\left(\frac{1}{x-a} - \frac{1}{x+a}\right)$$

となる．よって，

$$\int \frac{dx}{x^2 - a^2} = \frac{1}{2a}\int\left(\frac{1}{x-a} - \frac{1}{x+a}\right)dx = \frac{1}{2a}\log\left|\frac{x-a}{x+a}\right|$$

となる．

例 3.15 不定積分 $I = \displaystyle\int \frac{x^3 - 3x^2 - 2x}{x^2 - 4x + 3}\, dx$ を求める．

$$\frac{x^3 - 3x^2 - 2x}{x^2 - 4x + 3} = x + 1 - \frac{x + 3}{x^2 - 4x + 3} = x + 1 - \frac{x+3}{(x-1)(x-3)}$$

である．ここで，

3.3 積分の計算法

$$\frac{x+3}{(x-1)(x-3)} = \frac{A}{x-1} + \frac{B}{x-3}$$

とおくと，$A = -2, B = 3$ を得る．したがって，

$$I = \int \left(x + 1 + \frac{2}{x-1} - \frac{3}{x-3} \right) dx$$
$$= \frac{1}{2}x^2 + x + 2\log|x-1| - 3\log|x-3| = \frac{1}{2}x^2 + x + \log\frac{(x-1)^2}{|x-3|^3}$$

となる．

問 3.10 次の不定積分を求めよ．
(1) $\displaystyle\int \frac{dx}{x^3+1}$, (2) $\displaystyle\int \frac{dx}{(x^2+4)(x^2-4)}$, (3) $\displaystyle\int \frac{x^2+2}{x^4-7x^2+10} dx$.

無理関数

平方根 $\sqrt{}$ や3乗根 $\sqrt[3]{}$ などのように根号で表される関数を**無理関数**という．無理関数の不定積分はいつでも求められるとは限らず，今まで知られている関数を使って表されるとも限らない．この場合には，§ 3.7.2 で述べる数値積分を行うことが必要になる．ここでは適当な置換を用いることにより求められる不定積分の例をあげる．一般的に次のように置換すると積分できる場合が多い．

i) $\sqrt{x+a}$ の場合：$\sqrt{x+a} = t$ と置換する．
ii) $\sqrt{x^2+a}$ の場合：$\sqrt{x^2+a} = t-x$ と置換する．

例 3.16 $I = \displaystyle\int \frac{1}{x}\sqrt{\frac{x-1}{x+1}} dx$ を求める．$\sqrt{\dfrac{x-1}{x+1}} = t$ とおくと，$x - 1 = t^2(x+1)$ より，

$$x = -\frac{t^2+1}{t^2-1},$$
$$dx = -\frac{2t(t^2-1) - (t^2+1)(2t)}{(t^2-1)^2} dt = \frac{4t}{(t^2-1)^2} dt$$

となる．したがって，

$$I = -\int \frac{t^2-1}{t^2+1} \cdot t \cdot \frac{4t}{(t^2-1)^2} dt = -4\int \frac{t^2}{(t^2+1)(t^2-1)} dt$$

$$= -\int \left(\frac{2}{t^2+1} + \frac{2}{t^2-1} \right) dt = -2\arctan t - \log \left| \frac{t-1}{t+1} \right|$$
$$= \log \left| \frac{\sqrt{x-1}+\sqrt{x+1}}{\sqrt{x-1}-\sqrt{x+1}} \right| - 2\arctan \sqrt{\frac{x-1}{x+1}}$$

が得られる。

例 3.17 $J = \displaystyle\int \frac{x}{\sqrt{x-1}}\,dx$ を求める。$\sqrt{x-1}=t$ とおけば，$x-1=t^2$ より，$dx=2t\,dt$ である。したがって，
$$I = \int \frac{t^2+1}{t} \cdot 2t\,dt = 2\left(\frac{1}{3}t^3 + t\right)$$
$$= 2\left(\frac{1}{3}\sqrt{(x-1)^3} + \sqrt{x-1}\right) = \frac{2}{3}(x+2)\sqrt{x-1}$$

が得られる。

問 3.11 $\sqrt{1+x}=t$ とおいて，$\displaystyle\int \frac{dx}{x\sqrt{1+x}}$ を求めよ。

問 3.12 $x^{\frac{1}{4}}=t$ とおいて，$\displaystyle\int \frac{x^{\frac{1}{4}}}{1+\sqrt{x}}\,dx$ を求めよ。

三角関数の有理式

例えば，$f(x) = \dfrac{\sin x}{1+4\tan x}$ のような関数は，$\sin x$ と $\cos x$ を用いて表すことができ，
$$f(x) = \frac{\sin x}{1+4\tan x} = \frac{\sin x \cos x}{\cos x + 4\sin x}$$
と表される。このような関数を**三角関数の有理式**という。この節では三角関数の有理式の不定積分を求める。これには置換積分を用いることになるが，次の例題にある置換をすると比較的容易に不定積分が求められる。

例 3.18 $\tan \dfrac{x}{2} = \theta$ とおけば，
$$\sin x = \frac{2\theta}{1+\theta^2}, \quad \cos x = \frac{1-\theta^2}{1+\theta^2}, \quad dx = \frac{2}{1+\theta^2}\,d\theta$$
が成り立つ。

実際，正弦関数の 2 倍角の公式を用いて変形すると，

$$\sin x = \sin\left(\frac{x}{2} + \frac{x}{2}\right) = 2\sin\frac{x}{2}\cos\frac{x}{2} = 2\tan\frac{x}{2}\cos^2\frac{x}{2}$$
$$= 2\tan\frac{x}{2} \cdot \frac{1}{1 + \tan^2\frac{x}{2}} = \frac{2\theta}{1 + \theta^2}$$

が得られる．同様に余弦関数の 2 倍角の公式を用いて変形すると，

$$\cos x = \cos\left(\frac{x}{2} + \frac{x}{2}\right) = 2\cos^2\frac{x}{2} - 1 = \frac{2}{1 + \tan^2\frac{x}{2}} - 1$$
$$= \frac{2 - (1 + \theta^2)}{1 + \theta^2} = \frac{1 - \theta^2}{1 + \theta^2}$$

となる．$\tan\frac{x}{2} = \theta$ を微分すると，$\frac{dx}{2\cos^2\frac{x}{2}} = d\theta$ となる．したがって，

$$dx = \frac{2}{1 + \tan^2\frac{x}{2}}\,d\theta = \frac{2}{1 + \theta^2}\,d\theta$$

が得られる．

問 3.13 $\tan\frac{x}{2} = \theta$ とおいて，次の不定積分を求めよ．
(1) $\displaystyle\int \frac{dx}{\sin x}$，　(2) $\displaystyle\int \frac{dx}{\cos x}$，　(3) $\displaystyle\int \frac{dx}{5 - 3\sin x + 4\cos x}$．

例 3.19 $\tan x = \theta$ とするとき，

$$\sin^2 x = \frac{\theta^2}{1 + \theta^2},\quad \cos^2 x = \frac{1}{1 + \theta^2},\quad dx = \frac{d\theta}{1 + \theta^2}$$

が成り立つ．実際，$\cos^2 x = \dfrac{1}{1 + \tan^2 x}$ の関係を用いれば，$\cos^2 x$ の式は直ちに得られる．また，

$$\sin^2 x = \tan^2 x \cos^2 x = \frac{\tan^2 x}{1 + \tan^2 x} = \frac{\theta^2}{1 + \theta^2}$$

となる．$\tan x = \theta$ の両辺を微分すると，$\dfrac{dx}{\cos^2 x} = d\theta$ であるから，

$$dx = \cos^2 x\,d\theta = \frac{d\theta}{1 + \tan^2 x} = \frac{d\theta}{1 + \theta^2}$$

が得られる．

問 3.14 $\tan x = \theta$ とおいて，次の不定積分を求めよ．
(1) $\displaystyle\int \frac{dx}{\sin^2 x}$，　(2) $\displaystyle\int \frac{dx}{\cos^2 x}$，　(3) $\displaystyle\int \frac{dx}{\sin^4 x}$，　(4) $\displaystyle\int \frac{dx}{\cos^4 x}$．

3.3.4 初等関数の定積分

関数 $y = f(x)$ が $f(-x) = f(x)$ の関係を満たすとき，$f(x)$ を**偶関数**といい，$x - y$ 平面上に $y = f(x)$ のグラフを描くと y 軸に関して**線対称**になる。一方，$f(-x) = -f(x)$ の関係を満たす関数を**奇関数**といい，$x - y$ 平面上に $y = f(x)$ のグラフを描くと原点に関して**点対称**になる。ここで，**定積分** $\int_{-a}^{a} f(x)\,dx\ (a \neq 0)$ を考えよう。上式は次のように書くことができる。

$$\int_{-a}^{a} f(x)\,dx = \int_{-a}^{0} f(x)\,dx + \int_{0}^{a} f(x)\,dx.$$

右辺第 1 項目の定積分を求める場合，$x = -t$ とおいて置換積分することを考えると，$dx = -dt$ であり，x が $[-a, 0]$ のとき，t は $[a, 0]$ である。したがって，上式は次のように表される。

$$\begin{aligned}\int_{-a}^{a} f(x)\,dx &= -\int_{a}^{0} f(-t)\,dt + \int_{0}^{a} f(x)\,dx \\ &= \int_{0}^{a} f(-x)\,dx + \int_{0}^{a} f(x)\,dx \\ &= \int_{0}^{a} \{f(-x) + f(x)\}\,dx.\end{aligned}$$

これより，$f(x)$ が偶関数である場合には，

$$\int_{-a}^{a} f(x)\,dx = \int_{0}^{a} \{f(x) + f(x)\}\,dx = 2\int_{0}^{a} f(x)\,dx, \quad (3.5)$$

$f(x)$ が奇関数である場合には，

$$\int_{-a}^{a} f(x)\,dx = \int_{0}^{a} \{-f(x) + f(x)\}\,dx = 0 \qquad (3.6)$$

になる。

例 3.20 $0 < a < 1$ とする。$\int_{-a}^{a} \arcsin x\,dx = 0$ となることを実際に定積分を求めて確かめよう。部分積分法を用いればよいので，表 2.1 より $(\arcsin x)' = \dfrac{1}{\sqrt{1-x^2}}$ であることに注意すれば，

$$\int_{-a}^{a} \arcsin x\,dx = \int_{-a}^{a} x' \arcsin x\,dx$$

$$= \Big[x \arcsin x\Big]_{-a}^{a} - \int_{-a}^{a} \frac{x}{\sqrt{1-x^2}}\, dx$$
$$= \arcsin a + \arcsin(-a) + \Big[\sqrt{1-x^2}\,\Big]_{-a}^{a}$$

が得られる。ここで，$\arcsin x$ は奇関数であるから $\arcsin(-a) = -\arcsin a$ となり，与式が成り立つことが確かめられた。

例 3.21 (1)
$$\int_1^3 \frac{dx}{x^2} = -\Big[\frac{1}{x}\Big]_1^3 = -\frac{1}{3} + 1 = \frac{2}{3}.$$

(2)
$$\int_1^4 \frac{dx}{2x+1} = \frac{1}{2}\Big[\log(2x+1)\Big]_1^4 = \frac{1}{2}\log\left(\frac{9}{3}\right) = \frac{1}{2}\log 3.$$

(3)
$$\int_{-2}^{2} \sqrt{5-2x}\, dx = \int_{-2}^{2} (5-2x)^{\frac{1}{2}}\, dx = -\frac{1}{3}\Big[(5-2x)^{\frac{3}{2}}\Big]_{-2}^{2}$$
$$= -\frac{1}{3}\left(1 - 9^{\frac{3}{2}}\right) = -\frac{1}{3}(1 - 27) = \frac{26}{3}.$$

問 3.15 次の定積分を求めよ。
(1) $\displaystyle\int_0^{\frac{\pi}{4}} \sin 2x\, dx,$ (2) $\displaystyle\int_0^1 e^{3x}\, dx,$ (3) $\displaystyle\int_1^e \frac{\log x}{x}\, dx.$

問 3.16 次の定積分を求めよ。
(1) $\displaystyle\int_0^1 \arccos x\, dx,$ (2) $\displaystyle\int_0^1 \arctan x\, dx,$ (3) $\displaystyle\int_0^1 \mathrm{arccot}\, x\, dx.$

問 3.17 次の定積分を求めよ。
(1) $\displaystyle\int_0^{\sqrt{3}} \frac{dx}{9+x^2},$ (2) $\displaystyle\int_{-1}^{\sqrt{3}} \frac{dx}{\sqrt{4-x^2}},$ (3) $\displaystyle\int_0^2 \frac{dx}{4+3x^2}.$

3.4 広義積分

本節では，関数 $y = \dfrac{1}{\sqrt{x}}$ を区間 $[0, 1]$ で積分することを考える。関数 $y = \dfrac{1}{\sqrt{x}}$ は $x = 0$ において不連続，それ以外の点では連続である。そこで，正の小さな定数 ε を任意にとり，関数 $y = \dfrac{1}{\sqrt{x}}$ を区間 $[\varepsilon, 1]$ で積分してから $\varepsilon \mapsto +0$ の

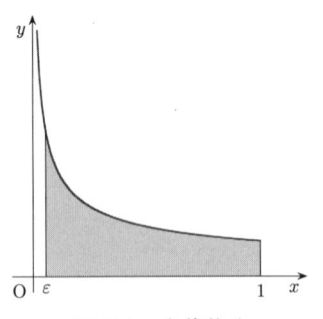

図 3.1 広義積分

極限値を求めることを考える (図 3.1)。これにより,

$$\int_0^1 \frac{dx}{\sqrt{x}} = \lim_{\varepsilon \to +0} \int_\varepsilon^1 \frac{dx}{\sqrt{x}} = 2 \lim_{\varepsilon \to +0} \left[\sqrt{x}\right]_\varepsilon^1 = 2 \lim_{\varepsilon \to +0} \left(1 - \sqrt{\varepsilon}\right) = 2$$

のように求められる。このように有限な極限値が存在することにより求められる積分のことを**広義積分**という。また,有限な極限値が存在するとき,広義積分は**収束する**といい,収束しないとき**発散する**という。

同様な広義積分により関数 $y = \dfrac{1}{x}$ を区間 $[0, 1]$ で積分することを考える。任意の小さな正の定数 ε を考えて,次式のような極限値を求める。

$$\int_0^1 \frac{dx}{x} = \lim_{\varepsilon \to +0} \int_\varepsilon^1 \frac{dx}{x} = \lim_{\varepsilon \to +0} \left[\log x\right]_\varepsilon^1 = -\lim_{\varepsilon \to +0} \log \varepsilon.$$

上式の極限値は存在しないので,この広義積分は存在しないことになる。

例 3.22 広義積分 $\displaystyle\int_0^3 \frac{dx}{\sqrt{3-x}}$ を求める。

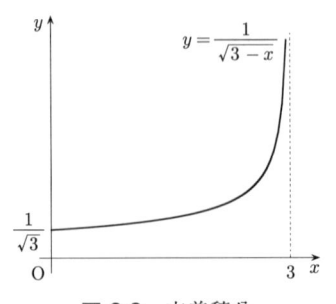

図 3.2 広義積分

図 3.2 に示すように，被積分関数 $y = \dfrac{1}{\sqrt{3-x}}$ は積分の上端 $x = 3$ で値をもたないため，

$$\int_0^3 \frac{dx}{\sqrt{3-x}} = \lim_{\varepsilon \to +0} \int_0^{3-\varepsilon} \frac{dx}{\sqrt{3-x}} = -2 \lim_{\varepsilon \to +0} \left[\sqrt{3-x}\right]_0^{3-\varepsilon} = 2\sqrt{3}$$

と求められる。

問 3.18 次の広義積分を求めよ。

(1) $\displaystyle\int_0^3 \frac{dx}{\sqrt[3]{x}}$, (2) $\displaystyle\int_{-4}^4 \frac{dx}{\sqrt{16-x^2}}$.

関数 $f(x)$ が無限区間 $[a, \infty)$ で連続であり，極限値 $\displaystyle\lim_{b \to \infty} \int_a^b f(x)\,dx$ が存在して有限のとき，この極限値を $\displaystyle\int_a^\infty f(x)\,dx$ で表す。同様に，$\displaystyle\lim_{a \to -\infty} \int_a^b f(x)\,dx$ および $\displaystyle\lim_{a \to -\infty, b \to \infty} \int_a^b f(x)\,dx$ が存在して有限のとき，それらを $\displaystyle\int_{-\infty}^b f(x)\,dx$ および $\displaystyle\int_{-\infty}^\infty f(x)\,dx$ で表す。

例 3.23

$$\int_1^\infty \frac{dx}{x^3} = \lim_{X \to \infty} \int_1^X \frac{dx}{x^3} = -\frac{1}{2} \lim_{X \to \infty} \left[\frac{1}{x^2}\right]_1^X = -\frac{1}{2} \lim_{X \to \infty} \left(\frac{1}{X^2} - 1\right) = \frac{1}{2}.$$

問 3.19 次の広義積分を求めよ。

(1) $\displaystyle\int_{-\infty}^\infty \frac{dx}{4+x^2}$, (2) $\displaystyle\int_1^\infty \frac{dx}{(3x-2)^3}$, (3) $\displaystyle\int_1^\infty \frac{dx}{x(1+x^2)}$.

3.5 積分の応用

本節では，これまでに述べた定積分を応用し，図形の面積，回転体の体積，曲線の長さおよび回転体の表面積を求める。

3.5.1 面　積

図 3.3 を参照し，2 直線 $x = a$, $x = b$ の区間における関数 $y = f(x)$ により作られる曲線と x 軸で囲まれた図形の**面積** S を考える。ここで，関数 $f(x)$ は閉区間 $[a, b]$ で連続であるものとする。原点から x の位置に微小幅 dx を考

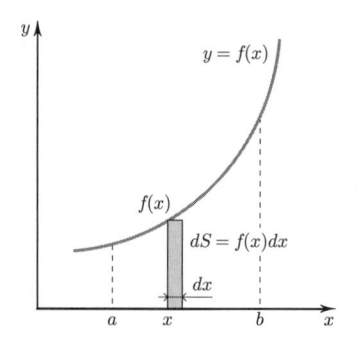

図 3.3 定積分により面積を求める

える．微小幅 dx と関数 $f(x)$ により作られる長方形の面積は $dS = f(x)\,dx$ で表される．したがって，$y = f(x)$, $x = a$, $x = b$ および x 軸で囲まれた図形の面積 S は dS を $x = a$ から $x = b$ までの定積分を求めればよいことになる．

定理 3.8 関数 $y = f(x)$ が区間 $[a, b]$ で連続で $y \geqq 0$ であるとき，曲線 $y = f(x)$ と 2 直線 $x = a$ および $x = b$ $(a < b)$ と x 軸で囲まれた面積 S は次式で与えられる．

$$S = \int_a^b dS = \int_a^b f(x)\,dx. \tag{3.7}$$

同様に，次の定理が得られる．

定理 3.9 関数 $y = f(x)$ および $y = g(x)$ が区間 $[a, b]$ で連続であり $f(x) \geqq g(x)$ であるとき，2 曲線 $y = f(x)$ および $y = g(x)$ と 2 直線 $x = a$ および $x = b$ $(a < b)$ で囲まれた面積 S は次式で与えられる．

$$S = \int_a^b (f(x) - g(x))\,dx. \tag{3.8}$$

例 3.24 $y = 2\,x^2$ および $x = 2\,y^2$ で囲まれた図形の面積は，以下のように求めることができる．$2y^2 = x = 2\,(2\,x^2)^2$ とおいて 2 曲線の交点を求めると，$x(8x^3 - 1) = 0$ より，$x = 0, x = \dfrac{1}{2}$ が得られる．$2y^2 = x$ を変形すると，

$$y = \pm\sqrt{\dfrac{x}{2}}$$

3.5 積分の応用

となるが，$y = 2x^2$ との交点が得られるのは，$y = \sqrt{\dfrac{x}{2}}$ である。また，積分区間 $\left[0, \dfrac{1}{2}\right]$ においては，$\sqrt{\dfrac{x}{2}} \geqq 2x^2$ であるから，2 曲線で囲まれた面積 S は

$$S = \int_0^{\frac{1}{2}} \left(\sqrt{\dfrac{x}{2}} - 2x^2\right) dx = \left[\dfrac{2}{3}\left(\dfrac{x}{2}\right)^{\frac{3}{2}} \cdot 2 - \dfrac{2}{3}x^3\right]_0^{\frac{1}{2}}$$

$$= \dfrac{4}{3} \cdot \left(\dfrac{1}{4}\right)^{\frac{3}{2}} - \dfrac{2}{3} \cdot \dfrac{1}{8} = \dfrac{1}{3}\left(\dfrac{1}{2} - \dfrac{1}{4}\right) = \dfrac{1}{12}$$

である。

例 3.25 図 3.4 に示すような**サイクロイド** (cycloid) $x = a(\theta - \sin\theta)$, $y = a(1 - \cos\theta)$ $(0 \leqq \theta \leqq 2\pi)$ と x 軸で囲まれた図形の面積 S を求めてみよう。ただし，$a > 0$ とする。

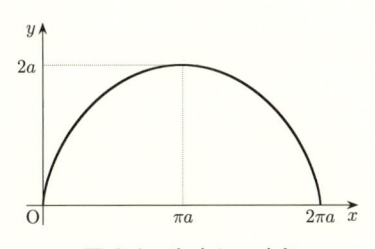

図 3.4 サイクロイド

$dx = a(1 - \cos\theta) d\theta$ であるから，

$$S = \int_0^{2\pi a} y\, dx = \int_0^{2\pi} a(1 - \cos\theta) \cdot a(1 - \cos\theta)\, d\theta$$

$$= a^2 \int_0^{2\pi} (1 - \cos\theta)^2\, d\theta = a^2 \int_0^{2\pi} (1 - 2\cos\theta + \cos^2\theta)\, d\theta$$

$$= a^2 \int_0^{2\pi} \left(\dfrac{3}{2} - 2\cos\theta + \dfrac{1}{2}\cos 2\theta\right) d\theta$$

$$= a^2 \left[\dfrac{3}{2}\theta - 2\sin\theta + \dfrac{1}{4}\sin 2\theta\right]_0^{2\pi} = 3\pi a^2$$

が求める面積である。

問 3.20 楕円 $\dfrac{x^2}{a^2} + \dfrac{y^2}{b^2} = 1$ $(a > 0, b > 0)$ で囲まれた図形の面積を求めよ。

問 3.21 $\sqrt{x}+\sqrt{y}=\sqrt{a}$ と x 軸および y 軸で囲まれた図形の面積を求めよ。

3.5.2 回転体の体積

図 3.5 を参照し，2 直線 $x=a$, $x=b$ の区間における関数 $y=f(x)$ により作られる曲線を x 軸周りに回転させることによりできる**回転体の体積** V_x を考える。ここで，関数 $f(x)$ は閉区間 $[a,b]$ において連続であるものとする。原点から x の位置に微小幅 dx を考える。この微小幅 dx と関数 $f(x)$ による作られる長方形の面積を x 軸周りに回転してできる微小な円板の体積は $dV=\pi\{f(x)\}^2\,dx$ で表されることになる。回転体の体積 V_x はこの微小円板を区間 $[a,b]$ で積分すればよいので，次の定理が得られる。

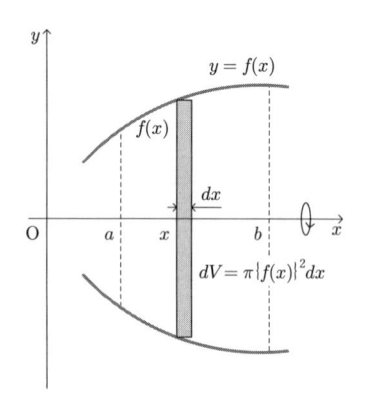

図 3.5 定積分により回転体の体積を求める

定理 3.10 関数 $y=f(x)$ が区間 $[a,b]$ で連続であり $f(x)>0$ であるとき，区間 $[a,b]$ における曲線 $y=f(x)$ を x 軸の周りに回転させることによりできる回転体の体積 V_x は次式で与えられる。

$$V_x = \int_a^b dV = \pi \int_a^b (f(x))^2\,dx. \tag{3.9}$$

同様に，関数 $x=f(y)$ を y 軸周りに回転させることにより作られる回転体の体積は次の定理を用いて求めることができる。

定理 3.11 関数 $x=f(y)$ が区間 $[c,d]$ で連続であり $f(y)>0$ であるとき，区間 $[c,d]$ における曲線 $x=f(y)$ を y 軸の周りに回転させることによりできる回転体の体積 V_y は次式で与えられる。

$$V_y = \pi \int_c^d (f(y))^2 \, dy. \tag{3.10}$$

例 3.26 半径 r の球の体積を求めよう。原点を中心とする半径 r の円は $x^2 + y^2 = r^2$ で表される。これより，$y^2 = r^2 - x^2$ であるから，半径 r の球の体積 V は，

$$V = 2\pi \int_0^r y^2 \, dx = 2\pi \int_0^r (r^2 - x^2) \, dx = 2\pi \left[r^2 x - \frac{x^3}{3} \right]_0^r$$
$$= 2\pi \left(r^3 - \frac{r^3}{3} \right) = \frac{4}{3}\pi r^3$$

となる。

例 3.27 $a > 0$ とする。図 3.4 に示す**サイクロイド** $x = a(\theta - \sin\theta)$, $y = a(1 - \cos\theta)$, $(0 \leqq \theta \leqq 2\pi)$ を x 軸の周りに回転させてできる回転体の体積 V_x は，

$$V_x = \pi \int_0^{2\pi a} y^2 \, dx = \pi a^3 \int_0^{2\pi} (1 - \cos\theta)^3 \, d\theta$$
$$= \pi a^3 \int_0^{2\pi} \left(1 - 3\cos\theta + 3\cos^2\theta - \cos^3\theta \right) d\theta$$
$$= \pi a^3 \int_0^{2\pi} \left(\frac{5}{2} - \frac{15}{4}\cos\theta + \frac{3}{2}\cos 2\theta - \frac{1}{4}\cos 3\theta \right) d\theta$$
$$= \pi a^3 \left[\frac{5}{2}\theta - \frac{15}{4}\sin\theta + \frac{3}{4}\sin 2\theta - \frac{1}{12}\sin 3\theta \right]_0^{2\pi} = 5\pi^2 a^3$$

である。

問 3.22 $x^{\frac{2}{3}} + y^{\frac{2}{3}} = a^{\frac{2}{3}}$（アステロイド，asteroid）を x 軸の周りに回転してできる回転体の体積 V_x を求めよ。ただし，$a > 0$ である。

3.5.3 曲線の長さ

図 3.6 を参照し，2 直線 $x = a$, $x = b$ の区間における関数 $y = f(x)$ により作られる**曲線の長さ** L を考える。ここで，関数 $f(x)$ は閉区間 $[a, b]$ で連続であるものとする。原点から x の位置に微小な幅 dx を考え，$f(x+dx) - f(x) = dy$ とする。dx と dy を三角形の辺とすれば，斜辺の長さ dL は次式で与えられる。

$$dL = \sqrt{(dx)^2 + (dy)^2}.$$

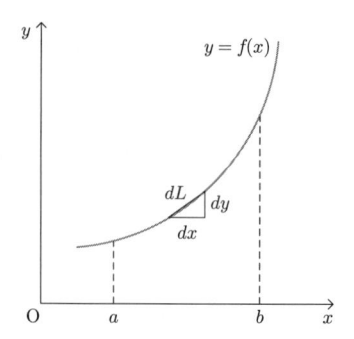

図 3.6 定積分により曲線の長さを求める

曲線の長さ L を求めるには，微小な斜辺の長さ dL を区間 $[a, b]$ で積分すればよいので，次の定理が得られる．

定理 3.12 関数 $y = f(x)$ が区間 $[a, b]$ で連続であるとともに微分可能であるとき，区間 $[a, b]$ における曲線 $y = f(x)$ の長さ L は次式で与えられる．

$$L = \int_a^b \sqrt{(dx)^2 + (dy)^2} = \int_a^b \sqrt{1 + \left(\frac{dy}{dx}\right)^2} \, dx$$
$$= \int_a^b \sqrt{1 + (f'(x))^2} \, dx. \tag{3.11}$$

同様に，$x = f(y)$ の $y = c$ から $y = d$ までの曲線の長さ L は次の定理を用いて求められる．

定理 3.13 関数 $x = f(y)$ が区間 $[c, d]$ で連続であるとともに微分可能であるとき，区間 $[c, d]$ における曲線 $x = f(y)$ の長さ L は次式で与えられる．

$$L = \int_c^d \sqrt{(dx)^2 + (dy)^2} = \int_c^d \sqrt{1 + \left(\frac{dx}{dy}\right)^2} \, dy$$
$$= \int_c^d \sqrt{1 + (f'(y))^2} \, dy. \tag{3.12}$$

定理 3.14 媒介変数表示 $x = x(t)$, $y = y(t)$ ($\alpha \leqq t \leqq \beta$) のときの曲線の長さ L は，次式で与えられる．

$$L = \int_\alpha^\beta \sqrt{\left(\frac{dx}{dt}\right)^2 + \left(\frac{dy}{dt}\right)^2} \, dt.$$

例 3.28 半径 r の円の周の長さを計算しよう。半径 r の円は $x^2 + y^2 = r^2$ で表される。これより，$y = \pm\sqrt{r^2 - x^2}$ が得られるので，x について微分すると，

$$y' = \pm\frac{1}{2}(r^2 - x^2)^{-\frac{1}{2}}(-2x) = \mp\frac{x}{\sqrt{r^2 - x^2}}.$$

したがって，半径 r の円の周の長さ L は式 (3.11) を用いて次式となる。

$$L = 4\int_0^r \sqrt{1 + y'^2}\,dx = 4\int_0^r \sqrt{1 + \frac{x^2}{r^2 - x^2}}\,dx = 4r\int_0^r \frac{dx}{\sqrt{r^2 - x^2}}.$$

ここで，被積分関数 $\dfrac{1}{\sqrt{r^2 - x^2}}$ は積分の上端 $x = r$ で値をもたないため，3.4 節で述べた広義積分を用いて次式が得られる。

$$L = 4r \lim_{\varepsilon \to +0} \int_0^{r-\varepsilon} \frac{dx}{\sqrt{r^2 - x^2}} = 4r \lim_{\varepsilon \to +0} \left[\arcsin \frac{x}{r}\right]_0^{r-\varepsilon}$$
$$= 4r \lim_{\varepsilon \to +0} \arcsin\left(1 - \frac{\varepsilon}{r}\right) = 2\pi r.$$

(別解) 半径 r の円は，角度 θ ($0 \leqq \theta \leqq 2\pi$) を媒介変数とすれば，$x = r\cos\theta$，$y = r\sin\theta$ で表される。これより，次式が得られる。

$$L = \int_0^{2\pi} \sqrt{(dx)^2 + (dy)^2} = \int_0^{2\pi} \sqrt{(-r\sin\theta)^2 + (r\cos\theta)^2}\,d\theta$$
$$= r\left[\theta\right]_0^{2\pi} = 2\pi r.$$

問 3.23 次の曲線の長さを求めよ。
(1) $y = \dfrac{2}{3}\sqrt{x^3}$ ($0 \leqq x \leqq 1$), (2) $y = \dfrac{x^3}{12} + \dfrac{1}{x}$ ($1 \leqq x \leqq 4$),
(3) $y = \dfrac{x^2}{2}$ ($-1 \leqq x \leqq 1$).

3.5.4 回転体の表面積

図 3.7 を参照し，2 直線 $x = a$，$x = b$ の区間における関数 $y = f(x)$ による作られる曲線を x 軸周りに回転してできる**回転体の表面積** S を考える。ここで，関数 $f(x)$ は閉区間 $[a, b]$ において連続であるものとする。原点から x の位置に微小な長さ dx を考える。横幅 dx に対応して曲線 $y = f(x)$ 上に作る長さ dL を x 軸周りに回転してできる微小な回転体の表面積 dS は，周の長さ $2\pi y$ に微小長さ dL を乗じればよいので，

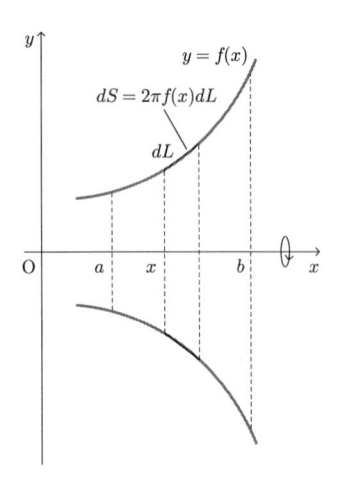

図 3.7 回転体の表面積

$$dS = 2\pi f(x)\,dL = 2\pi f(x)\sqrt{(dx)^2 + (dy)^2}$$
$$= 2\pi f(x)\sqrt{1 + \left(\frac{dy}{dx}\right)^2}\,dx = 2\pi f(x)\sqrt{1 + (f'(x))^2}\,dx$$

となる．回転体の表面積を求めるには，微小な回転体の表面積を区間 $[a, b]$ で積分すればよいので，次の定理が得られる．

定理 3.15 関数 $y = f(x)$ が区間 $[a, b]$ で連続であるとともに微分可能であるとき，区間 $[a, b]$ における曲線 $y = f(x)$ を x 軸の周りに回転させることにより作られる回転体の表面積 S_x は次式で与えられる．

$$S_x = 2\pi \int_a^b f(x)\sqrt{1 + (f'(x))^2}\,dx. \tag{3.13}$$

同様に，次の定理が得られる．

定理 3.16 関数 $x = f(y)$ が区間 $[c, d]$ で連続であるとともに微分可能であるとき，区間 $[c, d]$ における曲線 $x = f(y)$ を y 軸の周りに回転させることにより作られる回転体の表面積 S_y は次式で与えられる．

$$S_y = 2\pi \int_c^d f(y)\sqrt{1 + (f'(y))^2}\,dy. \tag{3.14}$$

例 3.29 半径 r の球の表面積を求めよう．半径 r の円は $y = \sqrt{r^2 - x^2}$ で与

えられるので，表面積を求める式 (3.13) を適用すれば，

$$S = 4\pi \int_0^r \sqrt{r^2 - x^2} \cdot \sqrt{1 + \frac{x^2}{r^2 - x^2}}\, dx = 4\pi r \int_0^r dx = 4\pi r \Big[x\Big]_0^r = 4\pi r^2$$

が半径 r の球の表面積である。

問 3.24 $y = x^2$ $(0 \leqq x \leqq 1)$ で与えられる曲線について，次の問に答えよ。

(1) この曲線の長さ L を求めよ。

(2) この曲線を y 軸周りに回転してできる回転体の表面積 S_y を求めよ。

問 3.25 底面の半径が r，高さが h の円錐の側面の表面積 (底面積を除く) を求めよ。

3.6　積分で定義された関数

3.6.1　広義積分の収束判定法

関数が非負値である場合，広義積分は非有界な集合の面積を計算することに相当する。2 つの集合 A, B が $A \subset B$ を満たすとき，B の面積が有限であれば A の面積も有限，A の面積が無限大であれば B の面積も無限大になる。これを広義積分の言葉に直せば，次のようになる。

定理 3.17 2 つの関数が任意の $x \in (a,b)$ に対して $0 \leqq f(x) \leqq g(x)$ を満たすとする。このとき，次が成り立つ。

1. 広義積分 $\displaystyle\int_a^b g(x)\, dx$ が収束すれば，広義積分 $\displaystyle\int_a^b f(x)\, dx$ も収束する。
2. 広義積分 $\displaystyle\int_a^b f(x)\, dx$ が発散すれば，広義積分 $\displaystyle\int_a^b g(x)\, dx$ も発散する。

この定理より，次が得られる。

系 3.2 広義積分 $\displaystyle\int_a^b |f(x)|\, dx$ が収束すれば，広義積分 $\displaystyle\int_a^b f(x)\, dx$ も収束する。

証明. $f_+(x) = \max\{f(x), 0\}$, $f_-(x) = \max\{-f(x), 0\}$ とおく。明らかに $f_+(x) \geqq 0$, $f_-(x) \geqq 0$ である。これと，$f_+(x) + f_-(x) = |f(x)|$ であることよ

り，$0 \leqq f_+(x) \leqq |f(x)|, 0 \leqq f_-(x) \leqq |f(x)|$ が成り立つ。仮定と 定理 3.17 より，$\int_a^b f_+(x)\,dx$ と $\int_a^b f_-(x)\,dx$ の収束が分かる。$f(x) = f_+(x) - f_-(x)$ であるので，$\int_a^b f(x)\,dx = \int_a^b f_+(x)\,dx - \int_a^b f_-(x)\,dx$ の収束も分かる。 □

これらの結果は，広義積分の収束・発散が分かっている関数と比較することで，広義積分の収束・発散が判定できることを意味する。よく比較に用いられる関数が，x^α や e^{-x} である。

そこで，まず $\int_0^1 \dfrac{dx}{x^\alpha}$ （ただし，$\alpha > 0$）の積分を考えよう。被積分関数の $f(x) = \dfrac{1}{x^\alpha}$ は $x = 0$ で値をもたないため不連続である。そこで，$\alpha = 1$ の場合と $\alpha \neq 1$ の場合に分け，それぞれ §3.4 で述べた広義積分を適用する。

i) $\alpha = 1$ の場合：

$$\int_0^1 \frac{dx}{x^\alpha} = \lim_{\varepsilon \to +0} \int_\varepsilon^1 \frac{dx}{x} = \lim_{\varepsilon \to +0} \Big[\log x\Big]_\varepsilon^1 = -\lim_{\varepsilon \to +0} \log \varepsilon = \infty$$

となることから，この広義積分は存在しないことになる。

ii) $\alpha \neq 1$ の場合：

$$\int_0^1 \frac{dx}{x^\alpha} = \lim_{\varepsilon \to +0} \int_\varepsilon^1 \frac{dx}{x^\alpha} = \frac{1}{1-\alpha} \cdot \lim_{\varepsilon \to +0} \Big[x^{1-\alpha}\Big]_\varepsilon^1$$
$$= \frac{1}{1-\alpha} \cdot \lim_{\varepsilon \to +0} \left(1 - \varepsilon^{1-\alpha}\right)$$

となる。したがって，$\alpha < 1$ の場合には $\dfrac{1}{1-\alpha}$ に収束し，$\alpha > 1$ の場合には，発散することが分かる。

これらの結果を整理すると，

$$\int_0^1 \frac{dx}{x^\alpha} = \begin{cases} \infty \text{（存在しない)} & (\alpha \geqq 1 \text{ の場合}), \\ \dfrac{1}{1-\alpha} & (\alpha < 1 \text{ の場合}) \end{cases}$$

となる。この結果を一般化し，定理 3.17, 系 3.2 を用いると次が得られる。

定理 3.18　　1. 関数 $f(x)$ は，区間 $(c, b]$ で連続とする。

(1)
$$|f(x)| \leqq \frac{M}{(x-c)^\alpha} \quad (c < x \leqq b,\ \alpha < 1)$$

を満たす定数 α および M が存在すれば，広義積分
$$\int_c^b f(x)\,dx = \lim_{\varepsilon \to 0} \int_{c+\varepsilon}^b f(x)\,dx$$
は収束する．

(2)
$$f(x) \geqq \frac{m}{(x-c)^\alpha} \quad (c < x \leqq b,\ \alpha \geqq 1)$$

を満たす定数 α および M が存在すれば，広義積分
$$\int_c^b f(x)\,dx = \lim_{\varepsilon \to 0} \int_{c+\varepsilon}^b f(x)\,dx$$
は発散する．

2. 関数 $f(x)$ は，区間 $[a, c)$ で連続とする．

(1)
$$|f(x)| \leqq \frac{M}{(c-x)^\alpha} \quad (a \leqq x < c,\ \alpha < 1)$$

を満たす定数 α および M が存在すれば，広義積分
$$\int_a^c f(x)\,dx = \lim_{\varepsilon \to 0} \int_a^{c-\varepsilon} f(x)\,dx$$
は収束する．

(2)
$$f(x) \geqq \frac{m}{(c-x)^\alpha} \quad (a \leqq x < c,\ \alpha \geqq 1)$$

を満たす定数 α および m が存在すれば，広義積分
$$\int_a^c f(x)\,dx = \lim_{\varepsilon \to 0} \int_a^{c-\varepsilon} f(x)\,dx$$
は発散する．

上と同様にして，$\displaystyle\lim_{X \to \infty} \int_1^X \frac{dx}{x^\alpha}$ の収束・発散を考えると，

$$\int_1^\infty \frac{dx}{x^\alpha} = \begin{cases} \infty \ (\text{存在しない}) & (\alpha \leqq 1 \text{ の場合}), \\ \dfrac{1}{\alpha - 1} & (\alpha > 1 \text{ の場合}) \end{cases}$$

となる．これより次の定理が得られる．

定理 3.19　1. 関数 $f(x)$ は，区間 $[a, \infty)$ で連続とする．

(1)
$$|f(x)| \leqq \frac{M}{x^\alpha} \quad (\max\{a, 1\} \leqq x < c, \ \alpha > 1)$$

を満たす定数 α および M が存在すれば，広義積分
$$\int_a^\infty f(x)\,dx = \lim_{X \to \infty} \int_a^X f(x)\,dx$$

は収束する．

(2)
$$f(x) \geqq \frac{m}{x^\alpha} \quad (\max\{a, 1\} \leqq x < c, \ \alpha \leqq 1)$$

を満たす定数 α および m が存在すれば，広義積分
$$\int_a^\infty f(x)\,dx = \lim_{X \to \infty} \int_a^X f(x)\,dx$$

は発散する．

2. 関数 $f(x)$ は，区間 $(-\infty, b]$ で連続とする．

(1)
$$|f(x)| \leqq \frac{M}{|x|^\alpha} \quad (-\infty < x \leqq \min\{b, -1\}, \ \alpha > 1)$$

を満たす定数 α および M が存在すれば，広義積分
$$\int_{-\infty}^b f(x)\,dx = \lim_{X \to -\infty} \int_X^b f(x)\,dx$$

は収束する．

(2)
$$f(x) \geqq \frac{m}{|x|^\alpha} \quad (-\infty < x \leqq \min\{b, -1\}, \ \alpha \leqq 1)$$

を満たす定数 α および m が存在すれば，広義積分

3.6 積分で定義された関数

$$\int_{-\infty}^{b} f(x)\,dx = \lim_{X \to -\infty} \int_{X}^{b} f(x)\,dx$$

は発散する。

指数関数も無限区間の広義積分の収束判定に用いられる。

$$\int_{a}^{X} e^{-x}\,dx = \left[-e^{-x}\right]_{a}^{X} = -e^{-X} + e^{-a} \to e^{-a} \quad (X \to \infty)$$

であるので、広義積分 $\int_{a}^{\infty} e^{-x} dx$ は収束する。これを用いると次の定理が得られる。

定理 3.20 1. 関数 $f(x)$ は、区間 $[a, \infty)$ 上で連続とし、$|f(x)| \leqq Me^{-x}$ を満たす定数 M が存在するとする。このとき、広義積分 $\int_{a}^{\infty} f(x)\,dx$ は収束する。

2. 関数 $f(x)$ は、区間 $(-\infty, b]$ 上で連続とし、$|f(x)| \leqq Me^{x}$ を満たす定数 M が存在するとする。このとき、広義積分 $\int_{-\infty}^{b} f(x)\,dx$ は収束する。

3.6.2 ベータ関数

次式で示す積分を考えよう。

$$B(p, q) = \int_{0}^{1} x^{p-1}(1-x)^{q-1}\,dx \quad (ただし、p, q > 0). \quad (3.15)$$

被積分関数 $f(x) = x^{p-1}(1-x)^{q-1}$ は、$0 < p < 1$ の場合には $x \to 0$ のときに有界ではない。また、$0 < q < 1$ の場合には、$x \to 1$ のときに有界でない。そこで、上式の積分 $B(p, q)$ を次式のように 2 項に分けて積分することを考える。

$$\int_{0}^{1} x^{p-1}(1-x)^{q-1}\,dx$$
$$= \int_{0}^{\frac{1}{2}} x^{p-1}(1-x)^{q-1}\,dx + \int_{\frac{1}{2}}^{1} x^{p-1}(1-x)^{q-1}\,dx. \quad (3.16)$$

定理 3.18 を用いれば、上式の第 1 項目は、次式を満たす定数 M が存在する場合に有界である。

$$\left|x^{p-1}(1-x)^{q-1}\right| \leq \frac{M}{x^{1-p}} \quad \left(0 < x \leq \frac{1}{2},\ 1-p < 1\right)$$

同様に，式 (3.16) の第 2 項目は，次式を満たす定数 M が存在する場合に有界である．

$$\left|x^{p-1}(1-x)^{q-1}\right| \leq \frac{M}{(1-x)^{1-q}} \quad \left(\frac{1}{2} \leq x < 1,\ 1-q < 1\right)$$

これらの条件を満たすような定数 M を選ぶことが可能であることから，式 (3.16) で示す広義積分は存在することになる．これより，式 (3.15) の積分で定義される関数 $B(p, q)$ を**ベータ関数**という．

定理 3.18 の発散に関する結果を用いれば，$p \leq 0$ または $q \leq 0$ のときは，広義積分 $\int_0^1 x^{p-1}(1-x)^{q-1}\,dx$ は発散することが示される．

3.6.3　ガンマ関数

次式で示す関数を考えよう．

$$\Gamma(s) = \int_0^\infty e^{-x} x^{s-1}\,dx \quad (s > 0). \tag{3.17}$$

上式の被積分関数 $f(x) = e^{-x} x^{s-1}$ は，

$$|f(x)| \leq x^{s-1} \quad (0 < x \leq 1)$$

となるので，定理 3.18 より広義積分 $\int_0^1 e^{-x} x^{s-1}\,dx$ は収束することがわかる．また，

$$|f(x)| = \frac{e^{-x} x^{s+1}}{x^2} \leq \frac{M}{x^2} \quad (1 \leq x < \infty)$$

を満たす M が存在するので，定理 3.19 より広義積分 $\int_1^\infty e^{-x} x^{s-1}\,dx$ も収束することになる．よって，$\int_0^\infty e^{-x} x^{s-1}\,dx$ は収束する．式 (3.17) の積分で定義される関数 $\Gamma(s)$ を**ガンマ関数**という．定理 3.18 の発散に関する結果を用いれば，$s \leq 0$ のときは，$\int_0^1 e^{-x} x^{s-1}\,dx$ が発散することがわかる．ゆえに $\int_0^\infty e^{-x} x^{s-1}\,dx$ は $s \leq 0$ のときは定義されない．

3.7 コメント

3.7.1 重　心

図 3.8 に示すように，関数 $y = f(x)$ と x 軸および y 軸で囲まれた図形の重心 $G(x_c, y_c)$ を求めよう．例えば，「この図形をはさみで切り抜き，重心の位置に針を置いてこの図形を支持すれば，水平に保つことができる．」と考えれば以下の説明がわかりやすいだろう．

原点 O から x の位置 $(x_c < x)$ に微小幅 dx を考えると，図に示す微小面積は $f(x)\,dx$ である．切り抜いた図形には重さがあるが，図形の単位面積当たりの質量を ρ で表すと，微小面積の質量は $\rho f(x)\,dx$ である．この微小面積が重心に置いた針に対して微小な重力を及ぼすことになるが，それは重力加速度を g で表せば $\rho g f(x)\,dx$ となる．

次に，この微小な重力が重心に対して有する力のモーメントを考える．一般的に，力のモーメントとは「力の大きさ」×「支点から力が加わっている点までの距離」で表され，力の釣り合いを考える場合には必要となる．これより，微小な重力が有する力のモーメントは，$\rho g f(x)\,dx(x - x_c)$ で表される．重心 $x = x_c$ より右側にある図形が有する力のモーメントの総和 M_{right} を求めるには，この微小面積が有する力のモーメントを区間 $[x_c, x_m]$ で積分すればよいので，次式が得られる．

$$M_{\text{right}} = \rho g \int_{x_c}^{x_m} f(x)(x - x_c)\,dx.$$

同様に，重心より左側にある図形が有する力のモーメント M_{left} は $x \leqq x_c$ であることに注意すれば次式で表される．

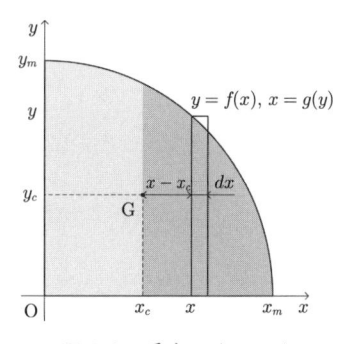

図 3.8　重心 $G(x_c, y_c)$

$$M_{\text{left}} = \rho g \int_0^{x_c} f(x)(x_c - x)\, dx.$$

$x = x_c$ が x 方向の重心である（この図形を x 方向に対して水平にバランスさせる）には，重心より左側と右側にある図形が有する力のモーメントが等しい必要があるので，$M_{\text{left}} = M_{\text{right}}$ が十分条件となる．これより，次式が得られる．

$$\int_0^{x_c} f(x)(x_c - x)\, dx = -\int_{x_c}^{x_m} f(x)(x_c - x)\, dx.$$

これより，

$$\int_0^{x_m} f(x)(x_c - x)\, dx = 0.$$

が得られる．上式は，

$$x_c \int_0^{x_m} f(x)\, dx = \int_0^{x_m} x f(x)\, dx$$

と変形されるので，x 方向の重心位置 x_c は次式で表される．

$$x_c = \frac{\int_0^{x_m} x f(x)\, dx}{\int_0^{x_m} f(x)\, dx} = \frac{1}{S} \int_0^{x_m} x f(x)\, dx. \qquad (3.18)$$

ここで S は，考えている図形の面積である．導出の過程において，単位面積当たりの質量 ρ および重力加速度 g を与えたが，重心の位置はこれらの値に依存しないことがわかる．y 方向に対しても同様であり，重心 y_c は次式で表される．

$$y_c = \frac{\int_0^{y_m} y g(y)\, dy}{\int_0^{y_m} g(y)\, dy} = \frac{1}{S} \int_0^{y_m} y g(y)\, dy. \qquad (3.19)$$

例 3.30 第 1 象限における単位円と x 軸および y 軸で囲まれた図形の重心 G(x_c, y_c) を求めよう．

第 1 象限における単位円は，$y = \sqrt{1 - x^2}$ $(x \geqq 0)$ で表されるから，式 (3.18) を用いれば，x 方向の重心位置 x_c は次式により求められる．

$$x_c = \frac{4}{\pi} \int_0^1 x \sqrt{1 - x^2}\, dx.$$

ここで，$x = \sin\theta$ とおけば，$dx = \cos\theta\, d\theta$ である．また，x が $[0, 1]$ のとき，θ は $[0, \frac{\pi}{2}]$ であるから，

3.7 コメント

$$x_c = \frac{4}{\pi}\int_0^{\frac{\pi}{2}} \sin\theta\sqrt{1-\sin^2\theta}\cos\theta\,d\theta = \frac{4}{\pi}\int_0^{\frac{\pi}{2}} \sin\theta\cos^2\theta\,d\theta$$

となる。ここで，

$$\begin{aligned}
\int_0^{\frac{\pi}{2}} \sin\theta\cos^2\theta\,d\theta &= \int_0^{\frac{\pi}{2}} \sin\theta(1-\sin^2\theta)\,d\theta \\
&= \int_0^{\frac{\pi}{2}} \left(\sin\theta - \sin^3\theta\right) d\theta \\
&= \int_0^{\frac{\pi}{2}} \left\{\sin\theta - \frac{1}{4}\left(3\sin\theta - \sin 3\theta\right)\right\} d\theta \\
&= \frac{1}{4}\int_0^{\frac{\pi}{2}} (\sin\theta + \sin 3\theta)\,d\theta \\
&= -\frac{1}{4}\left[\cos\theta + \frac{1}{3}\cos 3\theta\right]_0^{\frac{\pi}{2}} = \frac{1}{3}
\end{aligned}$$

であるから，x 方向の重心は，$x_c = \dfrac{4}{\pi}\cdot\dfrac{1}{3} = \dfrac{4}{3\pi}$ となる。y 方向に対しても同じであるので，第 1 象限における単位円と両軸で囲まれた図形の重心は，$\mathrm{G}\left(\dfrac{4}{3\pi}, \dfrac{4}{3\pi}\right)$ である。

問 3.26 第 1 象限における楕円 $\dfrac{x^2}{a^2} + \dfrac{y^2}{b^2} = 1$ $(a > 0, b > 0)$ と両軸で囲まれた図形の重心 G を求めよ。

3.7.2 数値積分

本章で述べた部分積分法や置換積分法を用いても，不定積分を行うことが困難な関数は数多く存在する。例えば，次のような不定積分を初等関数を用いて表すことは難しい。

$$\int \log(\sin x)\,dx, \quad \int \frac{\sin x}{x}\,dx, \quad \int \frac{dx}{\log x}$$

したがって，定積分の値を求めることもできない。このような場合，最も簡単な方法として $x = a$ から $x = b$ までの積分区間を n 等分し，それぞれの台形の面積の総和を求める方法がある。本節では，**台形公式**により $x = a$ から $x = b$ まで関数 $f(x)$ を**数値積分**する方法について述べる。

定積分 $\displaystyle\int_a^b f(x)\,dx$（ただし，$a \leqq x \leqq b$ において $y = f(x) \geqq 0$）を求めることを考える。図 3.9 に示すように，$x = a$ から $x = b$ までの区間を n 等

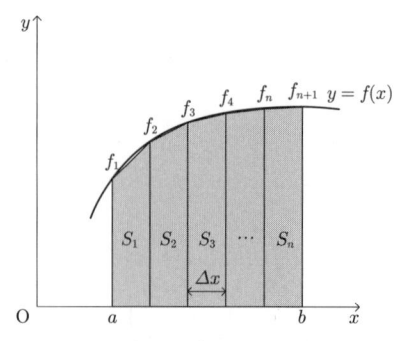

図 3.9 台形公式による数値積分

分し，関数 $f(x)$ と x 軸を線分で結べば n 個の台形が作られる。これら n 個の台形の面積の総和，すなわち $S = S_1 + S_2 + \cdots + S_n$ を求めたものが台形公式による数値積分値となる。1 個の台形の横幅を $\Delta x = \dfrac{b-a}{n}$ で一定とすれば定積分 $\int_a^b f(x)\,dx$ の近似値は次式により求められることになる。

$$\int_a^b f(x)\,dx \approx S_1 + S_2 + \cdots + S_n$$

$$= \frac{f_1 + f_2}{2}\Delta x + \frac{f_2 + f_3}{2}\Delta x + \cdots + \frac{f_n + f_{n+1}}{2}\Delta x$$

$$= \frac{\Delta x}{2}\{f_1 + 2(f_2 + f_3 + \cdots + f_n) + f_{n+1}\}$$

$$= \Delta x \left(\frac{f_1 + f_{n+1}}{2} + f_2 + f_3 + \cdots + f_n\right)$$

$$= \Delta x \left(\frac{f_1 + f_{n+1}}{2} + \sum_{i=2}^{n} f_i\right).$$

したがって，**台形公式**による数値積分は次式で表されることになる。

$$\int_a^b f(x)\,dx \approx \frac{b-a}{n}\left\{\frac{f(a)+f(b)}{2} + \sum_{i=1}^{n-1} f(a + i\Delta x)\right\}.$$

例 3.31 台形公式を用いて $\int_0^1 x^2\,dx$ の数値積分値を求めてみよう。例えば，区分数を $n = 10$ とした場合，台形公式により面積 S を求めると，

3.7 コメント

$$S = \frac{1}{10}\left\{\frac{1}{2} + \left(\frac{1}{10}\right)^2 + \left(\frac{2}{10}\right)^2 + \cdots + \left(\frac{9}{10}\right)^2\right\}$$

$$= \frac{1}{10}\left\{\frac{1}{2} + \frac{1}{10^2}\left(1^2 + 2^2 + \cdots + 9^2\right)\right\}$$

となる。上式における $1^2 + 2^2 + \cdots + 9^2$ を和の公式

$$\sum_{i=1}^{n-1} k^2 = \frac{n}{6}(n-1)(2n-1)$$

を用いて計算すると,

$$S = \frac{1}{10}\left(\frac{1}{2} + \frac{1}{100} \cdot \frac{10}{6} \cdot 9 \cdot 19\right) = \frac{67}{200}$$

となり, 厳密解 $\frac{1}{3} = \frac{67}{201}$ に近い値となる。上式を一般化して区分数を n とすれば次式が得られる。

$$S = \frac{1}{n}\left\{\frac{1}{2} + \frac{1}{n^2} \cdot \frac{n}{6}(n-1)(2n-1)\right\} = \frac{1}{3} + \frac{1}{6n^2}.$$

実際に, 区分数 n を $10 \sim 10000$ まで変化させて S および厳密解との差 ΔS の値を求めると, 表 3.2 に示すようになる。

表 3.2 $\int_0^1 x^2\,dx$ の台形公式による数値積分結果

n	S	ΔS
10	0.335000000	0.001666667
20	0.333750000	0.000416667
50	0.333400000	0.000066667
100	0.333350000	0.000016667
200	0.333337500	0.000004167
500	0.333334000	0.000000667
1000	0.333333500	0.000000167
2000	0.333333375	0.000000042
5000	0.333333340	0.000000007
10000	0.333333335	0.000000002

区分数の n を無限大とした場合の極限値を求めれば, 次式が得られる。

$$\lim_{n \to \infty} S = \lim_{n \to \infty}\left(\frac{1}{3} + \frac{1}{6n^2}\right) = \frac{1}{3}.$$

したがって，区分数 n を増加させることにより厳密解に近づくことが分かる。表 3.2 に示すように，厳密解と数値積分値の差 ΔS は，$n = 100$ とした場合には約 1.7×10^{-5}，$n = 1000$ の場合には約 1.7×10^{-7}，$n = 10{,}000$ の場合には約 1.7×10^{-9} に減少する。

章末問題 3

1 次の不定積分を求めよ。

(1) $\displaystyle\int \sin x \cos x \, dx$,　(2) $\displaystyle\int x^2 e^x \, dx$,　(3) $\displaystyle\int \sin 3x \cos 2x \, dx$,

(4) $\displaystyle\int \frac{3x+4}{(x+2)^2} \, dx$,　(5) $\displaystyle\int \frac{x-4}{(x-1)(x-2)(x-3)} \, dx$,

(6) $\displaystyle\int \frac{x^2-x+2}{x^3-1} \, dx$,　(7) $\displaystyle\int \cos x \log|\sin x| \, dx$,　(8) $\displaystyle\int \frac{dx}{\sqrt{2x^2+3}}$,

(9) $\displaystyle\int \frac{dx}{\sqrt{4-3x^2}}$,　(10) $\displaystyle\int \frac{dx}{\sin x + \cos x}$,　(11) $\displaystyle\int \frac{\sin x}{\cos^3 x} \, dx$,

(12) $\displaystyle\int \frac{\sin x}{1-\sin x} \, dx$.

2 次の定積分を求めよ。

(1) $\displaystyle\int_0^{\frac{\pi}{4}} \tan^2 x \, dx$,　(2) $\displaystyle\int_0^{\sqrt{3}} \frac{4x}{\sqrt{x^2+1}} \, dx$,

(3) $\displaystyle\int_{\frac{\pi}{4}}^{\frac{\pi}{2}} \cot x \, \text{cosec}^2 x \, dx$,　(4) $\displaystyle\int_0^{\frac{\pi}{2}} \frac{\tan x}{\sec x} \cdot \frac{\cot x}{\text{cosec} \, x} \, dx$,

(5) $\displaystyle\int_1^e x^2 \log x \, dx$,　(6) $\displaystyle\int_0^1 x \arctan x \, dx$,

(7) $\displaystyle\int_0^1 x^2 e^x \, dx$,　(8) $\displaystyle\int_0^{\frac{\pi}{4}} x^2 \cos x \, dx$,　(9) $\displaystyle\int_{-1}^0 \frac{x+1}{2x^2+3x-2} \, dx$,

(10) $\displaystyle\int_{-1}^0 \frac{dx}{\sqrt{1-2x-x^2}}$,　(11) $\displaystyle\int_0^1 \frac{x-1}{x^2-x-2} \, dx$,

(12) $\displaystyle\int_0^2 \frac{x^3+2x^2+3x+4}{x^2+2} \, dx$,　(13) $\displaystyle\int_0^1 \frac{4x-3}{x^2-2x+2} \, dx$

3 m, n を自然数とするとき，次の定積分を求めよ。

(1) $\displaystyle\int_0^{2\pi} \sin mx \cos nx \, dx$,　(2) $\displaystyle\int_0^{2\pi} \sin mx \sin nx \, dx$,

(3) $\displaystyle\int_0^{2\pi} \cos mx \cos nx \, dx$.

4 次の広義積分を求めよ．

(1) $\displaystyle\int_{-\infty}^{\infty} \frac{dx}{1+x^2}$, (2) $\displaystyle\int_{1}^{\infty} \frac{\log x}{x^2}\,dx$,

(3) $\displaystyle\int_{0}^{1} \frac{\log x}{\sqrt{x}}\,dx$, (4) $\displaystyle\int_{0}^{1} \log x\,dx$,

(5) $\displaystyle\int_{0}^{\infty} e^{-ax}\sin bx\,dx\ (a>0)$, (6) $\displaystyle\int_{a}^{b} \frac{1}{\sqrt{(x-a)(b-x)}}\,dx\ (a<b)$,

(7) $\displaystyle\int_{1}^{\infty} \frac{1}{x\sqrt{x^2-1}}\,dx$, (8) $\displaystyle\int_{0}^{1} \sqrt{\frac{x}{1-x}}\,dx$.

5 図 3.10 に示すように，長さ $2a \times 2b$ の長方形内部に接するように作られる楕円の長方形に対する面積比を求めよ．

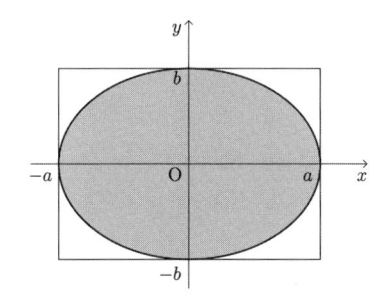

図 3.10 楕円の長方形に対する面積比

6 図 3.11 に示すように内径 1 [m] の半球状容器がある．この容器に体積流量 $\dot{V} = 2\ [\ell/\mathrm{s}]$ で水を注いでいくとして次の問に答えよ．

(1) 水位が $h = 0.4$ [m] に達するまでに要する時間 Δt を求めよ．

(2) 水位が $h = 0.4$ [m] に達した瞬間における水面の上昇速度を求めよ．

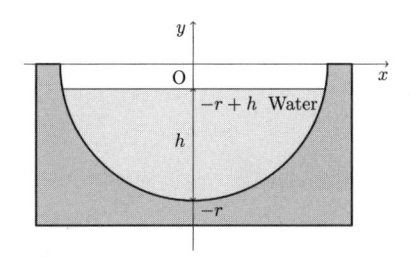

図 3.11 半球状容器に水を注入する

7 次式で表される楕円と $y \geqq 0$ で囲まれた図形を x 軸のまわりに回転してできる回転体の体積 V_x を求めよ．同様に，楕円と $x \geqq 0$ で囲まれた図形を y 軸周りに回転してできる回転体の体積 V_y を求め，体積の比 $\dfrac{V_x}{V_y}$ を求めよ．

$$\frac{x^2}{a^2} + \frac{y^2}{b^2} = 1 \quad (a > 0,\ b > 0).$$

8 円 $x^2 + y^2 = 4$ と $x \geqq 1$ の領域で囲まれた図形の面積 S を求めよ．また，この図形を x 軸周りに回転してできる回転体の体積 V_x を求めよ．

9 台形公式を用いて定積分 $\displaystyle\int_0^1 x^3\,dx$ の近似値を求めよ．また，区分数 n を 10, 20, 100 と増やすことにより厳密解に近づくことを示せ．

10 $p,\ q$ は定数とする．広義積分 $\displaystyle\int_0^{\frac{\pi}{2}} \frac{\sin^q x}{x^p}\,dx$ の収束・発散を判定せよ．
(ヒント：積分範囲において，$0 \leqq \dfrac{2}{\pi} x \leqq \sin x \leqq x$ となることを用いて，広義積分に関する比較定理に持ち込む．)

4
多変数関数の微分

　この章と次の章では，多変数関数に対する微分と積分を考える．多変数とは，独立変数の数が複数という意味である．独立変数が2個のものは，2変数関数という．本書では，主に2変数関数を扱う．これは，説明を簡便に済ますためで，多くは3変数以上の関数に対しても同様な議論が成り立つ．

4.1 2変数関数とその連続性

4.1.1 2変数関数の定義

　2変数関数 f とは，xy 平面 $\mathbb{R}^2$ 上の部分集合の各点 (x,y) に対し，実数 $f(x,y)$ がただ一つ定まるものである．(x,y) の動く範囲を関数 f の**定義域**といい，関数値 $f(x,y)$ の集合を f の**値域**という．本書では，それぞれ，$\mathcal{D}(f)$，$\mathcal{R}(f)$ で表す．

　$\mathbb{R}^2$ 内の集合に関する用語をいくつか定義しておこう．2点 $P_1(x,y), P_2(a,b)$ が与えられたとき，それらの間の距離を $d(P_1, P_2)$ と書く．すなわち，

$$d(P_1, P_2) = \sqrt{(x-a)^2 + (y-b)^2}$$

である．

定義 4.1 集合 $A \subset \mathbb{R}^2$ が**有界**であるとは，原点を中心とする十分大きな半径の円が A を含むようにできることをいう．すなわち，

$$A \subset \{(x,y) \in \mathbb{R}^2 \mid x^2 + y^2 \leqq R^2\}$$

となるような $R > 0$ が存在することをいう．

定義 4.2 集合 A の境界を ∂A と書く．$A \cup \partial A$ を A の**閉包**といい，$\bar{A}$ と書

く。$\bar{A} \setminus \partial A$ を A の**内部**といい，A^i と書く。$A = \emptyset$ のときは，$\bar{A} = A^i = \emptyset$ とする。

注意 4.1 $A^i \subset A \subset \bar{A}$ である。

定義 4.3 $A^i = A$ が成り立つとき，A を**開集合**という。$\bar{A} = A$ が成り立つとき，A を**閉集合**という。

例 4.1 $A = \{(x,y) \mid |x| < 2, |y| \leqq 1\}$ のとき，
$$\partial A = \{(x, \pm 1) \mid -2 \leqq x \leqq 2\} \cup \{(\pm 2, y) \mid -1 \leqq y \leqq 1\},$$
$$\bar{A} = \{(x,y) \mid |x| \leqq 2, |y| \leqq 1\}, \quad A^i = \{(x,y) \mid |x| < 2, |y| < 1\}$$
である。$A \neq \bar{A}$, $A \neq A^i$ であるので，A は開集合でも閉集合でもない。

例 4.2 $B = \{(x,y) \mid x+y > 1\}$ のとき，$\partial B = \{(x,y) \mid x+y = 1\}$, $\bar{B} = \{(x,y) \mid x+y \geqq 1\}$ である。ゆえに，$B^i = \bar{B} \setminus \partial B = \{(x,y) \mid x+y > 1\} = B$ であるので，B は開集合である。

例 4.3 $C = \{(x,y) \mid x^2+y^2 \leqq 1\}$ であるとき，$\partial C = \{(x,y) \mid x^2+y^2 = 1\}$, $\bar{C} = C \cup \partial C = \{(x,y) \mid x^2+y^2 \leqq 1\} = C$ であるので，C は閉集合である。また，$C^i = \{(x,y) \mid x^2+y^2 < 1\}$ である。

定義 4.4 点 (x,y) が点 (a,b) に近づくとは，
$$|x-a| \to 0 \quad かつ \quad |y-b| \to 0$$
であることをいい，$(x,y) \to (a,b)$ と書く。

注意 4.2 $\mathrm{P}_1(x,y)$ と $\mathrm{P}_2(a,b)$ としたとき，$(x,y) \to (a,b)$ とは，$d(\mathrm{P}_1, \mathrm{P}_2) \to 0$ と同値である。$\mathrm{P}_1 \to \mathrm{P}_2$ と書くこともある。

注意 4.3 $x = a + r\cos\theta$, $y = b + r\sin\theta$ $(r \geqq 0, 0 \leqq \theta < 2\pi)$ と表す事が出来る。(r, θ) を (a,b) を中心とする**極座標**という。$(x,y) \to (a,b)$ とは，$r \to +0$ と同値である。

定義 4.5 集合 D が**弧状連結**であるとは，D 内に任意の 2 点が D の外に出ない曲線で結べることをいう。

例 4.4 $D = \{(x,y) \mid x^2+y^2 < 1\}$ は弧状連桔である。実際 D 内の 2 点はそれらを線分で結べば D の外に出ない。

4.1 2変数関数とその連続性

$E = \{(x,y) \mid |x| > 1\}$ は弧状連結ではない。例えば，$(2,0)$ と $(-2,0)$ は E 上の点であるが，これらを曲線で結ぶと，必ず E の外に出る部分がある。

4.1.2　2変数関数の極限値

定義 4.6 $(x,y) \to (a,b)$ のとき，どのような近づき方をしても $f(x,y)$ が一定値 ℓ に近づくとき，

$$(x,y) \to (a,b) \text{ のとき, } f(x,y) \to \ell,$$
$$\lim_{(x,y) \to (a,b)} f(x,y) = \ell$$

等と書く。$(x,y) \to (a,b)$ のとき，どのような近づき方をしても $f(x,y)$ がいくらでも大きくなるとき，

$$(x,y) \to (a,b) \text{ のとき, } f(x,y) \to \infty,$$
$$\lim_{(x,y) \to (a,b)} f(x,y) = \infty$$

等と書く。同様に，$f(x,y) \to -\infty$ も定義される。

2変数関数の極限値について，以下の事が成立する。

定理 4.1

1. $\displaystyle\lim_{(x,y) \to (a,b)} f(x,y) = k \neq \pm\infty, \displaystyle\lim_{(x,y) \to (a,b)} g(x,y) = \ell \neq \infty$ とする。このとき，次が成り立つ (**基本性質**)。

    (1) c を定数とすると，$\displaystyle\lim_{(x,y) \to (a,b)} cf(x,y) = ck.$

    (2) $\displaystyle\lim_{(x,y) \to (a,b)} (f(x,y) + g(x,y)) = k + \ell.$

    (3) $\displaystyle\lim_{(x,y) \to (a,b)} f(x,y)g(x,y) = k\ell.$

    (4) $\ell \neq 0$ であれば，(x,y) が (a,b) に近いとき，$g(x,y) \neq 0$ であり，$\displaystyle\lim_{(x,y) \to (a,b)} \frac{f(x,y)}{g(x,y)} = \frac{k}{\ell}$ となる。

    (5) (x,y) が (a,b) に近いとき，常に $f(x,y) \leqq g(x,y)$ であれば，$k \leqq \ell$ である (**比較定理**)。

2. (x,y) が (a,b) に近いとき，常に $f(x,y) \leqq g(x,y) \leqq h(x,y)$ であり，$\displaystyle\lim_{(x,y) \to (a,b)} f(x,y) = \lim_{(x,y) \to (a,b)} h(x,y) = \ell$ であれば，$\displaystyle\lim_{(x,y) \to (a,b)} g(x,y) = \ell$ が成り立つ (はさみうちの原理)。

注意 4.4 上の定理は $k = \pm\infty$ または $\ell = \pm\infty$ であっても，計算が意味を持つ限り成立する。ここで，計算が意味を持つとは，次の場合である。$c \in \mathbb{R}$ に対し，複号同順で，

$$\pm\infty + c = c \pm \infty = \pm\infty, \quad \frac{c}{\pm\infty} = 0$$

とする。$c \in \mathbb{R} \setminus \{0\}$ に対し，

$$c \cdot \infty = \infty \cdot c = \begin{cases} \infty & (c > 0 \text{ のとき}), \\ -\infty & (c < 0 \text{ のとき}), \end{cases} \quad c \cdot (-\infty) = (-\infty) \cdot c = -c \cdot \infty$$

とする。さらに，

$$\pm\infty \pm \infty = \pm\infty, \quad (\pm\infty) \cdot (\pm\infty) = \infty, \quad (\mp\infty) \cdot (\pm\infty) = -\infty$$

とする。

例 4.5 $f(x,y) = xy \cdot \dfrac{x^2 - y^2}{x^2 + y^2}$ $((x,y) \neq (0,0))$ とする。

$$\left|\frac{x^2 - y^2}{x^2 + y^2}\right| \leq \frac{x^2 + y^2}{x^2 + y^2} = 1 \quad \text{であるので} \quad |f(x,y)| \leq |xy|$$

となる。したがって，$(x,y) \to (0,0)$ のとき，

$$0 \leq |f(x,y)| \leq |xy| \to 0$$

となるので，はさみうちの原理より，

$$\lim_{(x,y) \to (0,0)} f(x,y) = 0$$

が分かる。

例 4.6 $f(x,y) = \dfrac{xy}{x^2 + y^2}$ $((x,y) \neq (0,0))$ とする。$(x,y) \to (0,0)$ を考える。原点を中心とする極座標，すなわち $x = r\cos\theta, y = r\sin\theta$ を用いる。

$$f(x,y) = f(r\cos\theta, r\sin\theta) = \frac{r^2 \cos\theta \sin\theta}{r^2} = \cos\theta \sin\theta$$

となる。θ の値を固定し，$r \to +0$ としたとき，極限値を持つが，それは θ の値によって異なる。すなわち近づき方によって値が異なる事が分かる。従って，

$$\lim_{(x,y) \to (0,0)} f(x,y)$$

は存在しない。

定義 4.7 $\displaystyle\lim_{x \to a}\left(\lim_{y \to b} f(x,y)\right)$ と $\displaystyle\lim_{y \to b}\left(\lim_{x \to a} f(x,y)\right)$ を**累次極限**という。

4.1 2変数関数とその連続性

注意 4.5

1. 2つの累次極限は，(存在したとしても) 一致するとは限らない。
2. 2つの累次極限が存在し，一致したとしても，$\lim_{(x,y)\to(a,b)} f(x,y)$ が存在するとは限らない。
3. $\lim_{(x,y)\to(a,b)} f(x,y) = \ell$ が存在し，2つの累次極限も存在すれば，ℓ に等しい。

4.1.3 連続性

定義 4.8 $f(x,y)$ が点 $(a,b) \in \mathcal{D}(f)$ で**連続**であるとは
$$\lim_{(x,y)\to(a,b)} f(x,y) = f(a,b)$$
が成立することをいう。

以下のことが1変数の場合と同様に成立する。

定理 4.2
1. 連続関数同士に四則演算を施して得られる関数は，連続である。ただし，0による除法を除く。
2. 連続関数同士を合成して得られる関数は，連続である。
3. 有界閉集合上で定義された連続関数は，その集合で最大値・最小値をとる。
4. f は，弧状連結な集合上 D で定義された連続関数とする。$(a,b) \in D$, $(c,d) \in D$ とし，$f(a,b) < f(c,d)$ とする。このとき，$f(a,b)$ と $f(c,d)$ の間の任意の数 ξ に対して，$\xi = f(x_0, y_0)$ となる $(x_0, y_0) \in D$ が存在する (中間値の定理)。

例 4.7 $f(x,y) = \begin{cases} \dfrac{xy(x^2+y^2)}{2x^2+y^2} & ((x,y) \neq (0,0)), \\ 0 & ((x,y) = (0,0)) \end{cases}$

は，$(x,y) = (0,0)$ で連続である。それを確かめるためには，
$$(*) \qquad f(x,y) - f(0,0) \to 0 \quad ((x,y) \to (0,0))$$
を示せばよい。

$(x,y) \to (0,0)$ のとき，
$$|f(x,y) - f(0,0)| = |f(x,y)| = \left|\frac{xy(x^2+y^2)}{2x^2+y^2}\right| \leqq \left|\frac{xy(x^2+y^2)}{x^2+y^2}\right|$$
$$= |xy| \to 0$$

となる。ゆえに，$(*)$ が示された。

次のようにしてもよい。$x = r\cos\theta$, $y = r\sin\theta$ とおくと，$r \to 0$ のとき，

$$|f(x,y) - f(0,0)| = \left|\frac{r^4 \cos\theta \sin\theta}{r^2(2\cos^2\theta + \sin^2\theta)}\right|$$
$$= \frac{r^2|\cos\theta \sin\theta|}{2\cos^2\theta + \sin^2\theta} \leqq r^2 \to 0$$

となる。ここで，

$$2\cos^2\theta + \sin^2\theta \geqq \cos^2\theta + \sin^2\theta = 1,$$
$$|\cos\theta \sin\theta| = |\cos\theta||\sin\theta| \leqq 1$$

を用いた。$(x,y) \to (0,0)$ と $r \to 0$ は同値であるので，上のことから $(*)$ が示された。

例 4.8
$$f(x,y) = \begin{cases} \dfrac{x^5}{(y-x^2)^2 + x^6} & ((x,y) \neq (0,0)), \\ 0 & ((x,y) = (0,0)) \end{cases}$$

を考える。

問 4.1 $x = r\cos\theta$, $y = r\sin\theta$ とおく。この例の f に対して，θ の値を固定して，$r \to +0$ とすると，

$$f(r\cos\theta, r\sin\theta) \to f(0,0) = 0 \quad (r \to +0)$$

となることを確かめよ。

　この問は，原点を通る直線に沿って，$(x,y) \to (0,0)$ とすると，$f(x,y) \to f(0,0)$ となる事を意味する。しかし，これでは，f の $(0,0)$ における連続性を示したことにはならない。θ を r によって変化させて，$f(r\cos\theta(r), r\sin\theta(r))$ の $r \to +0$ における極限を考える必要がある。これは，原点を通る曲線に沿って $(x,y) \to (0,0)$ とすることに相当する。例えば，$y = x^2$ に沿って，$(x,y) \to (0,0)$ としてみると，

$$f(x, x^2) = \frac{x^5}{x^6} = \frac{1}{x} \not\to f(0,0) \quad ((x,y) \to (0,0))$$

となる。この結果から，f は $(0,0)$ で不連続であることが分かる。

$$\lim_{(x,y)\to(0,0)} f(x,y)$$

が存在しないことも分かる。

4.2 偏微分可能性と偏導関数

定義 4.9 $f(x,y)$ が $(x,y)=(a,b)$ で x について (または x 方向に) **偏微分可能**であるとは，

$$\lim_{h \to 0} \frac{f(a+h,b)-f(a,b)}{h}$$

が収束することをいう．この極限値を

$$\frac{\partial f}{\partial x}(a,b), \quad f_x(a,b)$$

等と書き，x **方向の偏微分係数**という．

y **方向**についても同様に定義する．

$$\frac{\partial f}{\partial y}(a,b) = f_y(a,b) = \lim_{k \to 0} \frac{f(a,b+k)-f(a,b)}{k}$$

である．

f が x についても，y についても偏微分可能なとき，単に**偏微分可能**という．

$f_x(a,b)$ は，b を固定して，$f(x,b)$ を x の 1 変数関数と考えたときの $x=a$ における微分係数である．同様に，$f(a,y)$ を y の 1 変数関数と考えたときの $y=b$ における微分係数が $f_y(a,b)$ である．したがって，偏微分係数は，1 変数関数の微分係数を求める方法で計算できる．

例 4.9 点 (a,b) は原点でないとする．$f(x,y)=\sqrt{x^2+2y^2}$ の (a,b) における微分係数を求める．

$$f_x(a,b) = \left.\frac{d}{dx}f(x,b)\right|_{x=a} = \left.\frac{d}{dx}\sqrt{x^2+2b^2}\right|_{x=a} = \frac{a}{\sqrt{a^2+2b^2}}$$

となる．$\left.\dfrac{d}{dx}(\cdots)\right|_{x=a}$ は，x で微分した結果に $x=a$ を代入するという意味である．同様に，

$$f_y(a,b) = \left.\frac{d}{dy}f(a,y)\right|_{y=b} = \frac{2b}{\sqrt{a^2+2b^2}}$$

となる．

次の 2 つの例の偏微分係数は，定義に基づいて計算している．

例 4.10 原点 $(0,0)$ で,
$$f(x,y) = \begin{cases} \dfrac{xy}{x^2+y^2} & ((x,y) \neq (0,0)), \\ 0 & ((x,y) = (0,0)) \end{cases}$$

の偏微分係数を求める. 関数を与える式が $(0,0)$ とそれ以外の点で異なるため, 偏微分係数の計算は定義に基づいて行う. $h \neq 0$ のとき, $f(h,0) = 0$ である. また, $f(0,0) = 0$ である. したがって,

$$\frac{f(h,0) - f(0,0)}{h} = \frac{0-0}{h} \to 0 \quad (h \to 0)$$

となる. ゆえに, $f_x(0,0) = 0$ である. 同様に, $f_y(0,0) = 0$ も得られる.

例 4.11 原点 $(0,0)$ で, $f(x,y) = x\sqrt{x^2+y^2}$ の偏微分係数を求める. 一つ前の例とは異なり, f を与える式は一つであるが, $\sqrt{x^2+y^2}$ が原点で微分可能でないため, 定義に基づいて計算する必要がある. $h \neq 0, k \neq 0$ として,

$$\frac{f(h,0) - f(0,0)}{h} = \frac{h\sqrt{h^2} - 0}{h} = |h| \to 0 \quad (h \to 0),$$

$$\frac{f(0,k) - f(0,0)}{k} = \frac{0-0}{k} \to 0 \quad (k \to 0)$$

となる. ゆえに, $f_x(0,0) = 0, f_y(0,0) = 0$ である.

例 4.12 例 4.8 の f について, 再び考える.
$$f(x,y) = \begin{cases} \dfrac{x^5}{(y-x^2)^2 + x^6} & ((x,y) \neq (0,0)), \\ 0 & ((x,y) = (0,0)) \end{cases}$$

は原点 $(0,0)$ で偏微分可能である. 実際,

$$\frac{f(h,0) - f(0,0)}{h} = \frac{1}{h} \frac{h^5}{h^4 + h^6} = \frac{1}{1+h^2} \to 1 \quad (h \to 0),$$

$$\frac{f(0,k) - f(0,0)}{k} = \frac{1}{k} \frac{0^5}{k^2 + 0^6} = 0 \to 0 \quad (k \to 0)$$

となる. したがって, $f_x(0,0) = 1, f_y(0,0) = 0$ である. 前にみたように, この関数は原点で不連続であった. すなわち, 「偏微分可能であれば連続」は一般に成り立たないことが分かる.

4.3 全微分可能性

4.3.1 方向微分可能性

定義 4.10 $e_\theta = (\cos\theta, \sin\theta)$ とする。$f(x,y)$ が $(x,y) = (a,b)$ で θ 方向 (または e_θ 方向) に微分可能であるとは,

$$\lim_{h \to 0} \frac{f(a+h\cos\theta, b+h\sin\theta) - f(a,b)}{h}$$

が存在して，有限値になることをいう。この極限値を

$$\frac{\partial f}{\partial e_\theta}(a,b)$$

と書き，θ 方向 (または e_θ 方向) の偏微分係数という。

あらゆる方向に微分可能なとき，全ての方向に微分可能という。

例 4.13 例 4.8 の f について，三度考える。

$$f(x,y) = \begin{cases} \dfrac{x^5}{(y-x^2)^2 + x^6} & ((x,y) \neq (0,0)), \\ 0 & ((x,y) = (0,0)) \end{cases}$$

は原点 $(0,0)$ において全ての方向に微分可能である。実際,

$$\frac{f(h\cos\theta, h\sin\theta) - f(0,0)}{h} = \frac{1}{h} \frac{h^5 \cos^5\theta}{(h\sin\theta - h^2\cos^2\theta)^2 + h^6\cos^6\theta}$$

$$= \frac{h^2 \cos^5\theta}{(\sin\theta - h\cos^2\theta)^2 + h^4\cos^6\theta}$$

である。よって，$\sin\theta \neq 0$ のとき,

$$\lim_{h \to 0} \frac{f(h\cos\theta, h\sin\theta) - f(0,0)}{h} = 0,$$

$\sin\theta = 0$ のとき,

$$\lim_{h \to 0} \frac{f(h\cos\theta, h\sin\theta) - f(0,0)}{h} = \lim_{h \to 0} \frac{\cos\theta}{1 + h^2\cos^2\theta} = \cos\theta$$

となる。

注意 4.6 この例の f から分かることは,「全ての方向に微分可能であれば連続」も一般には成立しないということである。

そこで，もっと強い微分，すなわち「全微分」の概念を導入しよう。

4.3.2 全微分可能性

1変数関数の微分を見直してみる。$y = f(x)$ が $x = a$ で微分可能であるための必要十分条件は，$y = f(x)$ のグラフに点 $(a, f(a))$ で接線が引けることである。また，直線 $y = \alpha(x-a) + f(a)$ が点 $(a, f(a))$ において $y = f(x)$ に接するための必要十分条件は，

$$\lim_{x \to a} \frac{f(x) - f(a) - \alpha(x-a)}{x-a} = 0 \quad (4.1)$$

が成立することである。したがって，

微分可能 $\iff$ (4.1) が成立するような α が存在する。

となる。

これを2変数関数の場合にも適用する。平面 $z = \alpha(x-a) + \beta(y-b) + f(a,b)$ が点 $(a, b, f(a,b))$ において $z = f(x,y)$ に接するための必要十分条件は，

$$\lim_{(x,y) \to (a,b)} \frac{f(x,y) - f(a,b) - \alpha(x-a) - \beta(y-b)}{\sqrt{(x-a)^2 + (y-b)^2}} = 0 \quad (4.2)$$

が成立することである。

定義 4.11 $f(x,y)$ が $(x,y) = (a,b)$ で**全微分可能**であるとは，(4.2) が成立するような定数 α, β が存在することをいう。行列 (α, β) を $f'(a,b)$ と書き，$(x,y) = (a,b)$ における f の **Jacobi 行列**という。

注意 4.7 全微分可能を単に微分可能という場合もあるが，ここでは，偏微分可能や方向微分可能と区別する意味で，「全」の字を略さないでおく。

定理 4.3 f は $(x,y) = (a,b)$ で全微分可能で，$f'(a,b) = (\alpha, \beta)$ とする。このとき，次が成立する。

1. f は $(x,y) = (a,b)$ で連続である。
2. f は $(x,y) = (a,b)$ で全ての方向に微分可能で，
$$\frac{\partial f}{\partial \boldsymbol{e}_\theta} = f'(a,b) \cdot \boldsymbol{e}_\theta = \alpha \cos\theta + \beta \cos\theta$$
となる。特に偏微分可能である。
3. $\alpha = f_x(a,b), \beta = f_y(a,b)$ である。

4.3 全微分可能性

証明.

1.
$$\frac{f(x,y) - f(a,b) - \alpha(x-a) - \beta(y-b)}{\sqrt{(x-a)^2 + (y-b)^2}} = \rho(x,y)$$

とおく。全微分可能性から，$\lim_{(x,y)\to(a,b)} \rho(x,y) = 0$ である。ゆえに，

$$\begin{aligned}
f(x,y) &= f(a,b) + \alpha(x-a) + \beta(y-b) \\
&\quad + \rho(x,y)\sqrt{(x-a)^2 + (y-b)^2} \\
&\to f(a,b) \quad ((x,y) \to (a,b))
\end{aligned}$$

となる。

2. $x = a + h\cos\theta$, $y = b + h\sin\theta$ とおく。$h \to 0$ のとき，$(x,y) \to (a,b)$ となる。したがって，(4.2) より，

$$\begin{aligned}
0 &= \lim_{h\to 0} \frac{\begin{pmatrix} f(a+h\cos\theta, b+h\sin\theta) - f(a,b) \\ -\alpha(a+h\cos\theta - a) - \beta(b+h\sin\theta - b) \end{pmatrix}}{\sqrt{(a+h\cos\theta - a)^2 + (b+h\sin\theta - b)^2}} \\
&= \lim_{h\to 0} \frac{f(a+h\cos\theta, b+h\sin\theta) - f(a,b) - \alpha h\cos\theta - \beta h\sin\theta}{|h|}
\end{aligned}$$

となる。よって，

$$\lim_{h\to 0} \frac{f(a+h\cos\theta, b+h\sin\theta) - f(a,b)}{h} = \alpha\cos\theta + \beta\sin\theta$$

が成り立つ。

3. 2 で示された式において，それぞれ $\theta = 0$, $\theta = \dfrac{\pi}{2}$ と置けばよい。

□

注意 4.8 例 4.8 の関数は，原点で全ての方向に微分可能 (特に偏微分可能) であったが，そこで不連続であった。上の定理の対偶を考えれば，この関数は原点で全微分可能でないことが分かる。

系 4.1 定理 4.3 の仮定の下で，次が成立する。

1. 点 $(a, b, f(a,b))$ における接平面の方程式は，
$$z = f_x(a,b)(x-a) + f_y(a,b)(y-b) + f(a,b)$$
で与えられる。

2. 点 $(a, b, f(a,b))$ における法線の方程式は，

$$\frac{x-a}{f_x(a,b)} = \frac{y-b}{f_y(a,b)} = \frac{z-f(a,b)}{-1}$$

で与えられる。ただし，分母 $=0$ のときは 分子 $=0$ と解釈する。

偏微分可能性は，1 変数関数の微分の知識があれば計算できるという意味で容易である。しかし，それからは連続性すら導くことができず，微分積分学の道具としては脆弱である。一方，全微分可能性を定義に基づいて確かめるのは，やや面倒である。

全微分可能であるための十分条件を考える。偏微分可能性に加えて，確かめやすいある条件で全微分可能性が保障される。

定義 4.12 $D \subset \mathbb{R}^2$ とする。$f(x,y)$ が D 上の各点で偏微分可能なとき，D **上で偏微分可能**という。このとき，D 上で定義される関数 $f_x(x,y)$, $f_y(x,y)$ を**偏導関数**という。

定義 4.13 $D \subset \mathbb{R}^2$ とする。D 上の関数の集合 $C^0(D)$, $C^1(D)$ を

$C^0(D) = \{f \mid f$ は D 上の連続関数 $\}$,
$C^1(D) = \{f \mid f$ は D 上偏微分可能で, $f, f_x, f_y \in C^0(D)\}$

で定義する。

定理 4.4 f は D 上偏微分可能で，$f_x, f_y \in C^0(D)$ であれば，f は D 上全微分可能である。特に，$f \in C^1(D)$ であれば，f は D 上全微分可能である。

証明. $(a,b) \in D$ とする。$(x,y) \to (a,b)$ のとき，

$$\frac{f(x,y)-f(a,b)-\alpha(x-a)-\beta(y-b)}{\sqrt{(x-a)^2+(y-b)^2}} \to 0 \quad (4.3)$$

となる定数 α, β の存在をいえばよい。定理 4.3 より，その候補は，

$$\alpha = f_x(a,b), \quad \beta = f_y(a,b)$$

である。平均値の定理（定理 2.3）より，

$$\begin{aligned} f(x,y) - f(a,b) &= f(x,y) - f(a,y) + f(a,y) - f(a,b) \\ &= f_x(\xi, y)(x-a) + f_y(x, \eta)(y-b) \end{aligned}$$

を満たす ξ, η が存在する。ξ は x と a の間，η は y と b の間にあるので，

$$(x,y) \to (a,b) \text{ のとき}, (\xi, \eta) \to (a,b)$$

4.3 全微分可能性

である。したがって，

$$|f(x,y) - f(a,b) - f_x(a,b)(x-a) - f_y(a,b)(y-b)|$$
$$= |(f_x(\xi,y) - f_x(a,b))(x-a) + (f_y(x,\eta) - f_y(a,b))(y-b)|$$
$$\leqq \sqrt{(x-a)^2 + (y-b)^2}\,(|f_x(\xi,y) - f_x(a,b)| + |f_y(x,\eta) - f_y(a,b)|)$$

となる。f_x, f_y の連続性より，

$$(|f_x(\xi,y) - f_x(a,b)| + |f_y(x,\eta) - f_x(a,b)|) \to 0 \quad ((x,y) \to (a,b))$$

となる。ゆえに，(4.3) が $\alpha = f_x(a,b), \beta = f_y(a,b)$ として成立する。 □

次の定理は，2 変数関数と 1 変数関数の合成関数の微分公式である。

定理 4.5 $f = f(x,y)$ は全微分可能，$x = x(t), y = y(t)$ は微分可能とすると，$z(t) = f(x(t), y(t))$ も微分可能で，

$$\frac{dz}{dt} = \frac{\partial f}{\partial x}\frac{dx}{dt} + \frac{\partial f}{\partial y}\frac{dy}{dt}.$$

証明. $t = a$ における微分可能性を調べる。

$$\frac{z(t) - z(a)}{t-a} = \frac{f(x(t), y(t)) - f(x(a), y(a))}{t-a} = \mathrm{I} \times \mathrm{II} + \mathrm{III}$$

とおく。ここで，

$$\mathrm{I} = \frac{f(x(t),y(t)) - f(x(a),y(a)) - \alpha(x(t)-x(a)) - \beta(y(t)-y(a))}{\sqrt{(x(t)-x(a))^2 + (y(t)-y(a))^2}},$$

$$\mathrm{II} = \mathrm{sgn}\,(t-a)\sqrt{\left(\frac{x(t)-x(a)}{t-a}\right)^2 + \left(\frac{y(t)-x(a)}{t-a}\right)^2},$$

$$\mathrm{III} = \alpha\frac{x(t)-x(a)}{t-a} + \beta\frac{y(t)-x(a)}{t-a},$$

$$\alpha = f_x(x(a),y(a)),$$
$$\beta = f_y(x(a),y(a))$$

とした。$t \to a$ のとき，$(x(t), y(t)) \to (x(a), y(a))$ であるので，f の全微分可能性から，

$$\lim_{t\to a} \mathrm{I} = 0,$$

x, y の微分可能性から，

$$\lim_{t\to a} |\mathrm{II}| = \sqrt{(x'(a))^2 + (y'(a))^2}, \quad \lim_{t\to a} \mathrm{III} = \alpha x'(a) + \beta y'(a)$$

となる。 □

定理 4.5 より，2 変数関数どうしの合成関数の微分公式が得られる．

定理 4.6 $f = f(x,y)$ は全微分可能，$x = x(u,v), y = y(u,v)$ は偏微分可能とすると，$z(u,v) = f(x(u,v), y(u,v))$ も偏微分可能で，

$$\frac{\partial z}{\partial u} = \frac{\partial f}{\partial x}\frac{\partial x}{\partial u} + \frac{\partial f}{\partial y}\frac{\partial y}{\partial u}, \quad \frac{\partial z}{\partial v} = \frac{\partial f}{\partial x}\frac{\partial x}{\partial v} + \frac{\partial f}{\partial y}\frac{\partial y}{\partial v}$$

が成立する．

例 4.14 2 変数関数 $f(x,y)$ に極座標変換 $x = r\cos\theta, y = r\sin\theta$ を合成し，$g(r,\theta) = f(r\cos\theta, r\sin\theta)$ を考える．f が全微分可能であるとすると，

$$g_r = f_x x_r + f_y y_r = f_x \cos\theta + f_y \sin\theta,$$

$$g_\theta = f_x x_\theta + f_y y_\theta = -f_x r\sin\theta + f_y r\cos\theta$$

となる．

4.3.3 高次偏導関数

f_x が x について偏微分可能であるとき，$\dfrac{\partial f_x}{\partial x}$ が考えられる．これを

$$\frac{\partial^2 f}{\partial x^2}, \quad \frac{\partial}{\partial x}\left(\frac{\partial f}{\partial x}\right), \quad \left(\frac{\partial}{\partial x}\right)^2 f, \quad f_{xx}$$

等と書く．同様に，

$$f_{xy} = \frac{\partial}{\partial y}\left(\frac{\partial f}{\partial x}\right), \quad f_{yx} = \frac{\partial}{\partial x}\left(\frac{\partial f}{\partial y}\right), \quad f_{yy} = \frac{\partial}{\partial y}\left(\frac{\partial f}{\partial y}\right)$$

が考えられる．これらを **2 次の (2 階の) 偏導関数**という．3 次 (3 階) 以上の偏導関数も同様に定義される．

問 4.2 $(x,y) \neq (0,0)$ とする．$f(x,y) = \log(x^2 + y^2)$ とおく．$f_{xx}(x,y)$, $f_{xy}(x,y), f_{yx}(x,y), f_{yy}(x,y)$ を求め，$f_{xx}(x,y) + f_{yy}(x,y) = 0$ と $f_{xy}(x,y) = f_{yx}(x,y)$ を確かめよ．

一般に高次の偏導関数は，偏微分する順序によって異なるものが得られる．例えば，一般には，f_{xy} と f_{yx} は等しくない．

4.3 全微分可能性

例 4.15
$$f(x,y) = \begin{cases} \dfrac{xy(x^2-y^2)}{x^2+y^2} & ((x,y) \neq (0,0)), \\ 0 & ((x,y) = (0,0)) \end{cases}$$

を考える。$(x,y) \neq (0,0)$ では,
$$f_x(x,y) = \frac{x^4y + 4x^2y^3 - y^5}{(x^2+y^2)^2},$$

$$f_y(x,y) = \frac{x^5 - 4x^3y^2 - xy^4}{(x^2+y^2)^2}$$

である。一方, $(x,y) = (0,0)$ では, 定義に基づき,
$$f_x(0,0) = \lim_{h \to 0} \frac{f(h,0) - f(0,0)}{h} = 0,$$
$$f_y(0,0) = \lim_{k \to 0} \frac{f(0,k) - f(0,0)}{k} = 0$$

となる。よって,
$$f_{xy}(0,0) = \lim_{k \to 0} \frac{f_x(0,k) - f_x(0,0)}{k} = \lim_{k \to 0} \frac{-\dfrac{k^5}{k^4} - 0}{k} = -1,$$
$$f_{yx}(0,0) = \lim_{h \to 0} \frac{f_y(h,0) - f_y(0,0)}{h} = \lim_{h \to 0} \frac{\dfrac{h^5}{h^4} - 0}{h} = 1$$

となり, $f_{xy}(0,0)$ と $f_{yx}(0,0)$ が等しくないことがわかる。

定義 4.14 D 上の関数の集合 $C^n(D)$ と $C^\infty(D)$ を

$C^n(D) = \{f \mid f \text{ の } n \text{ 次までの偏導関数が全て } D \text{ 上で連続}\}$,
$C^\infty(D) = \{f \mid f \text{ の 全ての次数の偏導関数が } D \text{ 上で連続}\}$

で定義する。

関数 f が $C^0(D)$ に属するとき, f は D 上で C^0 級関数であるという。C^1 級, C^n 級, C^∞ 級も同様に用いる。また, 誤解が生じない場合は, $C^0(D)$, $C^1(D)$, $C^n(D)$, $C^\infty(D)$ について, (D) を省略する。

偏微分の順序交換性については次が成り立つ。

定理 4.7 $f \in C^n$ であれば, n 次までの偏導関数は, 偏微分の順序によらない。例えば, $f \in C^2$ であれば, $f_{xy} = f_{yx}$ が成り立つ。$f \in C^3$ であれば,

$f_{xxy} = f_{xyx} = f_{yxx}$ と $f_{xyy} = f_{yxy} = f_{yyx}$ が成り立つ。特に, $f \in C^\infty$ であれば, 任意の次数の偏導関数は, その偏微分の順序によらない。

証明. $f \in C^2$ のときを考える。
$$\begin{aligned}
\Delta &= f(x+h, y+k) - f(x+h, y) - f(x, y+k) + f(x, y), \\
\phi(x) &= f(x, y+k) - f(x, y), \\
\psi(y) &= f(x+h, y) - f(x, y)
\end{aligned}$$
とおくと,
$$\Delta = \phi(x+h) - \phi(x) = \psi(y+k) - \psi(y)$$
が成り立つ。平均値の定理 (定理 2.3) より,
$$\begin{aligned}
\Delta &= h\frac{d\phi}{dx}(x+\theta_1 h) \\
&= h\{f_x(x+\theta_1 h, y+k) - f_x(x+\theta_1 h, y)\} \\
&= hk f_{xy}(x+\theta_1 h, y+\theta_2 k), \\
\Delta &= k\frac{d\psi}{dy}(y+\theta_3 h) \\
&= k\{f_y(x+h, y+\theta_3 k) - f_y(x, y+\theta_3 k)\} \\
&= hk f_{yx}(x+\theta_4 h, y+\theta_3 k)
\end{aligned}$$
となる $\theta_i \in (0, 1)$ $(i = 1, 2, 3, 4)$ が存在する。よって,
$$f_{xy}(x+\theta_1 h, y+\theta_2 k) = f_{yx}(x+\theta_4 h, y+\theta_3 k)$$
が成り立つ。$h, k \to 0$ とすると, f_{xy}, f_{yx} の連続性から
$$f_{xy}(x, y) = f_{yx}(x, y)$$
となることがわかる。

$f \in C^n$ $(n \geqq 3)$ のときは, n に関する数学的帰納法による。 □

問 4.3 関数 $f(x, y)$ と, $x = x(u, v)$, $y = y(u, v)$ の合成を $z(u, v)$ と書く。すなわち, $z(u, v) = f(x(u, v), y(u, v))$ とする。これらの関数は C^2 級とする。このとき,
$$z_{uv} = f_{xx} x_u x_v + f_{xy}(x_u y_v + x_v y_u) + f_{yy} y_u y_v + f_x x_{uv} + f_y y_{uv}$$
が成り立つことを示せ。

問 4.4 $g(r, \theta) = f(r\cos\theta, r\sin\theta)$ とおく。ただし, f は C^2 級とする。こ

のとき,
$$f_{xx} + f_{yy} = g_{rr} + \frac{1}{r}g_r + \frac{1}{r^2}g_{\theta\theta}$$
となることを示せ．

4.4 平均値の定理と Taylor の定理

1 変数関数の場合と同様に，平均値の定理が成り立つ．

定理 4.8 (平均値の定理) $f = f(x,y)$ は点 (a,b) の近くで C^1 級とすると，
$$f(a+h, b+k) = f(a,b) + f_x(a+\theta h, b+\theta k)h + f_y(a+\theta h, b+\theta k)k$$
$$(0 < \theta < 1)$$
となる θ が存在する．

この定理は，次の Taylor の定理の $n = 1$ の場合である．証明には，1 変数関数の Taylor の定理を用いる．

定理 4.9 (Taylor の定理) $f = f(x,y)$ は点 (a,b) の近くで C^n 級とすると，
$$(*) \quad \begin{aligned} f(a+h, b+k) &= \sum_{j=0}^{n-1} \frac{1}{j!} \left(h\frac{\partial}{\partial x} + k\frac{\partial}{\partial y} \right)^j f(a,b) + R_n, \\ R_n &= \frac{1}{n!} \left(h\frac{\partial}{\partial x} + k\frac{\partial}{\partial y} \right)^n f(a+\theta h, b+\theta k) \quad (0 < \theta < 1) \end{aligned}$$
となる θ が存在する．ここで，
$$\left(h\frac{\partial}{\partial x} + k\frac{\partial}{\partial y} \right)^j f = \sum_{i=0}^{j} {}_jC_i h^{j-i} k^i \frac{\partial^j f}{\partial x^{j-i} \partial y^i}, \quad {}_jC_i \text{ は二項係数}$$
である．例えば，
$$\left(h\frac{\partial}{\partial x} + k\frac{\partial}{\partial y} \right) f = h\frac{\partial f}{\partial x} + k\frac{\partial f}{\partial y},$$
$$\left(h\frac{\partial}{\partial x} + k\frac{\partial}{\partial y} \right)^2 f = h^2 \frac{\partial^2 f}{\partial x^2} + 2hk \frac{\partial^2 f}{\partial x \partial y} + k^2 \frac{\partial^2 f}{\partial y^2}$$
である．

証明. $F(t) = f(a+th, b+tk)$ とおくと，F は t の関数として，$t=0$ の近くで C^n 級となる．$F(t)$ に 1 変数関数の Taylor の定理 (定理 2.15) を適用すると，

$$F(1) = \sum_{j=0}^{n-1} \frac{1}{j!} F^{(j)}(0) + \frac{1}{n!} F^{(n)}(\theta)$$

となる $\theta \in (0,1)$ の存在が分かる．定理 4.5 を用いて，

$$F^{(j)}(t) = \left(h\frac{\partial}{\partial x} + k\frac{\partial}{\partial y} \right)^j f(a+th, b+tk)$$

であることが分かる．これを上の式に代入し，f を用いて記せばよい． □

注意 4.9 Taylor の定理の R_n を**剰余項**という．R_n に含まれる θ の値は，関数 f によって決まるが，a, b, h, k にも依存し，簡単な関数でなければ，一般に求める事は難しい．

Taylor の定理において，$(h, k) = (x, y)$, $(a, b) = (0, 0)$ とおくことにより，以下の定理が得られる．

定理 4.10 (Maclaurin の定理) $f = f(x, y)$ は点 (a, b) の近くで C^n 級とすると，

(†)
$$f(x, y) = \sum_{j=0}^{n-1} \frac{1}{j!} \left(x\frac{\partial}{\partial x} + y\frac{\partial}{\partial y} \right)^j f(0, 0) + R_n,$$
$$R_n = \frac{1}{n!} \left(x\frac{\partial}{\partial x} + y\frac{\partial}{\partial y} \right)^n f(\theta x, \theta y) \quad (0 < \theta < 1)$$

となる θ が存在する．

注意 4.10 Taylor の定理の式 (∗) を，関数 f の **Taylor 展開**という．また，Maclaurin の定理の式 (†) を，**Maclaurin 展開**ともいう．

問 4.5 定理 4.8 が，定理 4.9 の $n=1$ の場合であることを確かめよ．

例 4.16 $f(x, y) = e^x \log(1+y)$ を 2 次の項まで Maclaurin 展開する．

$$f_x = e^x \log(1+y), \quad f_y = \frac{e^x}{1+y},$$

$$f_{xx} = e^x \log(1+y), \quad f_{xy} = f_{yx} = \frac{e^x}{1+y}, \quad f_{yy} = -\frac{e^x}{(1+y)^2},$$

4.5 微分の応用

であるので，

$$\begin{aligned}f(x,y) &= f(0,0) + f_x(0,0)x + f_y(0,0)y \\ &\quad + \frac{1}{2}\left(f_{xx}(0,0)x^2 + 2f_{xy}(0,0)xy + f_{yy}(0,0)y^2\right) + R_3 \\ &= y + xy - \frac{y^2}{2} + R_3\end{aligned}$$

が得られる。

問 4.6 次の関数を 2 次の項まで Maclaurin 展開せよ（すなわち，$f(x,y) = a_{00} + a_{10}x + a_{01}y + a_{20}x^2 + a_{11}xy + a_{02}y^2 + R_3$ （a_{ij} は定数）の形）。ただし，R_3 の形は求めなくてよい。
(1) $f(x,y) = \log(x+y+1)$, 　　　(2) $f(x,y) = e^x \sin y$.

4.5 微分の応用

4.5.1 極値の判定

微分可能な一変数関数 $y = f(x)$ において，$x = a$ で極値を取るための必要条件は $f'(a) = 0$ である。さらに f が C^2 級のとき $x = a$ で極値を取るための十分条件は $f''(a) \neq 0$ である。二変数関数 $z = f(x,y)$ においても，1 階微分および 2 階微分を用いて極値を判定することができる。

定義 4.15 関数 f が次を満たすとき，点 (a,b) で**極小値**をとるという。$B_r(a,b) = \{(x,y) \mid (x-a)^2 + (y-b)^2 < r^2\}$ とおく。十分 r が小さいとき，$B_r(a,b) \subset \mathcal{D}(f)$ であり，$(x,y) \in B_r(a,b)$ であれば常に $f(x,y) \geqq f(a,b)$ が成り立つ。

上の文章で，$f(x,y) \geqq f(a,b)$ を $f(x,y) \leqq f(a,b)$ に置き換えたものが成り立つとき，f は点 (a,b) で**極大値**をとるという。極小値と極大値を合わせて**極値**という。

上の不等式の不等号（$\geqq, \leqq$）を等号のない不等号（$>, <$）に置き換えたものが成り立つとき**狭義の極値**という。

定理 4.11 f は，点 (a,b) で偏微分可能で，その点で極値をとるとすると，
$$f_x(a,b) = f_y(a,b) = 0$$
を満たす。

証明. $f(x,b)$ は x の 1 変数関数として $x=a$ で微分可能で，そこで極値をとる．よって，定理 2.18 により，
$$\left.\frac{d}{dx}f(x,b)\right|_{x=a}=0$$
となる．これは，$f_x(a,b)=0$ を意味する．同様に，$f(a,y)$ を考えると，$f_y(a,b)=0$ が得られる． □

定義 4.16 $f_x(a,b)=f_y(a,b)=0$ となる点 (a,b) を f の**停留点**という．

停留点は，f の極値になり得る候補点を与える．ただし，次の例のように，停留点であっても極値にならない場合がある．

例 4.17 $f(x,y)=x^2-y^2$ を考える．$f_x=2x$, $f_y=-2y$ であるので，$f_x(0,0)=f_y(0,0)=0$ である．したがって，原点 $(0,0)$ は停留点である．この関数は，y の値を 0 に固定して，$f(x,0)=x^2$ を考えると，$x=0$ で狭義の極小になる．同様に，$f(0,y)=-y^2$ は $y=0$ で狭義の極大になる．ゆえに，$f(0,0)$ は極大値でも極小値でもない．

定義 4.17 上の例のように，狭義の極大になる方向と狭義の極小になる方向を持つ停留点を**鞍点**という．

関数が，その停留点において，鞍点となる十分条件，または，極値となる十分条件として，次のものがある．

定理 4.12 $f=f(x,y)$ は点 (a,b) の近くで C^2 級で，
$$f_x(a,b)=f_y(a,b)=0$$
とする．
$$\Delta=\{f_{xy}(a,b)\}^2-f_{xx}(a,b)f_{yy}(a,b)$$
とおく．

1. $\Delta>0$ のとき，$f(a,b)$ は鞍点であり，極値ではない．
2. $\Delta<0$ のとき ($f_{xx}(a,b)f_{yy}(a,b)>0$ に注意せよ．)，
    (a) $f_{xx}(a,b)>0$ (または $f_{yy}(a,b)>0$) であれば，$f(a,b)$ は極小値である．

4.5 微分の応用

(b) $f_{xx}(a,b) < 0$ (または $f_{yy}(a,b) < 0$) であれば, $f(a,b)$ は極大値である。

3. $\Delta = 0$ のとき, 上の情報だけでは判定できない。

図 4.1 は, 2 変数関数における極値と鞍点のようすを示している。

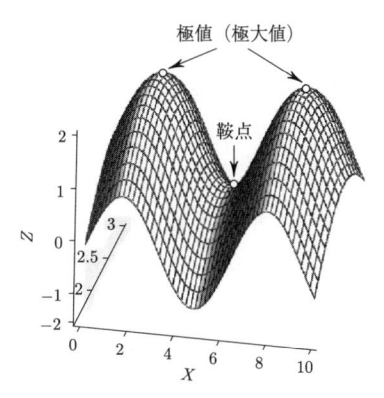

図 4.1 2 変数関数における極値と鞍点の例

証明. Taylor の定理 (定理 4.9) より,

$$f(a+h,b+k) - f(a,b) = \underbrace{hf_x(a,b)}_{=0} + \underbrace{kf_y(a,b)}_{=0} \\ + \frac{1}{2}\left(A(h,k)h^2 + 2B(h,k)hk + C(h,k)k^2\right) \quad (4.4)$$

となる。ただし,

$$A(h,k) = f_{xx}(a+\theta h, b+\theta k),$$
$$B(h,k) = f_{xy}(a+\theta h, b+\theta k),$$
$$C(h,k) = f_{yy}(a+\theta h, b+\theta k)$$

と置いた。$(h,k) \to (0,0)$ のとき,

$$A(h,k) \to A(0,0) = f_{xx}(a,b),$$
$$B(h,k) \to B(0,0) = f_{xy}(a,b),$$
$$C(h,k) \to C(0,0) = f_{yy}(a,b)$$

となる。よって, (h,k) が十分 $(0,0)$ に近いときの (4.4) の左辺の符号は,

$$Q(h,k) = A(0,0)h^2 + 2B(0,0)hk + C(0,0)k^2$$

の符号で決まる．以下，$A(0,0) = A_0$ 等と書く．$(h,k) \neq (0,0)$ のとき，$h^2 + k^2 \neq 0$ である．$k \neq 0$ とする．$Q(h,k)$ を $k^2(>0)$ で割れば，

$$\frac{Q(h,k)}{k^2} = A_0\left(\frac{h}{k}\right)^2 + 2B_0\frac{h}{k} + C_0 = A_0 X^2 + 2B_0 X + C_0$$

の符号と同じであることも分かる．ただし，$\frac{h}{k} = X$ と置いた．$f(a,b)$ が極値であるためには X の 2 次式 $A_0 X^2 + 2B_0 X + C_0 = 0$ が実数解を持たないことである．つまり，この 2 次式の判別式

$$\Delta = B_0^2 - A_0 C_0$$

に対して，$\Delta < 0$ であれば，$Q(h,k)$ は定符号であり，$A_0 > 0$ であれば X によらず正，$A_0 < 0$ であれば X によらず負であり，それぞれ $f(a,b)$ は極小値，極大値となる．一方，$\Delta > 0$ であれば $Q(h,k)$ は定符号ではなく，$f(a,b)$ は鞍点であり，極値でない．$k = 0$ のときは，$h \neq 0$ である．そのときは，$\frac{Q(h,k)}{h^2}$ を $\frac{k}{h}$ の 2 次式と考えると同じ結論を得る．したがって，

$\Delta > 0$ であれば $f(a,b)$ は鞍点であり，極値ではない．
$\Delta < 0$ であれば $f(a,b)$ は極値である．

さらに，$\Delta < 0$ のとき，

$Q(h,k) > 0$ であれば $f(a,b)$ は極小値，
$Q(h,k) < 0$ であれば $f(a,b)$ は極大値

もわかる．また，$\Delta < 0$ のとき，

$Q(h,k) > 0 \iff A_0 > 0$ （または $C_0 > 0$），
$Q(h,k) < 0 \iff A_0 < 0$ （または $C_0 < 0$）

である．
　$\Delta = 0$ のときは，具体例を示して判定できないことを示す．
　図 4.2 は，2 変数関数における極値と鞍点のようすを示している．いずれの関数も $(0,0)$ が停留点で $\Delta = 0$ であるが，(a) 極値 (極小値)，(b) 鞍点，あるいは，(c) いずれでもない．したがって，$\Delta = 0$ のとき判定できないことがわかり，定理が証明された． □

4.5 微分の応用

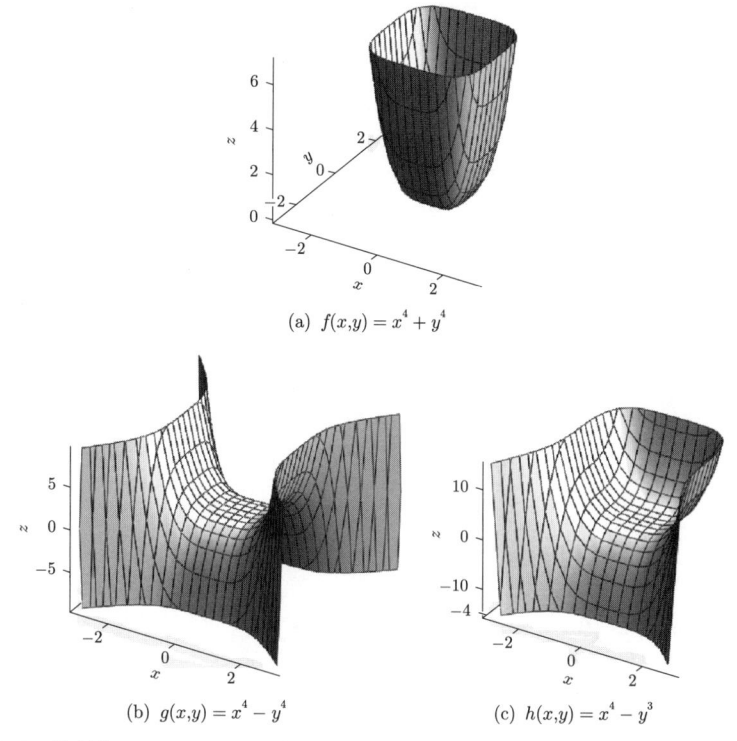

(a) $f(x,y) = x^4 + y^4$

(b) $g(x,y) = x^4 - y^4$

(c) $h(x,y) = x^4 - y^3$

図 4.2 停留点 $(0,0)$ で $\Delta = 0$ となる関数の例。(a) 極値 (極小値), (b) 鞍点, (c) 極値でも鞍点でもない。

例 4.18 $f(x,y) = x^3 - 9xy + y^3$ の極値を求める。

$$f_x(x,y) = 3x^2 - 9y, \quad f_y(x,y) = -9x + 3y^2,$$

$$f_{xx}(x,y) = 6x, \quad f_{xy}(x,y) = -9, \quad f_{yy}(x,y) = 6y$$

である。$f(x,y)$ が点 (a,b) で極値を持つとすると

$$f_x = 3a^2 - 9b = 0, \quad f_y = -9a + 3b^2 = 0$$

となる。この 2 式を連立して解くと $(a,b) = (0,0), (3,3)$ が停留点 (極値の候補点) である。これらの点において, 極値を持つかどうか調べると,

(a,b)	f_{xx}	f_{yy}	f_{xy}	Δ	f	判定
$(0,0)$	0	0	-9	81	0	鞍点 $(\Delta > 0)$
$(3,3)$	18	18	-9	-243	-27	極小値 $(\Delta < 0,\ f_{xx} > 0)$

となる。よって，$f(x,y)$ は $(x,y) = (3,3)$ のとき，極小値 -27 をとる。

例 4.19 $f(x,y) = xy(x^2 + y^2 - 1)$ の極値を求める。

$$f_x(x,y) = y(3x^2 + y^2 - 1), \quad f_y(x,y) = x(x^2 + 3y^2 - 1),$$
$$f_{xx}(x,y) = f_{yy}(x,y) = 6xy, \quad f_{xy}(x,y) = 3x^2 + 3y^2 - 1$$

となる。$f(x,y)$ が点 (a,b) で極値を持つとすると

$$f_x(a,b) = b(3a^2 + b^2 - 1) = 0,$$
$$f_y(a,b) = a(a^2 + 3b^2 - 1) = 0$$

である。この 2 式を連立して解くと

$$(a,b) = (0,0),\ (0,\pm 1),\ (\pm 1, 0),\ \left(\pm\frac{1}{2}, \pm\frac{1}{2}\right),\ \left(\pm\frac{1}{2}, \mp\frac{1}{2}\right)$$

が停留点 (極値の候補点) である。これらの点において，極値を持つかどうか調べると表のようになる。

(a,b)	f_{xx}	f_{yy}	f_{xy}	Δ	f	判定
$(0,0)$	0	0	-1	1	0	鞍点 $(\Delta > 0)$
$(0, \pm 1)$	0	0	2	4	0	鞍点 $(\Delta > 0)$
$(\pm 1, 0)$	0	0	2	4	0	鞍点 $(\Delta > 0)$
$(\pm\frac{1}{2}, \pm\frac{1}{2})$	$\frac{3}{2}$	$\frac{3}{2}$	$\frac{1}{2}$	-2	$-\frac{1}{8}$	極小値 $(\Delta < 0,\ f_{xx} > 0)$
$(\pm\frac{1}{2}, \mp\frac{1}{2})$	$-\frac{3}{2}$	$-\frac{3}{2}$	$\frac{1}{2}$	-2	$\frac{1}{8}$	極大値 $(\Delta < 0,\ f_{xx} < 0)$

となる。よって，$f(x,y)$ は $(x,y) = (\pm\frac{1}{2}, \pm\frac{1}{2})$ のとき極小値 $-\frac{1}{8}$，$(x,y) = (\pm\frac{1}{2}, \mp\frac{1}{2})$ のとき極大値 $\frac{1}{8}$ をとる。

問 4.7 次の関数の極値をすべて求めよ。

(1) $f(x,y) = x^2 + y^2 + xy - x + y,$ (2) $f(x,y) = x^3 + y^3 - 3xy,$

(3) $f(x,y) = xy - 2\left(\dfrac{1}{x} + \dfrac{1}{y}\right),$

(4) $f(x,y) = \sin x + \sin y - \sin(x+y) \quad (0 \leqq x, y \leqq \pi).$

4.5.2 陰関数

曲面 $z = g(x,y) = x^2 + y^2$ と平面 $z = 4$ の交線を xy 平面上に図示すると中心 $(0,0)$, 半径 2 の円（曲線）となる。この曲線 (交線) の方程式は

$$f(x,y) \equiv g(x,y) - 4 = x^2 + y^2 - 4 = 0$$

で表される。図 4.3 は，これらの曲面，平面および曲線 (交線) の関係を示している。一方，この方程式は y を x の関数として

$$y = \varphi(x) = \pm\sqrt{4 - x^2}$$

とも表すこともできる。

一般に，関数 $y = \varphi(x)$ が

$$f(x, \varphi(x)) = 0 \tag{4.5}$$

を満たすとき，$y = \varphi(x)$ を方程式

$$f(x, y) = 0 \tag{4.6}$$

の**陰関数**という。陰関数の導関数は，$y = \varphi(x)$ から求めることができるが，下記のように $f(x,y)$ の偏導関数から求めることもできる。

定理 4.13 $f = f(x,y)$ は点 (a,b) の近くで C^1 級で，

$$f(a,b) = 0, \quad f_y(a,b) \neq 0$$

とする。点 (a,b) の近くで $f(x,y) = 0$ の $f(x, \varphi(x)) \equiv 0, \varphi(a) = b$ を満たす

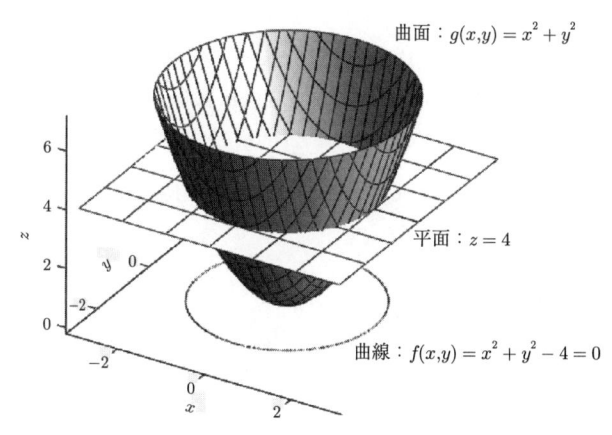

図 4.3 曲面，平面とその交線の関係

陰関数 $y = \varphi(x)$ が存在する。φ は微分可能で
$$\varphi'(x) = -\frac{f_x(x, \varphi(x))}{f_y(x, \varphi(x))}$$
が成り立つ。すなわち，
$$f(x,y) = 0, \quad f_y(x,y) \neq 0 \quad \text{であれば} \quad \frac{dy}{dx} = -\frac{f_x(x,y)}{f_y(x,y)} \quad (4.7)$$
となる。

証明. 陰関数の存在とその微分可能性については，証明を割愛する。方程式 $f(x, \varphi(x)) = 0$ の両辺を微分すれば
$$f_x(x,y) + f_y(x,y)\varphi'(x) = 0$$
となる。したがって，$f_y(x,y) \neq 0$ の時
$$\varphi'(x) = -\frac{f_x(x, \varphi(x))}{f_y(x, \varphi(x))}$$
が成り立つ。 □

方程式 $f(x,y) = 0$ の陰関数 $y = \varphi(x)$ の点 (a,b) における接線の方程式は，上記の定理より
$$y - b = -\frac{f_x(a,b)}{f_y(a,b)}(x - a)$$
となる。これを変形して，陰関数の接線の方程式
$$f_x(a,b)(x-a) + f_y(a,b)(y-b) = 0 \quad (4.8)$$
が得られる。曲面 $z = f(x,y)$ と平面 $z = 0$ との交線が陰関数 $y = \varphi(x)$ が与える曲線となること，曲面 $z = f(x,y)$ の点 $(a,b,0)$ における接平面が
$$f_x(a,b)(x-a) + f_y(a,b)(y-b) = z$$
で与えられ，この接平面と平面 $z = 0$ との交線が陰関数の接線の方程式で与えられることに注意せよ。

例 4.20 方程式
$$x^2 + 2xy + 2y^2 = 1$$
の陰関数 $y = \varphi(x)$ の極値を求める。
$$f(x,y) = x^2 + 2xy + 2y^2 - 1$$

4.5 微分の応用　　　　　　　　　　　　　　　　　　　　　　　　　　145

とおく。x, y における偏導関数は，

$$f_x(x,y) = 2x + 2y, \quad f_y(x,y) = 2x + 4y$$

となる。点 (a,b) で極値を持つと仮定すると，

$$f(a,b) = 0, \quad f_x(a,b) = 0$$

となる。この 2 式を連立して $(a,b) = (1,-1), (-1,1)$ が得られる。このとき，$f_y(1,-1) = 2 - 4 = -2 \neq 0, f_y(-1,1) = -2 + 4 = 2 \neq 0$ となるから，この 2 点が極値の候補点である。$f(x, \varphi(x)) \equiv 0$ を x について微分すると

$$2x + 2\varphi + 2x\varphi' + 4\varphi\varphi' = 0, \quad 2 + 2\varphi' + 2\varphi' + 2x\varphi'' + 4\varphi'\varphi' + 4\varphi\varphi'' = 0$$

となる。これを整理して

$$\varphi' = -\frac{x + \varphi(x)}{x + 2\varphi(x)}, \quad \varphi'' = -\frac{1 + 2\varphi'(x) + 2\varphi'(x)^2}{x + 2\varphi(x)}$$

が得られる。$x = a$ では，$\varphi'(a) = 0$ であるので，

$$\varphi''(a) = -\frac{1}{a + 2b}$$

となる。したがって，
$(a,b) = (1,-1)$ のとき $\varphi''(a) = 1 > 0$ となり，極小値 $\varphi(a) = -1$ を与える。
$(a,b) = (-1,1)$ のとき $\varphi''(a) = -1 < 0$ となり，極大値 $\varphi(a) = 1$ を与える。

問 4.8 つぎの方程式の陰関数 $y = \varphi(x)$ の導関数 φ', φ'' を求めよ。

(1) $x^2 + 2xy + y^2 = 4$, (2) $x^3 - 3xy + y^3 = 0$.

問 4.9 つぎの方程式で定義される曲線上の点 (a,b) における接線の方程式を求めよ。

(1) $x^2 + \dfrac{y^2}{4} = 1$, (2) $(x^2 + y^2)^2 = 8(x^2 - y^2)$.

4.5.3 条件付き極値問題

変数 x と y が方程式 $g(x,y) = 0$ の陰関数 $y = \varphi(x)$ で与えられる曲線上を移動するとき，曲面 $z = f(x,y)$ 上での極値を考える。このような問題を**条件**

付き極値問題といい，**Lagrange** (ラグランジュ) の未定乗数法を用いて解くことができる．

定理 4.14 関数 $f(x,y), g(x,y)$ はともに C^1 級であるとする．$g(x,y) = 0$ の条件の下で，$f(x,y)$ が点 (a,b) において条件付き極値をもつとする．Lagrange の未定乗数 λ(変数) を導入して

$$F(x,y,\lambda) \equiv f(x,y) - \lambda g(x,y)$$

とする．$g_x(a,b) \neq 0$ かつ $g_y(a,b) \neq 0$ であれば

$$F_x(a,b,\lambda_1) = F_y(a,b,\lambda_1) = F_\lambda(a,b,\lambda_1) = 0 \tag{4.9}$$

を満たす実数 $\lambda = \lambda_1$ が存在する．

証明．

$$\begin{aligned}
F_x(a,b,\lambda_1) &= f_x(a,b) - \lambda_1 g_x(a,b) = 0, \\
F_y(a,b,\lambda_1) &= f_y(a,b) - \lambda_1 g_y(a,b) = 0, \\
F_\lambda(a,b,\lambda_1) &= -g(a,b) = 0
\end{aligned}$$

を満たす実数 $\lambda = \lambda_1$ が存在することを証明する．

曲線 $g(x,y) = 0$ は，点 (a,b) を通るから $g(a,b) = 0$ である．$g(a,b) = 0$，$g_y(a,b) \neq 0$ であるので，方程式 $g(x,y) = 0$ の陰関数 $y = \varphi(x)$ において，$b = \varphi(a)$ が成り立ち，微分係数は

$$\varphi'(a) = \left.\frac{dy}{dx}\right|_{x=a} = -\left.\frac{g_x(x,y)}{g_y(x,y)}\right|_{x=a,y=b} = -\frac{g_x(a,b)}{g_y(a,b)}$$

で与えられる．方程式 $g(x,y) = 0$ の陰関数 $y = \varphi(x)$ を用いると，x の関数 $f(x, \varphi(x))$ は $x = a$ で極値をもつ．極値をもつ必要条件から

$$\begin{aligned}
\left.\frac{d}{dx}f(x,\varphi(x))\right|_{x=a} &= f_x(a,b) + f_y(a,b)\varphi'(a) \\
&= f_x(a,b) + f_y(a,b)\left(-\frac{g_x(a,b)}{g_y(a,b)}\right) = 0
\end{aligned}$$

である．これを変形して，

$$f_x(a,b)g_y(a,b) - f_y(a,b)g_x(a,b) = 0 \tag{4.10}$$

を得る．これは，$g(x,y) = 0$ の条件の下で，$f(x,y)$ 上の点 (a,b) が停留点であるための必要条件である．以上より，

4.5 微分の応用

$$\frac{f_x(a,b)}{g_x(a,b)} = \frac{f_y(a,b)}{g_y(a,b)} = \lambda_1 \qquad (4.11)$$

と置けば，$F(x,y,\lambda_1) = f(x,y) - \lambda_1 g(x,y)$ として点 (a,b) において

$$\begin{aligned} F_x(a,b,\lambda_1) &= f_x(a,b) - \lambda_1 g_x(a,b) = 0, \\ F_y(a,b,\lambda_1) &= f_y(a,b) - \lambda_1 g_y(a,b) = 0, \\ F_\lambda(a,b,\lambda_1) &= -g(a,b) = 0 \end{aligned}$$

を満たす $\lambda = \lambda_1$ が存在する。 □

例 4.21 条件 $xy = 1$ のもとで

$$f(x,y) = x^2 + y^2$$

の極値を求める。

$F(x,y,\lambda) \equiv x^2 + y^2 - \lambda(xy-1)$ とすると

$$F_x = 2x - \lambda y, \quad F_y = 2y - \lambda x, \quad F_\lambda = -(xy-1)$$

である。$F_x(a,b) = 0, F_y(a,b) = 0, F_\lambda(a,b) = 0$ より

$$2a - \lambda_1 b = 0, \quad 2b - \lambda_1 a = 0, \quad ab - 1 = 0$$

を得る。第 3 式より $b = \frac{1}{a}$ であり，これを第 1 式および第 2 式に代入すると

$$\lambda_1 = 2a^2 = \frac{2}{a^2}$$

となる。よって，$(a,b,\lambda_1) = (\pm 1, \pm 1, 2)$ (複号同順) となる。したがって，極値の候補点は

$$(a,b) = (1,1), \quad (-1,-1)$$

の 2 点である。$x^2 + y^2 = k^2$ とすると，$xy = 1$ で $(\pm 1, \pm 1)$ に近づくほど円の半径が小さくなるので，

$$(1,1), (-1,-1) \text{ のとき極小値 } 2$$

をとる。

問 4.10 つぎの条件 $g(x,y) = 0$ のもとで関数 $f(x,y)$ の極値を求めよ。

(1) $g(x,y) = x + y - 2$, $f(x,y) = x^2 + y^2$,
(2) $g(x,y) = x^3 - 6xy + y^3$, $f(x,y) = x^2 + y^2$,
(3) $g(x,y) = x^2 + y^2 - 1$, $f(x,y) = x^2 + 2xy + y^2$,
(4) $g(x,y) = x^3 - 6xy + y^3$, $f(x,y) = x^3 + y^3$.

4.6 コメント

4.6.1 3変数関数への拡張

1変数関数の微分から2変数関数の偏微分への展開を学んできた。ここでは，さらに3変数関数へ拡張した場合の定理を列挙する。

3変数関数の Taylor の定理

定理 4.15 (Taylor) $f = f(x,y,z)$ は点 (a,b,c) の近くで C^n 級とすると，

$$f(a+h, b+k, c+l) = \sum_{j=0}^{n-1} \frac{1}{j!} \left(h\frac{\partial}{\partial x} + k\frac{\partial}{\partial y} + l\frac{\partial}{\partial z} \right)^j f(a,b,c)$$
$$+ \frac{1}{n!} \left(h\frac{\partial}{\partial x} + k\frac{\partial}{\partial y} + l\frac{\partial}{\partial x} \right)^n f(a+\theta h, b+\theta k, c+\theta l)$$

となる $\theta \in (0,1)$ が存在する。ここで，

$$\left(h\frac{\partial}{\partial x} + k\frac{\partial}{\partial y} + l\frac{\partial}{\partial z} \right)^j f = \sum_{j=i_1+i_2+i_3} \frac{j!}{i_1! i_2! i_3!} h^{j-i} k^i \frac{\partial^j f}{\partial x^{i_1} \partial y^{i_2} \partial z^{i_3}}$$

である。ただし，和は整数 i_1, i_2, i_3 が $i_1 + i_2 + i_3 = j$, $i_1, i_2, i_3 \geqq 0$ を満たす全ての組み合わせについてとる。例えば，

$$\left(h\frac{\partial}{\partial x} + k\frac{\partial}{\partial y} + l\frac{\partial}{\partial z} \right) f = h\frac{\partial f}{\partial x} + k\frac{\partial f}{\partial y} + l\frac{\partial f}{\partial z},$$

$$\left(h\frac{\partial}{\partial x} + k\frac{\partial}{\partial y} + l\frac{\partial}{\partial z} \right)^2 f$$
$$= h^2 \frac{\partial^2 f}{\partial x^2} + k^2 \frac{\partial^2 f}{\partial y^2} + l^2 \frac{\partial^2 f}{\partial z^2} + 2hk \frac{\partial^2 f}{\partial x \partial y} + 2kl \frac{\partial^2 f}{\partial y \partial z} + 2lh \frac{\partial^2 f}{\partial z \partial x}$$

である。

注意 4.11 m 変数の場合は，

4.6 コメント

$$\boldsymbol{a} = (a_1, a_2, \cdots, a_m), \quad \boldsymbol{h} = (h_1, h_2, \cdots, h_m)$$

とおくと,

$$f(\boldsymbol{a}+\boldsymbol{h}) = \sum_{j=0}^{n-1} \frac{1}{j!} \left(\sum_{i=1}^{n} h_i \frac{\partial}{\partial x_i} \right)^j f(\boldsymbol{a}) + \frac{1}{n!} \left(\sum_{i=1}^{n} h_i \frac{\partial}{\partial x_i} \right)^n f(\boldsymbol{a}+\theta\boldsymbol{h})$$

となる。ただし,

$$\left(\sum_{i=1}^{n} h_i \frac{\partial}{\partial x_i} \right)^j f = \sum_{\substack{i_1, \cdots, i_m \\ i_1 \geq 0, \cdots, i_m \geq 0 \\ i_1 + \cdots + i_m = j}} \frac{j!}{i_1! \cdots i_m!} h_1^{i_1} \cdots h_m^{i_m} \frac{\partial^j f}{\partial x_1^{i_1} \cdots \partial x_m^{i_m}}$$

である。

3 変数関数の極値

3 変数関数 $f(x,y,z)$ 上の点 $\mathrm{P}(a,b,c)$ が停留点であるための条件は, $f_x(a,b,c) = f_y(a,b,c) = f_z(a,b,c) = 0$ である。3 変数関数の Taylor の定理より,

$$f(a+h, b+k, c+l) - f(a,b,c) = \underbrace{hf_x(a,b,c)}_{=0} + \underbrace{kf_y(a,b,c)}_{=0} + \underbrace{lf_z(a,b,c)}_{=0}$$
$$+ \frac{1}{2} \{ f_{xx}(a,b,c)h^2 + f_{yy}(a,b,c)k^2 + f_{zz}(a,b,c)l^2 $$
$$+ 2f_{xy}(a,b,c)hk + 2f_{yz}(a,b,c)kl + 2f_{zx}(a,b,c)lh \} + R_3$$

となる。以上から, 上式が点 P の近くで定符号であれば極値を与える。つまり

$$A_1 = f_{xx}(a,b,c), \quad A_2 = f_{yy}(a,b,c), \quad A_3 = f_{zz}(a,b,c),$$
$$B_1 = f_{xy}(a,b,c), \quad B_2 = f_{yz}(a,b,c), \quad B_3 = f_{zx}(a,b,c)$$

を係数とする X, Y, Z の 2 次関数

$$F(X,Y,Z) = A_1 X^2 + A_2 Y^2 + A_3 Z^2 + 2B_1 XY + 2B_2 YZ + 2B_3 ZX$$

の符号に従って, 以下が成り立つ。

(1) $F(X,Y,Z) > 0$ $((X,Y,Z) \neq (0,0,0))$ であれば, f は P で極小である。
(2) $F(X,Y,Z) < 0$ $((X,Y,Z) \neq (0,0,0))$ であれば, f は P で極大である。

条件付き極値問題

定理 4.16 関数 $f(x,y,z), g(x,y,z)$ はともに C^1 級であるとする。$g(x,y,z) = 0$ の条件の下で, $f(x,y,z)$ が点 (a,b,c) において条件付き極値をもつとす

る。Lagrange の未定乗数 λ(変数) を導入して

$$F(x,y,z,\lambda) \equiv f(x,y,z) - \lambda g(x,y,z)$$

とする。$g_x(a,b,c) \neq 0$ かつ $g_y(a,b,c) \neq 0$ かつ $g_z(a,b,c) \neq 0$ であれば

$$F_x(a,b,c,\lambda_1) = F_y(a,b,c,\lambda_1) = F_z(a,b,c,\lambda_1) = F_\lambda(a,b,c,\lambda_1) = 0$$

を満たす実数 $\lambda = \lambda_1$ が存在する。

4.6.2 よく使われる座標系での多変数関数の微分

2 変数関数 $f(x,y)$ が全微分可能で，$x = x(u,v), y = y(u,v)$ が偏微分可能ならば，合成関数 $f(x,y) = f(x(u,v), y(u,v))$ の偏導関数は

$$\frac{\partial f}{\partial u} = \frac{\partial f}{\partial x}\frac{\partial x}{\partial u} + \frac{\partial f}{\partial y}\frac{\partial y}{\partial u}, \tag{4.12}$$

$$\frac{\partial f}{\partial v} = \frac{\partial f}{\partial x}\frac{\partial x}{\partial v} + \frac{\partial f}{\partial y}\frac{\partial y}{\partial v} \tag{4.13}$$

となる。この 2 式を行列形式で表すと

$$\begin{pmatrix} f_u \\ f_v \end{pmatrix} = \begin{pmatrix} x_u & y_u \\ x_v & y_v \end{pmatrix} \begin{pmatrix} f_x \\ f_y \end{pmatrix} \tag{4.14}$$

となるので，

$$\begin{pmatrix} f_x \\ f_y \end{pmatrix} = \begin{pmatrix} x_u & y_u \\ x_v & y_v \end{pmatrix}^{-1} \begin{pmatrix} f_u \\ f_v \end{pmatrix}$$

$$= \frac{1}{x_u y_v - x_v y_u} \begin{pmatrix} y_v & -y_u \\ -x_v & x_u \end{pmatrix} \begin{pmatrix} f_u \\ f_v \end{pmatrix} \tag{4.15}$$

となり，f_x, f_y を f_u, f_v を用いて表すことができる。

3 変数関数の合成関数の偏導関数についても同様である。$f(x,y,z)$ が全微分可能で，$x = x(u,v,w), y = y(u,v,w), z = z(u,v,w)$ が偏微分可能であれば，合成関数 $f(x,y,z) = f(x(u,v,w), y(u,v,w), z(u,v,w))$ の偏導関数は

$$\frac{\partial f}{\partial u} = \frac{\partial f}{\partial x}\frac{\partial x}{\partial u} + \frac{\partial f}{\partial y}\frac{\partial y}{\partial u} + \frac{\partial f}{\partial z}\frac{\partial z}{\partial u}, \tag{4.16}$$

$$\frac{\partial f}{\partial v} = \frac{\partial f}{\partial x}\frac{\partial x}{\partial v} + \frac{\partial f}{\partial y}\frac{\partial y}{\partial v} + \frac{\partial f}{\partial z}\frac{\partial z}{\partial v}, \tag{4.17}$$

4.6 コメント

$$\frac{\partial f}{\partial w} = \frac{\partial f}{\partial x}\frac{\partial x}{\partial w} + \frac{\partial f}{\partial y}\frac{\partial y}{\partial w} + \frac{\partial f}{\partial z}\frac{\partial z}{\partial w} \tag{4.18}$$

となる．これらの 3 式を行列形式で表すと

$$\begin{pmatrix} f_u \\ f_v \\ f_w \end{pmatrix} = \begin{pmatrix} x_u & y_u & z_u \\ x_v & y_v & z_v \\ x_w & y_w & z_w \end{pmatrix} \begin{pmatrix} f_x \\ f_y \\ f_z \end{pmatrix} \tag{4.19}$$

となるので，

$$\begin{pmatrix} f_x \\ f_y \\ f_z \end{pmatrix} = \begin{pmatrix} x_u & y_u & z_u \\ x_v & y_v & z_v \\ x_w & y_w & z_w \end{pmatrix}^{-1} \begin{pmatrix} f_u \\ f_v \\ f_w \end{pmatrix} \tag{4.20}$$

となり，f_x, f_y, f_z を f_u, f_v, f_w を用いて表すことができる．

円 筒 座 標

図 4.4 に示すように，xyz 空間上の点 $P(x, y, z)$ において，原点 O と対応する xy 平面上の点 $(x, y, 0)$ を通る直線を r 軸とする．原点 O から $(x, y, 0)$ までの距離を r，x 軸と r 軸のなす角度を θ，xy 平面から点 $P(x, y, z)$ までの距離を z として点 $P(r, \theta, z)$ と決定する座標系を**円筒座標**という．P 点の直交座標 (x, y, z) と円筒座標 (r, θ, z) の関係は，

$$x = r\cos\theta, \quad y = r\sin\theta, \quad z = z$$

となる．

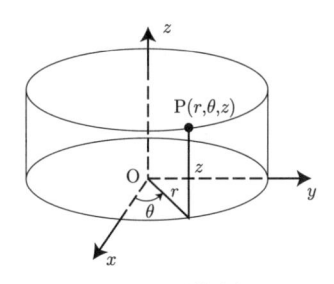

図 4.4 円筒座標

極座標

図 4.5 に示すように，xyz 空間上の点 $\mathrm{P}(x,y,z)$ において，原点 O と点 $\mathrm{P}(x,y,z)$ を通る直線を r 軸とする．原点 O から点 $\mathrm{P}(x,y,z)$ までの距離を r, z 軸と r 軸のなす角度を θ, x 軸と z 軸と r 軸が作る平面と xy 平面の交線のなす角度を φ として点 $\mathrm{P}(r,\theta,\varphi)$ と決定する座標系を**極座標**または**球座標**という．P 点の直交座標 (x,y,z) と極座標 (r,θ,φ) の関係は，

$$x = r\sin\theta\cos\varphi, \quad y = r\sin\theta\sin\varphi, \quad z = r\cos\theta$$

となる．

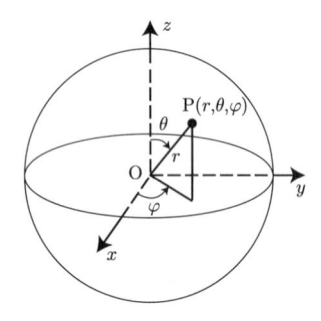

図 4.5 極座標

例 4.22 (2 変数，円筒座標)

C^1 級の 2 変数関数 $f(x,y)$ において，$x = r\cos\theta, y = r\sin\theta$ と座標変換する．このとき，

$$f_x^2 + f_y^2 = f_r^2 + \frac{f_\theta^2}{r^2}$$

となることを示そう．

$$x_r = \cos\theta, \quad x_\theta = -r\sin\theta, \quad y_r = \sin\theta, \quad y_\theta = r\cos\theta$$

であるから，

$$\begin{pmatrix} f_r \\ \frac{f_\theta}{r} \end{pmatrix} = \begin{pmatrix} \cos\theta & \sin\theta \\ -\sin\theta & \cos\theta \end{pmatrix} \begin{pmatrix} f_x \\ f_y \end{pmatrix} \qquad (4.21)$$

であるが，右辺に現れる行列は回転を表すので，ベクトルの長さを変えない．したがって，$f_x^2 + f_y^2 = f_r^2 + \frac{f_\theta^2}{r^2}$ が成り立つ．

4.6 コメント

一方, (4.21) を変形して,

$$\begin{pmatrix} f_x \\ f_y \end{pmatrix} = \begin{pmatrix} \cos\theta & -\sin\theta \\ \sin\theta & \cos\theta \end{pmatrix} \begin{pmatrix} f_r \\ \frac{f_\theta}{r} \end{pmatrix} \quad (4.22)$$

となる。すなわち,

$$f_x = \cos\theta \cdot f_r - \frac{\sin\theta}{r} \cdot f_\theta = \left(\cos\theta \cdot \frac{\partial}{\partial r} - \frac{\sin\theta}{r} \cdot \frac{\partial}{\partial \theta} \right) f,$$

$$f_y = \sin\theta \cdot f_r + \frac{\cos\theta}{r} \cdot f_\theta = \left(\sin\theta \cdot \frac{\partial}{\partial r} + \frac{\cos\theta}{r} \cdot \frac{\partial}{\partial \theta} \right) f$$

となり, ( ) 内は $\frac{\partial}{\partial x}, \frac{\partial}{\partial y}$ に対応する微分演算子となる。これらを用いると, f の x および y に関する 2 階の偏微分係数は

$$f_{xx} = \left(\cos\theta \cdot \frac{\partial}{\partial r} - \frac{\sin\theta}{r} \cdot \frac{\partial}{\partial \theta} \right)^2 f,$$

$$f_{yy} = \left(\sin\theta \cdot \frac{\partial}{\partial r} + \frac{\cos\theta}{r} \cdot \frac{\partial}{\partial \theta} \right)^2 f$$

となることがわかる。

例 4.23 3 変数, 極座標

C^2 級の 3 変数関数 $f(x,y,z)$ において, $x = r\sin\theta\cos\varphi$, $y = r\sin\theta\sin\varphi$, $z = r\cos\theta$ と座標変換する。このとき, $f_{r\theta}$ を $f_x, f_y, f_z, f_{xx}, f_{xy}, f_{xz}$ 等を用いて示そう。

$$\left.\begin{array}{lll} x_r = \sin\theta\cos\varphi, & x_\theta = r\cos\theta\cos\varphi, & x_\varphi = -r\sin\theta\sin\varphi, \\ y_r = \sin\theta\sin\varphi, & y_\theta = r\cos\theta\sin\varphi, & y_\varphi = r\sin\theta\cos\varphi, \\ z_r = \cos\theta, & z_\theta = -r\sin\theta, & z_\varphi = 0 \end{array}\right\} \quad (4.23)$$

である。さらに, r, θ による 2 階の偏微分は

$$x_{r\theta} = \cos\theta\cos\varphi, \quad y_{r\theta} = \cos\theta\sin\varphi, \quad z_{r\theta} = -\sin\theta$$

である。関数 f の r, θ, φ による偏微分は

$$\begin{pmatrix} f_r \\ f_\theta \\ f_\varphi \end{pmatrix} = \begin{pmatrix} x_r & y_r & z_r \\ x_\theta & y_\theta & z_\theta \\ x_\varphi & y_\varphi & z_\varphi \end{pmatrix} \begin{pmatrix} f_x \\ f_y \\ f_z \end{pmatrix} = \begin{pmatrix} x_r f_x + y_r f_y + z_r f_z \\ x_\theta f_x + y_\theta f_y + z_\theta f_z \\ x_\varphi f_x + y_\varphi f_y + z_\varphi f_z \end{pmatrix} \quad (4.24)$$

で与えられる。1 行目の両辺を θ で偏微分すると

$$f_{r\theta} = x_{r\theta}f_x + x_r f_{x\theta} + y_{r\theta}f_y + y_r f_{y\theta} + z_{r\theta}f_z + z_r f_{z\theta} = (*)$$

である。である。ここで (4.24) の 2 行目において $f \to f_x, f_y, f_z$ とすると

$$f_{x\theta} = x_\theta f_{xx} + y_\theta f_{xy} + z_\theta f_{xz},$$

$$f_{y\theta} = x_\theta f_{yx} + y_\theta f_{yy} + z_\theta f_{yz},$$

$$f_{z\theta} = x_\theta f_{zx} + y_\theta f_{zy} + z_\theta f_{zz}$$

となるので,

$$\begin{aligned}
(*) &= x_{r\theta}f_x + x_r(x_\theta f_{xx} + y_\theta f_{xy} + z_\theta f_{xz}) \\
&\quad + y_{r\theta}f_y + y_r(x_\theta f_{yx} + y_\theta f_{yy} + z_\theta f_{yz}) \\
&\quad + z_{r\theta}f_y + z_r(x_\theta f_{zx} + y_\theta f_{zy} + z_\theta f_{zz}) \\
&= \cos\theta\cos\varphi f_x \\
&\quad + \sin\theta\cos\varphi(r\cos\theta\cos\varphi f_{xx} + r\cos\theta\sin\varphi f_{xy} - r\sin\theta f_{xz}) \\
&\quad + \cos\theta\sin\varphi f_y \\
&\quad + \sin\theta\sin\varphi(r\cos\theta\cos\varphi f_{yx} + r\cos\theta\sin\varphi f_{yy} - r\sin\theta f_{yz}) \\
&\quad - \sin\theta f_y + \cos\theta(r\cos\theta\cos\varphi f_{zx} + r\cos\theta\sin\varphi f_{zy} - r\sin\theta f_{zz}) \\
&= \cos\theta\cos\varphi f_x \\
&\quad + r(\sin\theta\cos\theta\cos^2\varphi f_{xx} + \sin\theta\cos\theta\sin\varphi\cos\varphi f_{xy} - \sin^2\theta\cos\varphi f_{xz}) \\
&\quad + \cos\theta\sin\varphi f_y \\
&\quad + r(\sin\theta\cos\theta\sin\varphi\cos\varphi f_{yx} + \sin\theta\cos\theta\sin^2\varphi f_{yy} - \sin^2\theta\sin\varphi f_{yz}) \\
&\quad - \sin\theta f_y + r(\cos^2\theta\cos\varphi f_{zx} + \cos^2\theta\sin\varphi f_{zy} - \sin\theta\cos\theta f_{zz}) \\
&= \cos\theta\cos\varphi f_x + \cos\theta\sin\varphi f_y - \sin\theta f_y \\
&\quad + \frac{r}{2}\bigl(\sin 2\theta\cos^2\varphi f_{xx} + \sin 2\theta\sin^2\varphi f_{yy} - \sin 2\theta f_{zz} \\
&\quad\qquad + \sin 2\theta\sin 2\varphi f_{xy} + 2\cos 2\theta\sin\varphi f_{yz} + 2\cos 2\theta\cos\varphi f_{xz}\bigr)
\end{aligned}$$

$$\tag{4.25}$$

となる。以上により, $f_{r\theta}$ を $f_x, f_y, f_z, f_{xx}, f_{xy}, f_{xz}$ 等を用いて表せた。

4.6 コメント

例 4.24 3変数，極座標，Laplace の式の座標変換

C^2 級の 3 変数関数 $f(x,y,z)$ において，$x = r\sin\theta\cos\varphi$, $y = r\sin\theta\sin\varphi$, $z = r\cos\theta$ と座標変換する．このとき，$f_{xx} + f_{yy} + f_{zz}$ の極座標変換を示そう．

(4.23) を (4.24) に代入すると，

$$\begin{pmatrix} f_r \\ f_\theta \\ f_\varphi \end{pmatrix} = \begin{pmatrix} \sin\theta\cos\varphi & \sin\theta\sin\varphi & \cos\theta \\ r\cos\theta\cos\varphi & r\cos\theta\sin\varphi & -r\sin\theta \\ -r\sin\theta\sin\varphi & r\sin\theta\cos\varphi & 0 \end{pmatrix} \begin{pmatrix} f_x \\ f_y \\ f_z \end{pmatrix}$$

となる．逆行列を用いて

$$\begin{pmatrix} f_x \\ f_y \\ f_z \end{pmatrix} = \begin{pmatrix} \sin\theta\cos\varphi & \frac{\cos\theta\cos\varphi}{r} & -\frac{\sin\varphi}{r\sin\theta} \\ \sin\theta\sin\varphi & \frac{\cos\theta\sin\varphi}{r} & \frac{\cos\varphi}{r\sin\theta} \\ \cos\theta & -\frac{\sin\theta}{r} & 0 \end{pmatrix} \begin{pmatrix} f_r \\ f_\theta \\ f_\varphi \end{pmatrix}$$

が得られる．これらを用いて，f の x, y および z に関する 2 階の偏微分は

$$f_{xx} = \frac{\partial^2}{\partial x^2} f = \left(\sin\theta\cos\varphi \cdot \frac{\partial}{\partial r} + \frac{\cos\theta\cos\varphi}{r} \cdot \frac{\partial}{\partial \theta} - \frac{\sin\varphi}{r\sin\theta} \cdot \frac{\partial}{\partial \varphi}\right)^2 f,$$

$$f_{yy} = \frac{\partial^2}{\partial y^2} f = \left(\sin\theta\sin\varphi \cdot \frac{\partial}{\partial r} + \frac{\cos\theta\sin\varphi}{r} \cdot \frac{\partial}{\partial \theta} + \frac{\cos\varphi}{r\sin\theta} \cdot \frac{\partial}{\partial \varphi}\right)^2 f,$$

$$f_{zz} = \frac{\partial^2}{\partial z^2} f = \left(\cos\theta \cdot \frac{\partial}{\partial r} - \frac{\sin\theta}{r} \cdot \frac{\partial}{\partial \theta}\right)^2 f$$

で与えられる．微分演算子を展開すると

$$\begin{aligned}
\frac{\partial^2}{\partial x^2} &= \left(\sin\theta\cos\varphi \cdot \frac{\partial}{\partial r}\right)\left(\sin\theta\cos\varphi \cdot \frac{\partial}{\partial r}\right) \\
&\quad + \left(\sin\theta\cos\varphi \cdot \frac{\partial}{\partial r}\right)\left(\frac{\cos\theta\cos\varphi}{r} \cdot \frac{\partial}{\partial \theta}\right) \\
&\quad - \left(\sin\theta\cos\varphi \cdot \frac{\partial}{\partial r}\right)\left(\frac{\sin\varphi}{r\sin\theta} \cdot \frac{\partial}{\partial \varphi}\right) \\
&\quad + \left(\frac{\cos\theta\cos\varphi}{r} \cdot \frac{\partial}{\partial \theta}\right)\left(\sin\theta\cos\varphi \cdot \frac{\partial}{\partial r}\right) \\
&\quad + \left(\frac{\cos\theta\cos\varphi}{r} \cdot \frac{\partial}{\partial \theta}\right)\left(\frac{\cos\theta\cos\varphi}{r} \cdot \frac{\partial}{\partial \theta}\right) \\
&\quad - \left(\frac{\cos\theta\cos\varphi}{r} \cdot \frac{\partial}{\partial \theta}\right)\left(\frac{\sin\varphi}{r\sin\theta} \cdot \frac{\partial}{\partial \varphi}\right) \\
&\quad - \left(\frac{\sin\varphi}{r\sin\theta} \cdot \frac{\partial}{\partial \varphi}\right)\left(\sin\theta\cos\varphi \cdot \frac{\partial}{\partial r}\right)
\end{aligned}$$

$$
\begin{aligned}
&\quad -\left(\frac{\sin\varphi}{r\sin\theta}\cdot\frac{\partial}{\partial\varphi}\right)\left(\frac{\cos\theta\cos\varphi}{r}\cdot\frac{\partial}{\partial\theta}\right)\\
&\quad +\left(\frac{\sin\varphi}{r\sin\theta}\cdot\frac{\partial}{\partial\varphi}\right)\left(\frac{\sin\varphi}{r\sin\theta}\cdot\frac{\partial}{\partial\varphi}\right)\\
&=\sin^2\theta\cos^2\varphi\cdot\frac{\partial^2}{\partial r^2}+\sin\theta\cos\theta\cos^2\varphi\cdot\frac{\partial}{\partial r}\left(\frac{1}{r}\cdot\frac{\partial}{\partial\theta}\right)\\
&\quad -\sin\varphi\cos\varphi\cdot\frac{\partial}{\partial r}\left(\frac{1}{r}\cdot\frac{\partial}{\partial\varphi}\right)+\frac{\cos\theta\cos^2\varphi}{r}\cdot\frac{\partial}{\partial\theta}\left(\sin\theta\cdot\frac{\partial}{\partial r}\right)\\
&\quad +\frac{\cos\theta\cos^2\varphi}{r^2}\cdot\frac{\partial}{\partial\theta}\left(\cos\theta\cdot\frac{\partial}{\partial\theta}\right)-\frac{\cos\theta\sin\varphi\cos\varphi}{r^2}\cdot\frac{\partial}{\partial\theta}\left(\frac{1}{\sin\theta}\cdot\frac{\partial}{\partial\varphi}\right)\\
&\quad -\frac{\sin\varphi}{r}\cdot\frac{\partial}{\partial\varphi}\left(\cos\varphi\cdot\frac{\partial}{\partial r}\right)-\frac{\cos\theta\sin\varphi}{r^2\sin\theta}\cdot\frac{\partial}{\partial\varphi}\left(\cos\varphi\cdot\frac{\partial}{\partial\theta}\right)\\
&\quad +\frac{\sin\varphi}{r^2\sin^2\theta}\cdot\frac{\partial}{\partial\varphi}\left(\sin\varphi\cdot\frac{\partial}{\partial\varphi}\right),
\end{aligned}
$$

$$
\begin{aligned}
\frac{\partial^2}{\partial y^2}&=\left(\sin\theta\sin\varphi\cdot\frac{\partial}{\partial r}\right)\left(\sin\theta\sin\varphi\cdot\frac{\partial}{\partial r}\right)\\
&\quad +\left(\sin\theta\sin\varphi\cdot\frac{\partial}{\partial r}\right)\left(\frac{\cos\theta\sin\varphi}{r}\cdot\frac{\partial}{\partial\theta}\right)\\
&\quad +\left(\sin\theta\sin\varphi\cdot\frac{\partial}{\partial r}\right)\left(\frac{\cos\varphi}{r\sin\theta}\cdot\frac{\partial}{\partial\varphi}\right)\\
&\quad +\left(\frac{\cos\theta\sin\varphi}{r}\cdot\frac{\partial}{\partial\theta}\right)\left(\sin\theta\sin\varphi\cdot\frac{\partial}{\partial r}\right)\\
&\quad +\left(\frac{\cos\theta\sin\varphi}{r}\cdot\frac{\partial}{\partial\theta}\right)\left(\frac{\cos\theta\sin\varphi}{r}\cdot\frac{\partial}{\partial\theta}\right)\\
&\quad +\left(\frac{\cos\theta\sin\varphi}{r}\cdot\frac{\partial}{\partial\theta}\right)\left(\frac{\cos\varphi}{r\sin\theta}\cdot\frac{\partial}{\partial\varphi}\right)\\
&\quad +\left(\frac{\cos\varphi}{r\sin\theta}\cdot\frac{\partial}{\partial\varphi}\right)\left(\sin\theta\sin\varphi\cdot\frac{\partial}{\partial r}\right)\\
&\quad +\left(\frac{\cos\varphi}{r\sin\theta}\cdot\frac{\partial}{\partial\varphi}\right)\left(\frac{\cos\theta\sin\varphi}{r}\cdot\frac{\partial}{\partial\theta}\right)\\
&\quad +\left(\frac{\cos\varphi}{r\sin\theta}\cdot\frac{\partial}{\partial\varphi}\right)\left(\frac{\cos\varphi}{r\sin\theta}\cdot\frac{\partial}{\partial\varphi}\right)\\
&=\sin^2\theta\sin^2\varphi\cdot\frac{\partial^2}{\partial r^2}+\sin\theta\cos\theta\sin^2\varphi\cdot\frac{\partial}{\partial r}\left(\frac{1}{r}\cdot\frac{\partial}{\partial\theta}\right)\\
&\quad +\sin\varphi\cos\varphi\cdot\frac{\partial}{\partial r}\left(\frac{1}{r}\cdot\frac{\partial}{\partial\varphi}\right)+\frac{\cos\theta\sin^2\varphi}{r}\cdot\frac{\partial}{\partial\theta}\left(\sin\theta\cdot\frac{\partial}{\partial r}\right)\\
&\quad +\frac{\cos\theta\sin^2\varphi}{r^2}\cdot\frac{\partial}{\partial\theta}\left(\cos\theta\cdot\frac{\partial}{\partial\theta}\right)+\frac{\cos\theta\sin\varphi\cos\varphi}{r^2}\cdot\frac{\partial}{\partial\theta}\left(\frac{1}{\sin\theta}\cdot\frac{\partial}{\partial\varphi}\right)\\
&\quad +\frac{\cos\varphi}{r}\cdot\frac{\partial}{\partial\varphi}\left(\sin\varphi\cdot\frac{\partial}{\partial r}\right)+\frac{\cos\theta\cos\varphi}{r^2\sin\theta}\cdot\frac{\partial}{\partial\varphi}\left(\sin\varphi\cdot\frac{\partial}{\partial\theta}\right)\\
&\quad +\frac{\cos\varphi}{r^2\sin^2\theta}\cdot\frac{\partial}{\partial\varphi}\left(\cos\varphi\cdot\frac{\partial}{\partial\varphi}\right)
\end{aligned}
$$

4.6 コメント

$$\frac{\partial^2}{\partial z^2} = \left(\cos\theta \cdot \frac{\partial}{\partial r}\right)\left(\cos\theta \cdot \frac{\partial}{\partial r}\right) - \left(\cos\theta \cdot \frac{\partial}{\partial r}\right)\left(\frac{\sin\theta}{r} \cdot \frac{\partial}{\partial \theta}\right)$$
$$- \left(\frac{\sin\theta}{r} \cdot \frac{\partial}{\partial \theta}\right)\left(\cos\theta \cdot \frac{\partial}{\partial r}\right) + \left(\frac{\sin\theta}{r} \cdot \frac{\partial}{\partial \theta}\right)\left(\frac{\sin\theta}{r} \cdot \frac{\partial}{\partial \theta}\right)$$
$$= \cos^2\theta \cdot \frac{\partial^2}{\partial r^2} - \sin\theta\cos\theta \cdot \frac{\partial}{\partial r}\left(\frac{1}{r} \cdot \frac{\partial}{\partial \theta}\right)$$
$$- \frac{\sin\theta}{r} \cdot \frac{\partial}{\partial \theta}\left(\cos\theta \cdot \frac{\partial}{\partial r}\right) + \frac{\sin\theta}{r^2} \cdot \frac{\partial}{\partial \theta}\left(\sin\theta \cdot \frac{\partial}{\partial \theta}\right)$$

以上を加えて整理すると,

$$\frac{\partial^2}{\partial x^2} + \frac{\partial^2}{\partial y^2} + \frac{\partial^2}{\partial z^2}$$
$$= \sin^2\theta \cdot \frac{\partial^2}{\partial r^2} + \sin\theta\cos\theta \cdot \frac{\partial}{\partial r}\left(\frac{1}{r} \cdot \frac{\partial}{\partial \theta}\right)$$
$$+ \frac{\cos\theta}{r} \cdot \frac{\partial}{\partial \theta}\left(\sin\theta \cdot \frac{\partial}{\partial r}\right) + \frac{\cos\theta}{r^2} \cdot \frac{\partial}{\partial \theta}\left(\cos\theta \cdot \frac{\partial}{\partial \theta}\right)$$
$$+ \frac{1}{r} \cdot \frac{\partial}{\partial r} + \frac{\cos\theta}{r^2 \sin\theta} \cdot \frac{\partial}{\partial \theta} + \frac{1}{r^2 \sin^2\theta} \cdot \frac{\partial^2}{\partial \varphi^2}$$
$$+ \cos^2\theta \cdot \frac{\partial^2}{\partial r^2} - \sin\theta\cos\theta \cdot \frac{\partial}{\partial r}\left(\frac{1}{r} \cdot \frac{\partial}{\partial \theta}\right)$$
$$- \frac{\sin\theta}{r} \cdot \frac{\partial}{\partial \theta}\left(\cos\theta \cdot \frac{\partial}{\partial r}\right) + \frac{\sin\theta}{r^2} \cdot \frac{\partial}{\partial \theta}\left(\sin\theta \cdot \frac{\partial}{\partial \theta}\right)$$
$$= \frac{\partial^2}{\partial r^2} + \frac{2}{r} \cdot \frac{\partial}{\partial r} + \frac{1}{r^2} \cdot \frac{\partial^2}{\partial \theta^2} + \frac{\cos\theta}{r^2 \sin\theta} \cdot \frac{\partial}{\partial \theta} + \frac{1}{r^2 \sin^2\theta} \cdot \frac{\partial^2}{\partial \varphi^2}$$
$$= \frac{1}{r^2} \cdot \frac{\partial}{\partial r}\left(r^2 \cdot \frac{\partial}{\partial r}\right) + \frac{1}{r^2 \sin\theta} \cdot \frac{\partial}{\partial \theta}\left(\sin\theta \cdot \frac{\partial}{\partial \theta}\right) + \frac{1}{r^2 \sin^2\theta} \cdot \frac{\partial^2}{\partial \varphi^2}$$

となる. 以上より, $f_{xx} + f_{yy} + f_{zz}$ の極座標変換は

$$f_{xx} + f_{yy} + f_{zz}$$
$$= \left\{\frac{1}{r^2} \cdot \frac{\partial}{\partial r}\left(r^2 \cdot \frac{\partial}{\partial r}\right) + \frac{1}{r^2 \sin\theta} \cdot \frac{\partial}{\partial \theta}\left(\sin\theta \cdot \frac{\partial}{\partial \theta}\right) + \frac{1}{r^2 \sin^2\theta} \cdot \frac{\partial^2}{\partial \varphi^2}\right\} f$$

となる.

問 4.11 C^1 級の 3 変数関数 $f(x,y,z)$ において, $x = r\sin\theta\cos\varphi$, $y = r\sin\theta\sin\varphi$, $z = r\cos\theta$ と座標変換する. このとき,

$$f_x^2 + f_y^2 + f_z^2 = f_r^2 + \frac{1}{r^2}f_\theta^2 + \frac{1}{r^2\sin^2\theta}f_\varphi^2$$

を示せ.

章末問題 4

1 2 変数関数
$$f(x,y) = \begin{cases} \dfrac{x^2 y}{x^4 + y^2} & ((x,y) \neq (0,0)), \\ 0 & ((x,y) = (0,0)) \end{cases}$$
について，原点 $(0,0)$ における連続性・偏微分可能性・全微分可能性について調べよ．

2 C^2 級の関数 $f(x,y)$ と，$x = s+t$, $y = st$ の合成関数 $f(s+t, st)$ を $z(s,t)$ とおく．このとき，
$$z_{ss} - 2z_{st} + z_{tt} = (x^2 - 4y)f_{yy} - 2f_y$$
が成り立つことを示せ．

3 点 $(0,0)$ を除き微分可能な関数 $f(x,y)$ が，任意の $\lambda > 0$ に対して
$$f(\lambda x, \lambda y) = \lambda^\alpha f(x,y) \quad (\alpha \in \mathbb{R})$$
を満たすとき，α 次の同次関数という．このとき，
$$xf_x(x,y) + yf_y(x,y) = \alpha f(x,y) \quad ((x,y) \neq (0,0))$$
が成立することを示せ．

4 2 変数関数 $f(x,y) = \dfrac{e^x}{1-y}$ について以下の問に答えよ．

(1) f を原点のまわりで 2 次の項まで Maclaurin 展開せよ（剰余項が 3 次）．

(2) e^x, $\dfrac{1}{1-y}$ の 1 変数関数としての Maclaurin 展開を用いて，それらの積を作り，2 次の項まで (1) で求めた展開式と一致することを確かめよ．

5 2 変数関数 $f(x,y) = e^x \cos y$ について以下の問に答えよ．

(1) f を原点のまわりで 2 次の項まで Maclaurin 展開せよ（剰余項が 3 次）．

(2) e^x, $\cos y$ の 1 変数関数としての Maclaurin 展開を用いて，それらの積を作り，2 次の項まで (1) で求めた展開式と一致することを確かめよ．

6 2 変数関数 $f(x,y) = \sin(x+y)$ について以下の問に答えよ．

(1) f を原点のまわりで 3 次の項まで Maclaurin 展開せよ．

(2) $\sin t$, $\cos t$ の 1 変数関数としての Maclaurin 展開を用いて $\sin x \cos y + \cos x \sin y$ を計算し，3 次の項まで (1) で求めた展開式と一致することを確かめよ．

7 次の関数の極値を求めよ．

(1) $f(x,y) = e^x(x^2+y^2)$, (2) $f(x,y) = (x^2+y^2)e^{x-y}$.

8 $f(x,y) = (2x-x^2)(3y-y^2)$ の停留点を分類せよ．

9 $x^3y^3 - x + y = 0$ からは，どのような場合に陰関数 $y = f(x), x = g(y)$ が定まるか．またそれらが定まるとき，それらの導関数を求めよ．

10 次のそれぞれの式から $y = f(x)$ の形に定まる陰関数の極値をすべて求めよ．

(1) $x^2(x+1) - y^2 = 0$, (2) $x^2 + xy + y^3 + 9 = 0$.

11 $x^2 + y^2 + xy - 1 = 0$ の下で，$f(x,y) = x^2 + y^2$ の最大値・最小値を求めよ．

12 $\dfrac{x^2}{4} + y^2 = 1$ の下で，$f(x,y) = (x-2)^2 + y^2$ の最大値・最小値を求めよ．

13 3変数関数 $f(x,y,z) = x^{y^z}$ $(x > 0, y > 0)$ について，f_x, f_y, f_z を求めよ．

14 周の長さが $2a$ である三角形のなかで面積が最大となるものは，正三角形である事を示せ．（ヒント：三角形の三辺の長さを $x, y, 2a-x-y$ とおき，面積を x, y で表せ．面積（またはその平方）を (x,y) の関数として，停留点を分類せよ．）

15 楕円面
$$\frac{x^2}{a^2} + \frac{y^2}{b^2} + \frac{z^2}{c^2} = 1$$
の $x > 0, y > 0, z > 0$ の部分に接する接平面と平面 $x = 0, y = 0, z = 0$ とで囲まれる三角錐のうちで，体積が最小であるものを求めよ．

16 平面上の n 個の点 $P_i(x_i, y_i)$ $(i = 1, \cdots, n)$ に対して，距離の平方和 $\sum_{i=1}^{n} P_i Q^2$ が最小になるような点 Q を求めよ．
（ヒント：$f(x,y) = \sum_{i=1}^{n}\{(x-x_i)^2 + (y-y_i)^2\}$ の停留点を分類せよ．）

17 一辺の長さ L の立方体の箱の中に閉じこめられた自由電子の波動関数 $\psi = \psi(x,y,z)$ は，Schrödinger（シュレーディンガー）方程式
$$-\frac{\hbar^2}{2m}(\psi_{xx} + \psi_{yy} + \psi_{zz}) = E\psi$$
を満足する．$x = r\sin\theta\cos\varphi, y = r\sin\theta\sin\varphi, z = r\cos\theta$ として，Schrödinger 方程式の極座標形式を求めよ．

5
多変数関数の積分

この章も説明を簡易にするため，2変数の場合のみ述べるが(例や問題等を除く)，全て3変数以上の積分にも適用できる．

5.1 2重積分

D を $\mathbb{R}^2$ 内の有界領域とする．ここで，D の境界は滑らかでなくてもよい．D 上の有界関数 f の2重積分を次のように定義する．

まず，
$$D \subset R = [\alpha_1, \alpha_2] \times [\beta_1, \beta_2]$$
となる長方形をとる．

分割 $\Delta: \alpha_1 = x_0 < x_1 < \cdots < x_m = \alpha_2,\ \beta_1 = y_0 < y_1 < \cdots < y_n = \beta_2,$
$\delta(\Delta) = \max\{x_i - x_{i-1},\ y_j - y_{j-1}\ |\ i = 1, \cdots, m;\ j = 1, \cdots, n\},$
$R_{ij} = [x_{i-1}, x_i] \times [y_{j-1}, y_j],$
$|R_{ij}| = (x_i - x_{i-1})(y_j - y_{j-1})$

とおく．また，
$$F(x,y) = \begin{cases} f(x,y) & (x,y) \in D, \\ 0 & (x,y) \in R \setminus D \end{cases}$$

とおく．ただし，$R \setminus D$ は集合 R から集合 D を除いた集合を表す．

$(\xi_i, \eta_j) \in R_{ij}$ を選ぶ．**Riemann** 和 $R(\{(\xi_i, \eta_j)\}, \Delta, f)$ を

$$R(\{(\xi_i, \eta_j)\}, \Delta, f) = \sum_{i=1}^{m} \sum_{j=1}^{n} F(\xi_i, \eta_j)|R_{ij}|$$

5.1 2重積分

で定義する。ただし，$\{(\xi_i, \eta_j)\} = \{(\xi_i, \eta_j) \mid 1 \leqq i \leqq m, 1 \leqq j \leqq n\}$ である。

定義 5.1 $\delta(\Delta) \to 0$ のとき，$\{(\xi_i, \eta_j)\}$ の選び方によらない数 I が存在して，
$$\lim_{\delta(\Delta) \to 0} R(\{(\xi_i, \eta_j)\}, \Delta, f) = I$$
となるとき，f は (**Riemann** の意味) で D 上積分可能という。

定義 5.2 f が D 上積分可能であるとき，上の定義の I を
$$\iint_D f(x, y)\,dxdy$$
と書き，f の D 上の **2重積分**という。

積分の線形性・単調性・加法性・平均値の定理は 2 変数関数の場合でも成立する。

定理 5.1 f, g は D 上で積分可能な関数とする。このとき，次が成り立つ。

(1) k, l を定数とすると，$kf + lg$ も D 上積分可能で，
$$\iint_D (kf(x,y) + lg(x,y))\,dxdy$$
$$= k \iint_D f(x,y)\,dxdy + l \iint_D g(x,y)\,dxdy$$
が成り立つ (**積分の線形性**)。

(2) すべての $(x, y) \in D$ に対し，$f(x, y) \geqq g(x, y)$ であるとき，
$$\iint_D f(x,y)\,dxdy \geqq \iint_D g(x,y)\,dxdy$$
が成り立つ (**積分の単調性**)。

(3) D が $D = D_1 \cup D_2,\ D_1 \cap D_2 = \emptyset$ と分けられるとき，
$$\iint_D f(x,y)\,dxdy = \iint_{D_1} f(x,y)\,dxdy + \iint_{D_2} f(x,y)\,dxdy$$
が成り立つ (**積分の加法性**)。

(4) f が D 上で連続であるとき，
$$\iint_D f(x,y)\,dxdy = f(\xi, \eta) \iint_D dxdy$$

を満たす $(\xi, \eta) \in D$ が存在する (**積分学の平均値の定理**)。

5.2 累次積分

重積分を実際にはどのように計算すればよいのかを考える。初めは簡単のため，長方形 $R = [\alpha_1, \alpha_2] \times [\beta_1, \beta_2]$ 上の2重積分から考える。

定理 5.2 $f = f(x, y)$ は R 上有界かつ積分可能とする。また $y \in [\beta_1, \beta_2]$ を固定したとき，x の関数として $[\alpha_1, \alpha_2]$ 上積分可能とする。このとき，$\int_{\alpha_1}^{\alpha_2} f(x, y)\,dx$ は y について $[\beta_1, \beta_2]$ 上積分可能で，

$$\iint_R f(x, y)\,dxdy = \int_{\beta_1}^{\beta_2} \left(\int_{\alpha_1}^{\alpha_2} f(x, y)\,dx \right) dy$$

が成立する。

証明． 本書に書かれた知識でこの定理を証明する事は困難である。そこで，ここでは，f に連続性を仮定して証明する。$\{x_i\}$, $\{y_j\}$ 等は，前節で用いたものと同じ意味で用いる。

$$F(y) = \int_{\alpha_1}^{\alpha_2} f(x, y)\,dx$$

とおく。

$$F(y) = \sum_{i=1}^{m} \int_{x_{i-1}}^{x_i} f(x, y)\,dx$$

である。$\eta_j \in [y_{j-1}, y_j]$ を選ぶ。1変数関数の積分学の平均値の定理より，

$$\int_{x_{i-1}}^{x_i} f(x, \eta_j)\,dx = (x_i - x_{i-1}) f(\xi_i, \eta_j)$$

となる $\xi_i \in [x_{i-1}, x_i]$ が存在する。i について 1 から m まで足し合わせると，

$$F(\eta_i) = \sum_{i=1}^{m} (x_i - x_{i-1}) f(\xi_i, \eta_j)$$

となる。各辺に $y_j - y_{j-1}$ を掛けて，j について和を 1 から n まで足し合わせると，

$$R(\{\eta_j\}, \Delta_0, F) = R(\{(\xi_i, \eta_j)\}, \Delta, f)$$

5.2 累次積分

となる。ここで, Δ_0 は $[\beta_1, \beta_2]$ の分割

$$\Delta_0 : \beta_1 = y_0 < y_1 < \cdots < y_{n-1} < y_n = \beta_2$$

であり, $R(\{\eta_j\}, \Delta_0, F)$ は, 分割 Δ_0, 代表点 $\eta_j \in [y_{j-1}, y_j]$ に関する F の Riemann 和である。

$$\delta(\Delta_0) = \max\{y_j - y_{j-1} \,|\, 1 \leqq j \leqq n\}$$

とおく。仮定より, $\delta(\Delta) \to 0$ とすると, 右辺の量は $\iint_R f(x,y)\,dxdy$ に収束する。このとき, $0 < \delta(\Delta_0) \leqq \delta(\Delta)$ であるので, はさみうちの原理により, $\delta(\Delta_0) \to 0$ となる。したがって,

$$\lim_{\delta(\Delta_0) \to 0} R(\{\eta_j\}, \Delta_0, F) = \iint_R f(x,y)\,dxdy$$

が分かる。これは $\{\eta_j\}$ の選び方によらない。ゆえに, F は $[\beta_1, \beta_2]$ 上で積分可能で, 積分値は, $\iint_R f(x,y)\,dxdy$ である。 □

$\int_{\beta_1}^{\beta_2} \left(\int_{\alpha_1}^{\alpha_2} f(x,y)\,dx \right) dy$ のように一変数ずつ積分することを, **累次積分**という。長方形に限らない領域における累次積分を以下のように定義する。

定義 5.3 領域 $D(\subset \mathbb{R}^2)$ が

$$\begin{aligned} D = \{(x,y) \,|\, &a < x < b, p(x) < y < q(x); \\ &p, q \in C^0(a,b), \\ &(a,b) \text{ 上で } p(x) < q(x)\} \end{aligned}$$

と書けるとき, **縦線領域**という。このような領域上での $f(x,y)$ の累次積分を,

$$\int_a^b \left(\int_{p(x)}^{q(x)} f(x,y)\,dy \right) dx$$

で定義する。これを

$$\int_a^b \int_{p(x)}^{q(x)} f(x,y)\,dydx \quad \text{あるいは} \quad \int_a^b dx \int_{p(x)}^{q(x)} f(x,t)\,dy$$

とも書く。慣れないうちは, 計算の順序が明瞭な初めのカッコのついた記法で表すことにする。ここで, a, b, $p(x)$, $q(x)$ は必ずしも有限な値でなくてもよく, 上に現れる積分は通常の積分であっても広義積分でもかまわない。

領域 $D(\subset \mathbb{R}^2)$ が

$$D = \{(x,y) \mid c < y < d, r(y) < x < s(y);$$
$$r, \ s \in C^0(c,d),$$
$$(c,d) \ \text{上で} \ r(y) < s(y)\}$$

と書けるとき，**横線領域**という。このような領域上での $f(x,y)$ の累次積分を，

$$\int_c^d \left(\int_{\psi_1(y)}^{\psi_2(y)} f(x,t)\,dx \right) dy$$

で定義する。これを

$$\int_c^d \int_{\psi_1(y)}^{\psi_2(y)} f(x,t)\,dxdy \quad \text{あるいは} \quad \int_c^d dy \int_{\psi_1(y)}^{\psi_2(y)} f(x,t)\,dx$$

とも書く。c, d, $r(x)$, $s(x)$ は必ずしも有限な値でなくてもよく，上に現れる積分は通常の積分であっても広義積分でもかまわない。

例 5.1 図 5.1 の領域は，$y = x^3$, $y = 0$, $y = 1$, $x = 2$ で囲まれたものである。

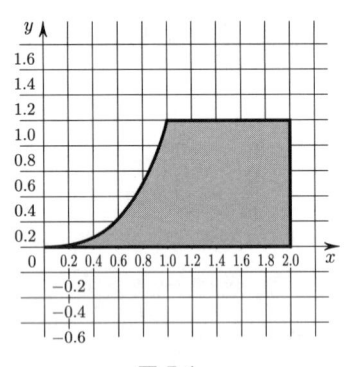

図 5.1

これは縦線かつ横線領域である。なぜならば，

$$D = \{(x,y) \mid 0 < x < 2,\ 0 < y < \min\{1, x^3\}\} \quad \text{(縦線領域としての表示)}$$
$$= \{(x,y) \mid 0 < y < 1,\ y^{\frac{1}{3}} < x < 2\}\} \quad \text{(横線領域としての表示)}$$

と表示できるからである。この領域での $f(x,y) = xy^2$ の累次積分を考える。縦線領域として累次積分を計算すると，

5.2 累次積分

$$\int_0^2 \left(\int_0^{\min\{1,x^3\}} xy^2 dy \right) dx$$

$$= \int_0^1 \left(\int_0^{x^3} xy^2 dy \right) dx + \int_1^2 \left(\int_0^1 xy^2 dy \right) dx$$

$$= \int_0^1 \left[\frac{xy^3}{3} \right]_{y=0}^{y=x^3} dx + \int_1^2 \left[\frac{xy^3}{3} \right]_{y=0}^{y=1} dx$$

$$= \int_0^1 \frac{x^{10}}{3} dx + \int_1^2 \frac{x}{3} dx = \left[\frac{x^{11}}{33} \right]_0^1 + \left[\frac{x^2}{6} \right]_1^2$$

$$= \frac{1}{33} + \frac{4-1}{6} = \frac{35}{66}$$

となる。また，横線領域を考えると，

$$\int_0^1 \left(\int_{y^{\frac{1}{3}}}^2 xy^2 dx \right) dy = \int_0^1 \left[\frac{x^2 y^2}{2} \right]_{x=y^{\frac{1}{3}}}^{x=2} dy = \int_0^1 \left(2y^2 - \frac{y^{\frac{8}{3}}}{2} \right) dy$$

$$= \left[\frac{2y^3}{3} - \frac{2y^{\frac{11}{3}}}{22} \right]_0^1 = \frac{2}{3} - \frac{3}{22} = \frac{35}{66}$$

となり，両者は一致した。

注意 5.1 この例では 2 つの累次積分は一致したが，一般には一致するとは限らない。

例 5.2 $D = (0,1) \times (0,1)$ における $f(x,y) = \dfrac{x-y}{(x+y)^3}$ の累次積分は次のようになる。まず，

$$\int_0^1 \left\{ \int_0^1 \frac{x-y}{(x+y)^3} dx \right\} dy = \int_0^1 \left[\int_0^1 \left\{ \frac{1}{(x+y)^2} - \frac{2y}{(x+y)^3} \right\} dx \right] dy$$

$$= \int_0^1 \left[-\frac{1}{x+y} + \frac{y}{(x+y)^2} \right]_{x=0}^{x=1} dy$$

$$= -\int_0^1 \frac{dy}{(1+y)^2}$$

$$= \left[\frac{1}{1+y} \right]_0^1 = \frac{1}{2} - 1 = -\frac{1}{2}$$

となる。x と y の役割を入れ替えると，

$$\int_0^1 \left\{ \int_0^1 \frac{x-y}{(x+y)^3} dy \right\} dx = \frac{1}{2}$$

となることが分かる。ゆえに，この場合は，2 つの累次積分は一致しない。

一般領域での 2 重積分と累次積分の関係として，次が成り立つ．証明は略す．

定理 5.3 $D = \{(x,y) \mid a < x < b, p(x) < y < q(x);$
$\qquad\qquad p, q \in C^0([a,b]),$
$\qquad\qquad (a,b)$ 上で $p(x) < q(x)\}$

を有界な縦線領域とし，$f \in C^0(D)$ かつ D 上 f は有界とすると，

$$\iint_D f(x,y)\,dxdy = \int_a^b \left(\int_{p(x)}^{q(x)} f(x,y)\,dy\right) dx$$

が成り立つ．特に，有界閉集合 $\bar{D}$ 上で f が連続であれば，上の式が成り立つ．横線領域についても対応する結果が成立する．

例 5.3 $D = \{(x,y) \mid x^2 + y^2 < 2y\}$ を縦線領域と考えて，2 重積分

$$\iint_D |x|\,dxdy$$

を累次積分に直し，さらに，積分値を求める．D を縦線領域として考えると，

$$D = \left\{(x,y) \,\middle|\, -1 < x < 1, 1 - \sqrt{1-x^2} < y < 1 + \sqrt{1-x^2}\right\}$$

となる．被積分関数は，有界閉集合 $\bar{D}$ 上で連続であるので，

$$\iint_D |x|\,dxdy = \int_{-1}^1 \left(\int_{1-\sqrt{1-x^2}}^{1+\sqrt{1-x^2}} |x|\,dy\right) dx = \int_{-1}^1 [|x|y]_{y=1-\sqrt{1-x^2}}^{y=1+\sqrt{1-x^2}}\,dx$$

$$= \int_{-1}^1 2|x|\sqrt{1-x^2}\,dx = 4\int_0^1 x\sqrt{1-x^2}\,dx$$

$$= \left[-\frac{4}{3}(1-x^2)^{\frac{3}{2}}\right]_0^1 = \frac{4}{3}$$

となる．

問 5.1 上の例の D を横線領域と考えて，2 重積分 $\iint_D |x|\,dxdy$ を累次積分に直し，さらに，積分値を求めよ．

問 5.2 $D = \left\{(x,y) \,\middle|\, -\frac{\pi}{2} < x < \frac{\pi}{2}, 0 < y < \cos x\right\}$ とする．2 重積分 $\iint_D y\,dxdy$ を求めよ．

上の定理から，次がわかる．

5.2 累次積分

系 5.1 (積分の順序交換) D が有界な縦線かつ横線領域で

$$\begin{aligned} D &= \{(x,y) \mid a < x < b,\ p(x) < y < q(x)\} \\ &= \{(x,y) \mid c < y < d,\ r(y) < x < s(y)\} \end{aligned}$$

と書けるとする。$f \in C^0(D)$ かつ D 上で f は有界とすると，

$$\int_a^b \left(\int_{p(x)}^{q(x)} f(x,y)\, dy \right) dx = \int_c^d \left(\int_{r(y)}^{s(y)} f(x,y)\, dx \right) dy$$

が成り立つ。特に，有界閉集合 $\bar{D}$ 上で f が連続であれば，上の式が成り立つ。

証明． 前定理により，2 つの累次積分はいずれも，2 重積分に等しいことになり，結局，2 つの累次積分が等しいことになる。 □

例 5.2 の f と D は，積分の順序交換ができないのであるから，この系の仮定を満たしていないことになる。実際，D は有界な縦線かつ横線領域で，f はその上で連続であるが，有界な関数ではない。

これら結果において，f の連続性を仮定しているが，これは必ずしも必要ではない。積分領域を f が連続になる領域に分割し，これらの結果を適用すればよい。

例 5.4 (Dirichlet 変換) 領域 D を図 5.2 の網の部分とする。$f \in C^0(D)$ かつ D 上で f は有界とすると，

$$\int_a^b \left(\int_x^b f(x,y)\, dy \right) dx = \int_a^b \left(\int_a^y f(x,y)\, dx \right) dy$$

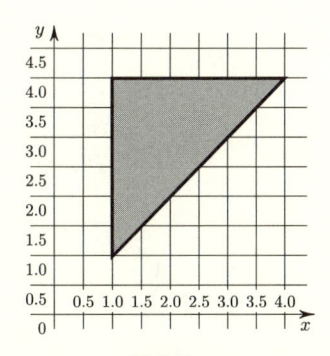

図 5.2

が成立する。

例 5.5 積分の順序を交換することで，$\int_0^1 \left(\int_{x^2}^1 xe^{y^2} dy \right) dx$ の積分値を求める。積分範囲は，
$D = \{(x,y) \mid 0 < x < 1, x^2 < y < 1\} = \{(x,y) \mid 0 < y < 1, 0 < x < \sqrt{y}\}$
である。被積分関数は，有界閉集合 $\bar{D}$ 上で連続であるので，

$$\int_0^1 \left(\int_{x^2}^1 xe^{y^2} dy \right) dx = \int_0^1 \left(\int_0^{\sqrt{y}} xe^{y^2} dx \right) dy = \int_0^1 \left[\frac{1}{2} x^2 e^{y^2} \right]_{x=0}^{x=\sqrt{y}} dy$$
$$= \int_0^1 \frac{1}{2} y e^{y^2} dx = \left[\frac{1}{4} e^{y^2} \right]_0^1 = \frac{1}{4}(e-1)$$

となる。

問 5.3 積分順序を交換することで，$\int_0^1 \left(\int_x^1 e^{y^2} dy \right) dx$ の値を求めよ。

5.3 変数変換

定義 5.4 写像

$$T : \begin{pmatrix} s \\ t \end{pmatrix} \longmapsto \begin{pmatrix} x \\ y \end{pmatrix} = \begin{pmatrix} \phi(s,t) \\ \psi(s,t) \end{pmatrix}$$

が $\phi \in C^n, \psi \in C^n$ のとき，C^n-**写像**という。T が C^1-写像のとき，

$$\det \begin{pmatrix} \dfrac{\partial x}{\partial s} & \dfrac{\partial x}{\partial t} \\ \dfrac{\partial y}{\partial s} & \dfrac{\partial y}{\partial t} \end{pmatrix} = \det \begin{pmatrix} \dfrac{\partial \phi}{\partial s}(s,t) & \dfrac{\partial \phi}{\partial t}(s,t) \\ \dfrac{\partial \psi}{\partial s}(s,t) & \dfrac{\partial \psi}{\partial t}(s,t) \end{pmatrix}$$

を T の **Jacobian** または **Jacobi の行列式**といい，

$$J(s,t) \quad \text{または，} \quad \frac{\partial(x,y)}{\partial(s,t)}$$

と書く。ここで，

$$\det \begin{pmatrix} a & b \\ c & d \end{pmatrix} = ad - bc$$

である。

5.3 変数変換

定理 5.4 T を C^1-写像とする。
$$J(s_0, t_0) \neq 0$$
であるとすると，点 (s_0, t_0) の近くで T は 1 対 1 であり，逆写像も C^1-写像である。

証明 は略す。「1 変数の C^1 級関数 ϕ に対し，$\phi'(s_0) \neq 0$ であれば，s_0 の近くで，ϕ が 1 対 1 になり，逆関数 ϕ^{-1} も C^1 級関数になる」事の 2 変数版である。

2 変数関数の積分に関する変数変換において，基本的なものは，1 次変換と平行移動である。

例 5.6 (1 次変換) T を 1 次変換，すなわち，
$$T : \begin{pmatrix} s \\ t \end{pmatrix} \longmapsto \begin{pmatrix} x \\ y \end{pmatrix} = \begin{pmatrix} a & b \\ c & d \end{pmatrix} \begin{pmatrix} s \\ t \end{pmatrix}$$
とする。このとき，
$$J(s, t) = \det \begin{pmatrix} a & b \\ c & d \end{pmatrix} = ad - bc$$
である。T による面積比は $|ad - bc|$ である。

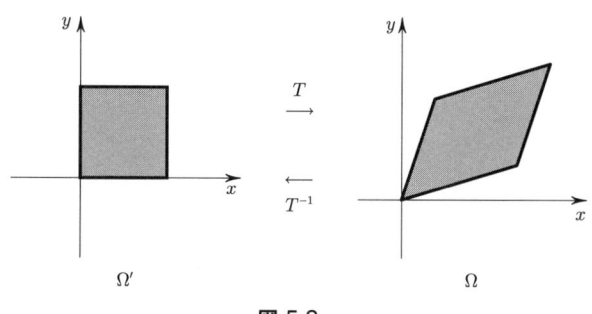

図 5.3

よって，
$$dxdy = |ad - bc|\, dsdt = |J(s, t)|\, dsdt$$
となる。特に，回転

$$\begin{pmatrix} x \\ y \end{pmatrix} = \begin{pmatrix} \cos\theta & -\sin\theta \\ \sin\theta & \cos\theta \end{pmatrix} \begin{pmatrix} s \\ t \end{pmatrix}$$

のとき，
$$dxdy = dsdt$$
である。

例 5.7 (平行移動) 平行移動は，
$$T : \begin{pmatrix} s \\ t \end{pmatrix} \longmapsto \begin{pmatrix} x \\ y \end{pmatrix} = \begin{pmatrix} s+a \\ t+b \end{pmatrix}$$

と表される。ここで，a, b は定数である。このとき，
$$J(s,t) = \det\begin{pmatrix} 1 & 0 \\ 0 & 1 \end{pmatrix} = 1$$

である。平行移動により，面積は不変であるので，面積比は 1 である。よって，
$$dxdy = dsdt = |J(s,t)|\, dsdt$$
となる。

これらを用いて，2 変数関数の積分の変数変換の公式を導こう。

定理 5.5 (変数変換の公式)
$$T : \quad \Omega' \quad \longrightarrow \quad \Omega$$
$$\cup \qquad\qquad \cup$$
$$\begin{pmatrix} s \\ t \end{pmatrix} \longmapsto \begin{pmatrix} x \\ y \end{pmatrix} = \begin{pmatrix} \phi(s,t) \\ \psi(s,t) \end{pmatrix}$$

は，1 対 1, C^1-写像で，
$$T^{-1} : \Omega \longrightarrow \Omega'$$
は，C^0-写像，
$$\{(s,t) \in \Omega' \mid J(s,t) = 0\}$$
の面積は 0 とする。$\bar{D} \subset \Omega$ とし，T^{-1} による D の像を D' とする。
このとき，$f \in C(\bar{D})$ に対し，

5.3 変数変換

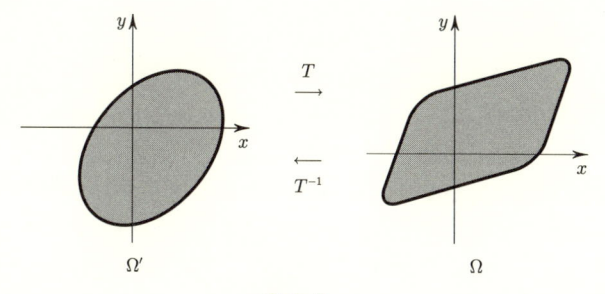

図 5.4

$$\iint_D f(x,y)\,dxdy = \iint_{D'} f(\phi(s,t),\psi(s,t))|J(s,t)|\,dsdt$$

が成り立つ。

証明の概略. 平均値の定理 4.8 より，点 (s_0,t_0) の近くで

$$\begin{aligned}
x &= \phi(s,t) \\
&= \phi(s_0,t_0) + \phi_s(s_0+\theta(s-s_0), t_0+\theta(t-t_0))(s-s_0) \\
&\qquad + \phi_t(s_0+\theta(s-s_0), t_0+\theta(t-t_0))(t-t_0) \\
y &= \psi(s,t) \\
&= \psi(s_0,t_0) + \psi_s(s_0+\theta(s-s_0), t_0+\theta(t-t_0))(s-s_0) \\
&\qquad + \psi_t(s_0+\theta(s-s_0), t_0+\theta(t-t_0))(t-t_0)
\end{aligned}$$

と書ける。よって，

$$\begin{pmatrix} s_0 \\ t_0 \end{pmatrix} \longmapsto \begin{pmatrix} x_0 \\ y_0 \end{pmatrix} = \begin{pmatrix} \phi(s_0,t_0) \\ \psi(s_0,t_0) \end{pmatrix}$$

の近傍で

$$\begin{pmatrix} x \\ y \end{pmatrix} = \begin{pmatrix} x_0 - \phi_s(s_0,t_0)s_0 - \phi_t(s_0,t_0)t_0 \\ y_0 - \psi_s(s_0,t_0)s_0 - \psi_t(s_0,t_0)t_0 \end{pmatrix} + \begin{pmatrix} \phi_s(s_0,t_0) & \phi_t(s_0,t_0) \\ \psi_s(s_0,t_0) & \psi_t(s_0,t_0) \end{pmatrix} \begin{pmatrix} s \\ t \end{pmatrix}$$

と書ける。これは，平行移動と一次変換の合成である。例 5.6, 5.7 より，面積比は $|J(s_0,t_0)|$ で近似される。これより，

$$dxdy = |J(s,t)|\,dsdt$$

となる。 □

例 5.8 変数 (x,y) に
$$x = u(1-v), \quad y = uv$$
で新しい変数 (u,v) に変換する。
$$\det \begin{pmatrix} x_u & x_v \\ y_u & y_v \end{pmatrix} = \det \begin{pmatrix} 1-v & -u \\ v & u \end{pmatrix} = u(1-v) + uv = u$$
となる。ゆえに,
$$dxdx = |u|dudv$$
である。

問 5.4 $f(x,y)$ は連続関数とする。$\int_0^1 \left(\int_0^x f(x,y)\,dy \right) dx$ に変数変換 $x = u+v, y = u-v$ を施すと,
$$\int_0^1 \left(\int_0^x f(x,y)\,dy \right) dx = 2 \int_0^{\frac{1}{2}} \left(\int_v^{1-v} f(u+v, u-v)\,du \right) dv$$
となる事を示せ。

例 5.9 (極座標) 極座標変換
$$T : \begin{pmatrix} r \\ \theta \end{pmatrix} \longmapsto \begin{pmatrix} x \\ y \end{pmatrix} = \begin{pmatrix} r\cos\theta \\ r\sin\theta \end{pmatrix}$$
を考える。
$$\begin{pmatrix} x_r & x_\theta \\ y_r & y_\theta \end{pmatrix} = \begin{pmatrix} \cos\theta & -r\sin\theta \\ \sin\theta & r\cos\theta \end{pmatrix}$$
である。よって,
$$J(r,\theta) = r\cos^2\theta + r\sin^2\theta = r \geqq 0$$
となる。したがって,
$$\{(r,\theta) \mid J(r,\theta) = 0\} = \{(r,\theta) \mid r = 0\}$$
の面積は 0 である。ゆえに,
$$dxdy = r\,drd\theta$$
が成り立つ。

5.3 変数変換

例 5.10 $D = \{(x, y) \,|\, x^2 + y^2 < 1\}$ とする。$\iint_D \sqrt{1 - x^2 - y^2}\, dxdy$ の積分値を，極座標変換により計算する。$x = r\cos\theta$, $y = r\sin\theta$ と変数変換する事で，
$$E = \{(r, \theta) \,|\, 0 \leqq r < 1, 0 \leqq \theta < 2\pi\}$$
は D に写される。上で計算したように $dxdy = r\, drd\theta$ であるので，
$$\iint_D \sqrt{1 - x^2 - y^2}\, dxdy = \iint_E \sqrt{1 - r^2}\, r\, drd\theta$$
$$= \int_0^{2\pi} \left(\int_0^1 r\sqrt{1 - r^2}\, dr \right) d\theta$$
$$= \int_0^{2\pi} \left[-\frac{1}{3}(1 - r^2)^{\frac{3}{2}} \right]_{r=0}^{r=1} d\theta = \int_0^{2\pi} \frac{1}{3}\, d\theta$$
$$= \frac{2}{3}\pi$$
となる。

変数の数が 3 以上の場合の変数変換も対応する結果が成立する。但し，n 変数のときの Jacobian を定義するときは，n 次正方行列の行列式を用いる。

ここでは，工学においてよく現れる 3 変数の変数変換についてその Jacobian を計算しておこう。

例 5.11 (円柱座標) 円柱座標変換とは，
$$T : \begin{pmatrix} r \\ \theta \\ z \end{pmatrix} \longmapsto \begin{pmatrix} x \\ y \\ z \end{pmatrix} = \begin{pmatrix} r\cos\theta \\ r\sin\theta \\ z \end{pmatrix}$$
をいう。この変換について，
$$\begin{pmatrix} x_r & x_\theta & x_z \\ y_r & y_\theta & y_z \\ z_r & z_\theta & z_z \end{pmatrix} = \begin{pmatrix} \cos\theta & -r\sin\theta & 0 \\ \sin\theta & r\cos\theta & 0 \\ 0 & 0 & 1 \end{pmatrix}$$
となる。ゆえに，
$$J(r, \theta, z) = r, \quad dxdydz = r\, drd\theta dz$$
となる。

例 5.12 (3 変数の極座標) 3 変数の極座標変換は,

$$T : \begin{pmatrix} r \\ \theta \\ \varphi \end{pmatrix} \longmapsto \begin{pmatrix} x \\ y \\ z \end{pmatrix} = \begin{pmatrix} r\sin\theta\cos\varphi \\ r\sin\theta\sin\varphi \\ r\cos\theta \end{pmatrix}$$

で定義される。この変換について,

$$\begin{pmatrix} x_r & x_\theta & x_\varphi \\ y_r & y_\theta & y_\varphi \\ z_r & z_\theta & z_\varphi \end{pmatrix} = \begin{pmatrix} \sin\theta\cos\varphi & r\cos\theta\cos\varphi & -r\sin\theta\sin\varphi \\ \sin\theta\sin\varphi & r\cos\theta\sin\varphi & r\sin\theta\cos\varphi \\ \cos\theta & -r\sin\theta & 0 \end{pmatrix}$$

となる。ゆえに,

$$\begin{aligned} J(r,\theta,\varphi) &= r^2(\cos^2\theta\sin\theta\cos^2\varphi + \sin^3\theta\sin^2\varphi \\ &\quad + \sin^3\theta\cos^2\varphi + \sin\theta\cos^2\theta\sin^2\varphi) \\ &= r^2\sin\theta, \\ dxdydz &= r^2\sin\theta\,drd\theta d\varphi \end{aligned}$$

である。

5.4 広義積分

3.4 節で 1 変数関数の広義積分を学んだ。ここでは, 2 変数関数の広義積分を扱う。すなわち, 関数の有界性や積分範囲の有界性を外す。

定義 5.5 D に対し, 次の 1~3 を満たす集合列 $\{K_n\}$ を D の近似増大列という。

1. 各 K_n は有界閉集合である。
2. $K_1 \subset K_2 \subset \cdots \subset A$.
3. $K \subset D$ なる有界閉集合 K に対し, $K \subset K_n$ となる番号 n が存在する。

定理 5.6 $\{K_n\}, \{K'_m\}$ をともに D の近似増大列とする。また, D 上で $f(x,y) \geqq 0$ とする。このとき,

$$\lim_{n\to\infty} \iint_{K_n} f(x,y)\,dxdy$$

5.4 広義積分

が存在し有限値であれば，

$$\lim_{m\to\infty} \iint_{K'_m} f(x,y)\,dxdy$$

も存在し有限値で，両者は等しい。

証明. 関数 f が非負値であることと，定義 5.5 の 1, 2 より，

$$\left\{\iint_{K_n} f(x,y)\,dxdy\right\}$$

は非減少列である。各 K'_m に対し，定義 5.5 の 3 により，$K'_m \subset K_{n(m)}$ となる $n(m)$ が存在するので，

$$\iint_{K'_m} f(x,y)\,dxdy \leqq \iint_{K_{n(m)}} f(x,y)\,dxdy$$
$$\leqq \lim_{n\to\infty} \iint_{K_n} f(x,y)\,dxdy < \infty$$

となる。$\left\{\iint_{K'_m} f(x,y)\,dxdy\right\}$ も非減少列で，上の式より上に有界な事も分かる。したがって，$\lim_{m\to\infty} \iint_{K'_m} f(x,y)\,dxdy$ が存在して，

$$\lim_{m\to\infty} \iint_{K'_m} f(x,y)\,dxdy \leqq \lim_{n\to\infty} \iint_{K_n} f(x,y)\,dxdy$$

となることが分かる。

$\{K_n\}$ と $\{K'_m\}$ の役割を入れ換えて同じ議論をすると，逆向きの不等式を得る。ゆえに，2 つの極限値は等しい。 □

2 変数関数の広義積分を次で定義する。

定義 5.6 (広義積分) $\{K_n\}$ を D の近似増大列とする。

1. D 上で $f(x,y) \geqq 0$ のとき，

$$\iint_D f(x,y)\,dxdy = \lim_{n\to\infty} \iint_{K_n} f(x,y)\,dxdy$$

で**広義積分**を定義する。ここで，上の極限値が有界のとき，f は D 上で**広義積分可能**という。

2. D 上で $f(x,y) \geqq 0$ とは限らないとする.

$$\lim_{n\to\infty} \iint_{K_n} |f(x,y)|\, dxdy < \infty$$

であるとき,

$$\iint_D f(x,y)\, dxdy = \underbrace{\iint_D f_+(x,y)\, dxdy - \iint_D f_-(x,y)\, dxdy}_{\text{各々 1 の意味の積分}}$$

で f の D 上の**広義積分**を定義する. ここで,

$$f_+(x,y) = \max\{f(x,y), 0\}, \quad f_-(x,y) = \max\{-f(x,y), 0\}$$

である.

$$\lim_{n\to\infty} \iint_{K_n} |f(x,y)|\, dxdy = \infty$$

のときは, f の D 上の広義積分は定義しない.

上の積分について, 幾つかコメントしよう.

定理 5.6 によって, D 上で $f(x,y) \geqq 0$ のとき, f の広義積分は, D の近似増大列の取り方によらない.

同様の理由で,

$$I_+ = \lim_{n\to\infty} \iint_{K_n} f_+(x,y)\, dxdy, \quad I_- = \lim_{n\to\infty} \iint_{K_n} f_+(x,y)\, dxdy$$

も近似増大列の取り方によらない. $|f(x,y)| = f_+(x,y) + f_-(x,y)$ であるので, $\lim_{n\to\infty} \iint_{K_n} |f(x,y)|\, dxdy < \infty$ のとき, $0 \leqq I_\pm < \infty$ となる. $f(x,y) = f_+(x,y) - f_-(x,y)$ であることから, $I_+ - I_-$ で f の広義積分を定義するのである.

$\lim_{n\to\infty} \iint_{K_n} |f(x,y)|\, dxdy = \infty$ のときは, I_+ と I_- の少なくとも一方は ∞ となるため, $I_+ - I_-$ が非有界であるか $\infty - \infty$ の計算不能な場合になるので, f の広義積分を定義しないのである.

定義より, 2 変数関数の広義積分の場合, f が広義積分可能であれば, 常に $|f|$ も広義積分可能になる. これは 1 変数関数の場合と異なるので注意せよ.

広義積分可能な場合は, 計算は近似増大列の取り方に寄らないので, K_n 上の積分が計算しやすいように選べばよい. 例えば, K_n が縦線または横線領域

5.4 広義積分

で，被積分関数が K_n 上で連続であるように選べば，2重積分を累次積分で計算できる．また，変数変換しやすいように K_n を選ぶ事も工夫の一つである．

例 5.13 $D = \{(x,y) \,|\, 1 \leqq x < \infty, e^{-x} \leqq y \leqq 1\}$ とし，$\iint_D \dfrac{dxdy}{x^4 y}$ を考える．D 上で，被積分関数は負にならないので，$\{K_n\}$ を D の近似増大列とし，$\lim\limits_{n\to\infty} \iint_{K_n} \dfrac{dxdy}{x^4 y}$ を計算すればよい．K_n として，縦線領域 $K_n = \{(x,y) \,|\, 1 \leqq x \leqq n, e^{-x} \leqq y \leqq 1\}$ をとる．被積分関数は，K_n 上で連続であるので2重積分は累次積分で計算してよい．よって，

$$\iint_{K_n} \frac{dxdy}{x^4 y} = \int_1^n \left(\int_{e^{-x}}^1 \frac{dy}{x^4 y}\right) dx = \int_1^n \left[\frac{\log y}{x^4}\right]_{y=e^{-x}}^{y=1} dx$$

$$= \int_1^n \frac{dx}{x^3} = \left[-\frac{1}{2x^2}\right]_1^n = -\frac{1}{2n^2} + \frac{1}{2} \to \frac{1}{2} \quad (n \to \infty)$$

となる．ゆえに，

$$\iint_D \frac{dxdy}{x^4 y} = \frac{1}{2}$$

である．

注意 5.2 上の例について，R を1より大きな実数とし，$D_R = \{(x,y) \,|\, 1 \leqq x \leqq R, e^{-x} \leqq y \leqq 1\}$ とすれば，$\lim\limits_{R\to\infty} \iint_{D_R} \dfrac{dxdy}{x^4 y}$ を計算しても同じ結果になる．広義積分の計算に習熟したら，このように計算してもよい．

例 5.14 $D(x,y) = \{(x,y) \,|\, 0 \leqq x \leqq 1, 1 < y \leqq 4\}$ とし，$\iint_D \dfrac{x\,dxdy}{(y-1)^{\frac{2}{3}}}$ を考える．被積分関数は $y=1$ で定義されないため，D では $y=1$ を外している．また，$y \to +1$ のとき，被積分関数は ∞ に発散するため，積分は広義積分となる．非負値関数の広義積分であるので，$\iint_{K_n} \dfrac{x\,dxdy}{(y-1)^{\frac{2}{3}}}$ を求めればよい．ただし，$\{K_n\}$ は D の任意の近似増大列である．ここでは，$K_n = \{(x,y) \,|\, 0 \leqq x \leqq 1, 1 + \frac{1}{n} \leqq y \leqq 4\}$ とする．K_n 上では被積分関数は連続で，2重積分は累次積分で計算できるので，

$$\iint_{K_n} \frac{x\,dxdy}{(y-1)^{\frac{2}{3}}} = \int_{1+\frac{1}{n}}^4 \left\{\int_0^1 \frac{d\,dx}{(y-1)^{\frac{2}{3}}}\right\} dy = \int_{1+\frac{1}{n}}^4 \left[\frac{x^2}{2(y-1)^{\frac{2}{3}}}\right]_{x=0}^{x=1} dy$$

$$= \int_{1+\frac{1}{n}}^4 \frac{dy}{2(y-1)^{\frac{2}{3}}} = \left[\frac{3}{2}(y-1)^{\frac{1}{3}}\right]_{1+\frac{1}{n}}^4$$

$$= \frac{3}{2}\left\{3^{\frac{1}{3}} - \left(\frac{1}{n}\right)^{\frac{1}{3}}\right\} \to \frac{3\sqrt{3}}{2} \quad (n \to \infty)$$

となる。ゆえに，

$$\iint_D \frac{x\,dxdy}{(y-1)^{\frac{2}{3}}} = \frac{3\sqrt{3}}{2}$$

である。

注意 5.3 この例でも，広義積分の計算に習熟したら，$D_\varepsilon = \{(x,y)\,|\,0 \leqq x \leqq 1, 1+\varepsilon \leqq y \leqq 4\}$ とし，$\displaystyle\lim_{\varepsilon \to +0} \iint_{D_\varepsilon} \frac{x\,dxdy}{(y-1)^{\frac{2}{3}}}$ を計算すればよい。

問 5.5 $D = \{(x,y)\,|\,x \geqq 0, y \geqq 0\}$ として，広義積分 $\displaystyle\iint_D xe^{-(2x+3y)}dxdy$ を計算せよ。

関数 $f(x,y)$ が D 上で非負値とは限らない場合，

$$(*) \qquad \iint_D |f(x,y)|\,dxdy < \infty \quad (|f| \text{ の広義積分可能性})$$

であるとき，$\{K_n\}$ を D の近似増大列として，

$$\iint_D f(x,y)\,dxdy = \lim_{n\to\infty}\iint_{K_n} f_+(x,y)\,dxdy - \lim_{n\to\infty}\iint_{K_n} f_-(x,y)\,dxdy$$

とするのが $f(x,y)$ の広義積分の定義であった。$f_+(x,y) - f_-(x,y) = f(x,y)$ であるので，

$$(\dagger) \qquad \iint_D f(x,y)\,dxdy = \lim_{n\to\infty}\iint_{K_n} f(x,y)\,dxdy$$

となる。これは，f が D 上で非負値の場合と同じになる。したがって，$(*)$ の下では，広義積分の計算法は非負値関数の場合と同じである。ただし，$(*)$ が成り立たない状況で，ある $\{K_n\}$ に対して $(\dagger)$ を計算して有限な極限値を得たからといって，それを広義積分値とするのは誤りである。その状況では，$(\dagger)$ の極限値は $\{K_n\}$ の取り方に依存するからである。次の例を見よ。

例 5.15 $D = \{(x,y)\,|\,0 \leqq x \leqq 1, 0 \leqq y \leqq 1, (x,y) \neq (0,0)\}$ として，$\displaystyle\iint_D \frac{x-y}{(x+y)^3}\,dxdy$ を考える。被積分関数は D 上で正にも負にも 0 にもなる。原点で定義されないので，D はその点を含んでいない。近似増大列 $\{K_n\}$ と

して $K_n = \{(x,y) \mid \frac{1}{n} \leqq x \leqq 1, 0 \leqq y \leqq 1\}$ とする。また，$K_n^+ = \{(x,y) \in K_n \mid x \geqq y\}$, $K_n^1 = \{(x,y) \in K_n \mid x \leqq y\}$ とおく.

$$\iint_{K_n} \left|\frac{x-y}{(x+y)^3}\right| dxdy$$
$$= \iint_{K_n^+} \frac{x-y}{(x+y)^3} dxdy + \iint_{K_n^-} \frac{y-x}{(x+y)^3} dxdy$$
$$= \int_{\frac{1}{n}}^1 \left\{\int_0^x \frac{x-y}{(x+y)^3} dy\right\} dx + \int_{\frac{1}{n}}^1 \left\{\int_x^1 \frac{y-x}{(x+y)^3} dy\right\} dx$$
$$= \int_{\frac{1}{n}}^1 \left[\frac{1}{x+y} - \frac{x}{(x+y)^2}\right]_{y=0}^{y=x} dx + \int_{\frac{1}{n}}^1 \left[-\frac{1}{x+y} + \frac{x}{(x+y)^2}\right]_{y=0}^{y=x} dx$$
$$= \int_{\frac{1}{n}}^1 \left\{\frac{1}{2x} - \frac{1}{4x} - \frac{1}{x} - \frac{1}{x+1} + \frac{x}{(x+1)^2} + \frac{1}{2x}\right\} dx$$
$$= \int_{\frac{1}{n}}^1 \left\{-\frac{5}{4x} - \frac{1}{(x+1)^2}\right\} dx = \left[\frac{5}{4}\log x + \frac{1}{x+1}\right]_{\frac{1}{n}}^1$$
$$= \frac{1}{2} + \frac{5}{4}\log n - \frac{1}{\frac{1}{n}+1} \to \infty \quad (n \to \infty)$$

となる。よって，$(*)$ は成立しない。同じ $\{K_n\}$ で $(\dagger)$ を計算すると，

$$\iint_{K_n} \frac{x-y}{(x+y)^3} dxdy = \int_{\frac{1}{n}}^1 \left\{\int_0^1 \frac{x-y}{(x+y)^3} dy\right\} dx$$
$$= \int_{\frac{1}{n}}^1 \left[\frac{1}{x+y} - \frac{x}{(x+y)^2}\right]_{y=0}^{y=x} dx = \int_{\frac{1}{n}}^1 \left\{\frac{1}{x+1} - \frac{x}{(x+1)^2}\right\} dx$$
$$= \int_{\frac{1}{n}}^1 \frac{dx}{(x+1)^2} = \left[-\frac{1}{x+1}\right]_{\frac{1}{n}}^1 = -\frac{1}{2} + \frac{1}{\frac{1}{n}+1} \to -\frac{1}{2} \quad (n \to \infty)$$

となる。同様に，$K_m' = \{(x,y) \mid 0 \leqq x \leqq 1, \frac{1}{m} \leqq y \leqq 1\}$ とすれば，

$$\iint_{K_m'} \frac{x-y}{(x+y)^3} dxdy \to \frac{1}{2} \quad (m \to \infty)$$

なり，$(\dagger)$ が近似増大列の取り方に依存することが分かる．

問 5.6 (1) 2重積分 $\displaystyle\int_{-1}^1 \left\{\int_{-1/\sqrt{1-x^2}}^{1/\sqrt{1-x^2}} (1-4y)\, dy\right\} dx$ を計算せよ．

(2) (1) の積分値を I とする．

$$D = \left\{(x,y) \,\bigg|\, -1 < x < 1, \, -\frac{1}{\sqrt{1-x^2}} \leq y \leq \frac{1}{\sqrt{1-x^2}}\right\}$$

としたとき，$\iint_D (1-4y)\,dxdy = I$ は正しいか．

広義積分可能性の判定は，1 変数関数の場合と同様な次のものがある．

定理 5.7 (比較定理) 全ての $(x,y) \in D$ に対し，$|f(x,y)| \leq |g(x,y)|$ とする．g が D 上広義積分可能ならば，f も D 上広義積分可能である．

広義の 2 重積分の重要な応用例として，以下の 1 変数関数の広義積分を考えよう．

例 5.16 広義積分

$$I = \int_{-\infty}^{\infty} e^{-x^2} dx \tag{5.1}$$

を考える．式 (5.1) の積分はこのままではできない．そこで，I^2 を計算することを考える．$I_n = \int_{-n}^{n} e^{-x^2} dx$, $K_n = \{(x,y) \mid -n \leq x \leq n, -n \leq y \leq n\}$ とおくと，

$$I_n^2 = \left(\int_{-n}^{n} e^{-x^2} dx\right)\left(\int_{-n}^{n} e^{-x^2} dx\right) = \left(\int_{-n}^{n} e^{-x^2} dx\right)\left(\int_{-n}^{n} e^{-y^2} dy\right)$$
$$= \int_{-n}^{n} \left\{\int_{0}^{n} e^{-(x^2+y^2)} dx\right\} dy$$
$$= \iint_{K_n} e^{-(x^2+y^2)} dxdy$$

となる．$\{K_n\}$ は xy 平面 $\mathbb{R}^2$ の近似増大列であり，被積分関数は被負値であるので，

$$\left(\lim_{n\to\infty} I_n\right)^2 = \iint_{\mathbb{R}^2} e^{-(x^2+y^2)} dxdy \tag{5.2}$$

となる．式 (5.2) の広義積分は近似増大列の取り方によらないので，$B_m = \{(x,y) \mid x^2 + y^2 \leq m^2\}$ とおけば，

$$\iint_{\mathbb{R}^2} e^{-(x^2+y^2)} dxdy = \lim_{m\to\infty} \iint_{B_m} e^{-(x^2+y^2)} dxdy$$

となる．B_m 上の積分を計算するため，極座標 (r,θ) へ変数変換する．$e^{-(x^2+y^2)}$

5.5 積分の応用

$= e^{-r^2}$ であり，Jacobian が r となることに注意すると，

$$\iint_{B_m} e^{-(x^2+y^2)}dxdy = \int_0^{2\pi}\left(\int_0^m re^{-r^2}rdr\right)d\theta$$
$$= 2\pi\left[-\frac{1}{2}e^{-r^2}\right]_0^m = \pi\left(1-e^{-m^2}\right) \to \pi \quad (m\to\infty)$$

となる．したがって，

$$I = \lim_{n\to\infty} I_n = \sqrt{\pi}$$

となる．

式 (5.1) の積分は，確率統計の分野において重要な積分である．関数 $f(x) = \dfrac{1}{\sqrt{2\pi}}e^{-\frac{x^2}{2}}$ は，**標準正規分布** (平均 0, 分散 1) の**確率密度関数**と呼ばれる関数である．確率変数 x がある値 α よりも小さい値をとるときの確率 $P(x \leqq \alpha)$ は，

$$P(x \leqq \alpha) = \int_{-\infty}^{\alpha} f(x)dx$$

により与えられる．

問 5.7 標準正規分布の確率密度関数を $(-\infty, \infty)$ の範囲で積分すると，値が 1 となることを示せ．

5.5 積分の応用

本節では，2 重積分を応用して，立体の体積と表面積を求めることを考えてみよう．

5.5.1 体　積

有界な領域 D 上の関数 $z = f(x,y) > 0$ を考えよう (図 5.5(a))．このとき，D 上の関数 $z = f(x,y)$ の 2 重積分は，集合 $\{(x,y,z)\,|\,0 \leqq z \leqq f(x,y), (x,y) \in D\}$ の**体積**と考えることができる．

この部分の体積を V とし，D 上の微小面積 ΔA_k を考える (図 5.6)．このとき，$f(x_k, y_k)\Delta A_k$ は，底面積 ΔA_k，高さが $f(x_k, y_k)$ の角柱と考えることができる．したがって，Riemann 和

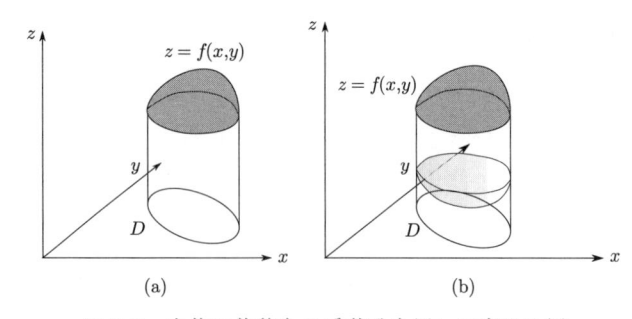

図 5.5 立体の体積を 2 重積分を用いて求める例

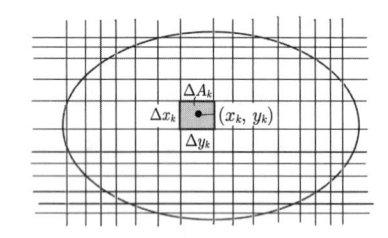

図 5.6 xy 平面上の領域 D を面積 ΔA_k の微小な矩形領域に分割する例

$$S_n = \sum_{k=1}^{n} f(x_k, y_k) \Delta A_k$$

は，この部分の体積の近似を与えることがわかる．すなわち，$n \to \infty$ のとき $\Delta A_k \to 0$ として，

$$V = \lim_{n \to \infty} \sum_{k=1}^{n} f(x_k, y_k) \Delta A_k$$

と考えることができる．したがって，次式となる．

$$V = \iint_D f(x, y) dx dy. \tag{5.3}$$

また，式 (5.3) をより一般化した場合として，領域 D 上で定義された二つの関数 $z = f(x, y)$ と $z = g(x, y)$ で囲まれた部分の体積 V を考えることもできる (図 5.5(b))．ただし，D において，$f(x, y) \geqq g(x, y)$ とする．この場合の体積 V は，次式で与えられる．

$$V = \iint_D \{f(x, y) - g(x, y)\} dx dy. \tag{5.4}$$

5.5 積分の応用

例 5.17 球面 $x^2+y^2+z^2=25$ と円柱面 $x^2+y^2=16$ で囲まれた部分の体積を求めてみる。

考えている立体は xy 平面に関して対称であるから
$$D=\{(x,y)\,|\,x^2+y^2\leqq 16\,\}$$
とし，$z\geqq 0$ の部分を考えると，求める立体の体積 V は
$$V=2\iint_D \sqrt{25-x^2-y^2}\,dxdy$$
である。ここで，$x=r\cos\theta$, $y=r\sin\theta$ とすると $J(r,\theta)=r$ であり，D は
$$E=\{(r,\theta)\,|\,0\leqq r\leqq 4,\ 0\leqq \theta<2\pi\}$$
に写る。Jacobian が r である事を考慮すると，V は $2r\sqrt{25-r^2}$ を E 上で積分したものになる。この関数は E の境界まで込めて連続であるので，2重積分は累次積分で計算してよいことになり，
$$\begin{aligned}V&=2\int_0^{2\pi}d\theta\cdot\int_0^4 r\sqrt{25-r^2}\,dr\\ &=2\Big[\theta\Big]_0^{2\pi}\cdot\left[-\frac{1}{3}(25-r^2)^{\frac{3}{2}}\right]_0^4=\frac{392}{3}\pi\end{aligned}$$
となる。

問 5.8 集合 $\{(x,y,z)\,|\,0\leqq z\leqq x^2+y^2,\ 0\leqq y\leqq x,\ 2x+y\leqq 2\}$ の体積を求めよ。

問 5.9 集合 $\{(x,y,z)\,|\,0\leqq z\leqq 25-x^2-y^2,\ x\geqq 0,\ y\geqq 0\}$ の体積を求めよ。

5.5.2 曲 面 積

区間 $[a,b]$ における1変数関数 $y=f(x)$ により与えられる曲線 C の長さ L は，
$$L=\int_a^b \sqrt{1+(f'(x))^2}\,dx \tag{5.5}$$
により計算することができた。式 (5.5) は，曲線 C を線分で折れ線近似し，各線分の長さを小さくしたときの極限として求めることができたからである。

これと同様の考え方を用いて，領域 D で定義される2変数関数 $z=f(x,y)$

が与える曲面の面積を求めることを考えよう。そのために，対象となる曲面を微小な矩形で近似すると考える。そこで，まず，xy 平面上の微小領域 $\Delta R = \{(x,y) \mid x_0 \leqq x \leqq x_0 + \Delta x, y_0 \leqq y \leqq y_0 + \Delta y\}$ を考える。次に，これら微小領域の四頂点 $(x_0, y_0), (x_0 + \Delta x, y_0), (x_0, y_0 + \Delta y), (x_0 + \Delta x, y_0 + \Delta y)$, に対応する関数 $f(x,y)$ 上の四頂点からなる微小領域 n 個の面積 S_n は $\Delta \sigma_i$ の和

$$S_n = \sum_i^n \Delta \sigma_i$$

により与えられる。したがって，分割を十分に小さくした極限 $(n \to \infty, \Delta x \to 0, \Delta y \to 0)$ において

$$S = \lim_{n \to \infty} S_n = \lim_{n \to \infty} \sum_i^n \Delta \sigma_i = \iint_D d\sigma$$

となる。

今，$\Delta x \to 0, \Delta y \to 0$ において，関数 $f(x,y)$ 上の微小領域は平行四辺形と見なすことができる (図 5.7)。この平行四辺形の面積は，図 5.7 における点 P, Q_1, Q_2 より構成されるベクトル $\overrightarrow{PQ_1}, \overrightarrow{PQ_2}$ を辺としている。任意のベクトル $\boldsymbol{a}, \boldsymbol{b}$ を 2 辺とする平行四辺形の面積は $\sqrt{(|\boldsymbol{a}||\boldsymbol{b}|)^2 - (\boldsymbol{a} \cdot \boldsymbol{b})^2}$ である。ただし，$|\boldsymbol{a}|$ は $\boldsymbol{a}$ の長さ，$\boldsymbol{a} \cdot \boldsymbol{b}$ は $\boldsymbol{a}$ と $\boldsymbol{b}$ の内積である。よって，

$$(\Delta \sigma)^2 = (\Delta x \Delta y)^2 + \{\Delta y \left(f(x_0 + \Delta x, y_0) - f(x_0, y_0)\right)\}^2 \\ + \{\Delta x \left(f(x_0, y_0 + \Delta y) - f(x_0, y_0)\right)\}^2$$

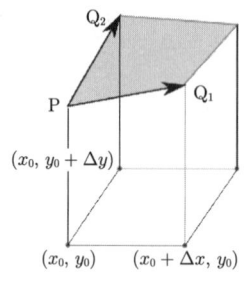

図 5.7 関数曲面の曲面積を求める。

5.5 積分の応用

$$= (\Delta x \Delta y)^2 \times \left\{ 1 + \left(\frac{f(x_0 + \Delta x, y_0) - f(x_0, y_0)}{\Delta x} \right)^2 \right.$$
$$\left. + \left(\frac{f(x_0, y_0 + \Delta y) - f(x_0, y_0)}{\Delta y} \right)^2 \right\}$$

となる。今,

$$\lim_{\Delta x \to 0} \frac{f(x_0 + \Delta x, y_0) - f(x_0, y_0)}{\Delta x} = f_x,$$

$$\lim_{\Delta y \to 0} \frac{f(y_0, y_0 + \Delta y) - f(x_0, y_0)}{\Delta y} = f_y$$

であるから,

$$d\sigma = \sqrt{1 + (f_x)^2 + (f_y)^2}\, dxdy$$

を得る。これより, 曲面積は,

$$S = \iint_D d\sigma = \iint_D \sqrt{1 + (f_x)^2 + (f_y)^2}\, dxdy \qquad (5.6)$$

として求めることができる。

例 5.18 $x \geqq 0$, $y \geqq 0$, $z \geqq 0$ 内の平面 $2x + 5y + 8z = 4$ の面積を求めてみる。

$z = \frac{1}{8}(4 - 2x - 5y)$ より $z_x = -\frac{1}{4}$, $z_y = -\frac{5}{8}$ であるから $\sqrt{1 + z_x^2 + z_y^2} = \frac{\sqrt{93}}{8}$ である。

$$D = \{(x, y) \mid 2x + 5y \leqq 4,\ x \geqq 0,\ y \geqq 0\}$$
$$= \left\{(x, y) \mid 0 \leqq x \leqq 2,\ 0 \leqq y \leqq \frac{2}{5}(2 - x)\right\}$$

とすると, 求める曲面積 S は, $\frac{\sqrt{93}}{8}$ を D 上で積分したものである。連続関数であることから累次積分に直して計算可能で,

$$S = \iint_D \frac{\sqrt{93}}{8}\, dxdy = \frac{\sqrt{93}}{8} \int_0^2 dx \int_0^{\frac{2}{5}(2-x)} dy$$
$$= \frac{5\sqrt{93}}{16} \int_0^2 (2-x)\, dx = \frac{5\sqrt{93}}{16} \left[2x - \frac{x^2}{2} \right]_0^2 = \frac{5\sqrt{93}}{8}$$

となる。

例 5.19 平面 $z=4$ よりも下にある放物面 $z=x^2+y^2$ の曲面積を求めてみる。

$z=x^2+y^2$ より $z_x=2x$, $z_y=2y$ であるから $\sqrt{1+z_x^2+z_y^2}=\sqrt{1+4(x^2+y^2)}$ である。また

$$D=\{(x,y)\,|\,x^2+y^2\leqq 4\}$$

とすると，求める曲面積 S は

$$S=\iint_D \sqrt{1+4(x^2+y^2)}\,dxdy$$

である。曲座標 (r,θ) に変換すると，D は

$$E=\{(r,\theta)\,|\,0\leqq r\leqq 2,\ 0\leqq \theta<2\pi\}$$

に写る。Jacobian が r である事を考慮すると，S は E 上で $r\sqrt{1+4r^2}$ を積分したものである。この関数は E の境界まで込めて連続であるので，累次積分で計算可能で，

$$S=\iint_E r\sqrt{1+4r^2}\,drd\theta = \int_0^{2\pi} d\theta \cdot \int_0^2 r\sqrt{1+4r^2}\,dr$$
$$=\Big[\theta\Big]_0^{2\pi} \cdot \left[\frac{1}{12}(1+4r^2)^{\frac{3}{2}}\right]_0^2 = \frac{\pi}{6}(17\sqrt{17}-1)$$

となる。

問 5.10 球の表面積は §3.6 で回転体の表面積の公式を用いて計算した。ここでは，式 (5.6) を用いて，球の表面積を求めよ。

5.6 コメント

2重積分を用いることで，1変数関数の積分を一般化した問題を解くことができたのと同様に，3重積分を用いることで，より一般的な問題を考えることが可能となる。例えば，3重積分を用いると，3次元空間内の物体の体積を求めることができる。また，3重積分自体が，3次元空間内でのベクトル場を取り扱う上で必要となる。

3変数関数 $F(x,y,z)$ が空間内の有界な閉領域 D において定義されているとしよう。このとき，D 上での関数 F の3重積分は，

$$\iiint_D F(x,y,z)dxdydz$$

となる．このとき，D の体積 V を以下のように計算することができる．

$$V = \iiint_D dV$$

2 変数関数 $z = f(x,y) > 0$ を積分領域 D 上において積分すると，xy 平面と曲面 f で囲まれた部分の体積を求めることができるが，被積分関数が常に 1 という値をとるとき，この積分は積分領域 D の面積を与えることと同じである．

2 重積分と 2 回の累次積分が必ずしも等しくなかったように，3 重積分と 3 回の累次積分も必ずしも等しくない．ただし，定理 5.3 に相当する結果は正しい．特に，D の境界が滑らかで，被積分関数が D の境界までこめて連続であれば，3 重積分は，累次積分を 3 回計算したものに等しい．どの順番で積分を計算するかによって 6 通りの計算方法があるが，いずれも同じ結果になる．

例 5.20 2 変数関数 $z = 3x^2 + y^2$, $z = 8 - x^2 - y^2$ で囲まれる領域 D の体積を求めよう．

$3x^2 + y^2 = 8 - x^2 - y^2$ より $2x^2 + y^2 = 4$ であるから

$$D = \{(x,y,z) \,|\, 3x^2 + y^2 \leqq z \leqq 8 - x^2 - y^2,\ (x,y) \in R\}$$

$$R = \{(x,y) \,|\, 2x^2 + y^2 \leqq 4\}$$

とすると，求める体積 V は

$$V = \iiint_D dxdydz = \iint_R dxdy \int_{3x^2+y^2}^{8-x^2-y^2} dz$$
$$= 2\iint_R (4 - 2x^2 - y^2)\, dxdy$$

である．ここで，$x = \sqrt{2}\, r\cos\theta$, $y = 2r\sin\theta$ とすると

$$J(r,\theta) = \begin{vmatrix} \sqrt{2}\cos\theta & -\sqrt{2}\,r\sin\theta \\ 2\sin\theta & 2r\cos\theta \end{vmatrix} = 2\sqrt{2}\,r$$

であり，R は

$$E = \{(r,\theta) \,|\, 0 \leqq r \leqq 1,\ 0 \leqq \theta < 2\pi\}$$

に写るから，V は $(4 - 4r^2) \cdot 2\sqrt{2}\,r$ を E 上で積分したものになる．この関

数は E の境界まで込めて連続であることから，2 重積分は累次積分で計算可能で，

$$V = 2\iint_E (4-4r^2)\cdot 2\sqrt{2}\,r\,drd\theta = 16\sqrt{2}\iint_E r(1-r^2)\,drd\theta$$
$$= 16\sqrt{2}\int_0^{2\pi} d\theta \cdot \int_0^1 (r-r^3)\,dr$$
$$= 16\sqrt{2}\Big[\theta\Big]_0^{2\pi}\cdot\left[\frac{r^2}{2}-\frac{r^4}{4}\right]_0^1 = 8\sqrt{2}\,\pi$$

となる。

問 5.11 $D = \{(x,y,z)\,|\,0\leqq x\leqq 1, 0\leqq y\leqq \frac{x}{2}, 0 < z \leqq 4\}$ とする。3 重積分 $\iiint_D \dfrac{2\sin(x^2)}{\sqrt{z}}\,dxdydz$ を求めよ。但し，広義積分の収束については，2 変数関数の広義積分に対する定理 5.7 に相当するものを用いてよい。

章末問題 5

1 $D = \{(x,y)\,|\,0 < y < x^2 < 1\}$ とするとき，$\iint_D e^{-x^3}dxdy$ を求めよ。

2 積分順序を交換することで，$\displaystyle\int_0^1\left(\int_y^1 \frac{\sin x}{x}\,dx\right)dy$ を計算せよ。

3 θ は正定数とする。双曲線 $x^2 - y^2 = 1$ 上の点 $\mathrm{P}(\cosh\theta, \sinh\theta)$ と $\mathrm{A}(1,0)$ をとる。また，O を原点 $(0,0)$ とする。線分 OA, OP と双曲線の一部 $\stackrel{\frown}{\mathrm{AP}}$ によって囲まれる図形 $D(\theta)$ の面積 $\displaystyle\iint_{D(\theta)} dxdy$ を θ を用いて表せ。
ヒント．$x = r\cosh\phi, y = r\sinh\phi$ と変数変換する。

4 $D = \{(x,y)\,|\,x\geqq 0, y\geqq 0\}$ とする。また，p を 2 より大きい定数とする。
$$\iint_D \frac{dxdy}{(1+x+y)^p} = \frac{1}{(p-1)(p-2)}$$
を示せ。

5 xy-平面上の点 (x,y) に対し，$\|(x,y)\| = \sqrt{x^2+y^2}$ とする。また，$D = \{(x,y)\,|\,0 < \|(x,y)\|\leqq 1\}$ とおく。$\|(x,y)\|^p$ が D 上で広義積分可能となるための定数 p の条件を求めよ。

6 f は負の値をとらない一変数関数で，$[0,\infty)$ 上広義積分可能であるとする。また，

$g(x,y) = f(x^2+y^2)$ で二変数関数 g を定義する。$D = \{(x,y) \,|\, x \geqq 0, y \geqq 0\}$ とおく。このとき，g は D 上広義積分可能で，
$$\iint_D g(x,y)\,dxdy = \frac{\pi}{4}\int_0^\infty f(t)\,dt$$
であることを示せ。

7 a, b, c を正定数とする。楕円体 $K = \left\{(x,y,z) \,\Big|\, \dfrac{x^2}{a^2} + \dfrac{y^2}{b^2} + \dfrac{z^2}{c^2} \leqq 1\right\}$ の体積を求めよ。

8 底面の半径 R，高さ h の直円錐の側面積を次の 2 通りの方法で求めよ。
(1) 回転面の表面積の公式　　(2) 曲面積の公式

9 以下の広義積分を計算せよ。

(1) $D = \{(x,y) \,|\, x \geqq 0, y \geqq 0\}$ としたときの $\displaystyle\iint_D \frac{1}{(1+x^2+y^2)^2}\,dxdy$,

(2) $\displaystyle\iint_{\mathbb{R}^2} \frac{1}{(1+x^2)(1+y^2)}\,dxdy$.

10 以下に示した集合の体積を 2 重積分を用いて求めよ。

(1) 円柱 $x^2+y^2 = 1$ と平面 $z = 0, x+z = 4$ により囲まれる集合，
(2) 二つの放物面 $z = 4x^2+3y^2, z = 6-2x^2-9y^2$ により囲まれる集合。

11 a, b, c を正定数とする。平面 $\dfrac{x}{a} + \dfrac{y}{b} + \dfrac{z}{c} = 1$，$xy$ 平面，yz 平面，zx 平面で囲まれる集合の体積を 3 重積分により求めよ。

12 (1) 平面 $2x+3y+z = 6$ が曲面 $y = x^2$ と $y = 2-x^2$ により切り取られた部分の面積を求めよ。
(2) 放物面 $x^2+y^2-z = 0$ の $6 \leqq z \leqq 12$ の部分の曲面積を求めよ。

13 以下の 3 重積分を計算せよ。

(1) $D = \{(x,y,z) \,|\, 0 \leqq x \leqq \pi, 0 \leqq y \leqq \pi, 0 \leqq z \leqq \pi\}$ としたときの $\displaystyle\iiint_D \sin(x+y+z)\,dxdydz$,

(2) $D = \{(x,y,z) \,|\, 0 \leqq x \leqq y+z, 0 \leqq z \leqq y^2, 0 \leqq y \leqq 1\}$ としたときの $\displaystyle\iiint_D (-x+2y-z)\,dxdydz$.

問と章末問題の解答

1. 実数と初等関数

問 1.1 (1) $\inf \mathbb{N} = \min \mathbb{N} = 1$, $\sup \mathbb{N} = \infty$, $\max \mathbb{N}$ は存在しない。
(2) $\inf \mathbb{Z} = -\infty$, $\sup \mathbb{Z} = \infty$, $\min \mathbb{Z}$ と $\max \mathbb{Z}$ は存在しない。
(3) $\inf A = \min A = a$, $\sup A = \max A = b$.
(4) $\inf B = a$, $\sup B = b$, $\min B$ と $\max B$ は存在しない。
(5) $\inf C = 0$, $\sup C = \max C = 1$, $\min C$ は存在しない。
(6) $\inf D = \min D = \frac{1}{2}$, $\sup D = \max D = 2$.

問 1.2 $\inf Y = -\infty$ のとき,$\inf X \geqq \inf Y$ は自明である。$\inf Y > -\infty$ とする。$x \in X$ とすると,$x \in Y$ でもあるので,$\inf Y$ の定義より,$x \geqq \inf Y$ となる。すなわち,$\inf Y \in \{a \in \mathbb{R} \mid$ 全ての $x \in X$ に対して $a \leqq x\}$ である。$\inf X$ はこの集合の最大値であるので,$\inf Y \leqq \inf X$ となる。$\sup X \leqq \sup Y$ も同様に示される。

問 1.3 (1) $a_2 = \frac{1}{2}$, $a_3 = \frac{2}{3}$, $a_4 = \frac{3}{5}$.
(2) $a_1 = 1$ であるので,$0 < a_1 \leqq 1$ は正しい。$0 < a_n \leqq 1$ と仮定すると,$a_{n+1} = \dfrac{1}{1+a_n} < \dfrac{1}{1} = 1$, $a_{n+1} = \dfrac{1}{1+a_n} \geqq \dfrac{1}{1+1} = \dfrac{1}{2}$ となり,$0 < a_{n+1} \leqq 1$ も成立する。
(3) $a_3 - a_1 < 0$, $a_4 - a_2 > 0$ である。
$$a_{2n+3} - a_{2n+1} = \frac{1}{1+a_{2n+2}} - \frac{1}{1+a_{2n}} = -\frac{a_{2n+2} - a_{2n}}{(1+a_{2n+2})(1+a_{2n})}$$

であるので,$a_{2n+3} - a_{2n+1}$ と $a_{2n+2} - a_{2n}$ は異符号である。ゆえに,$a_{2n+1} - a_{2n-1} < 0$, $a_{2n+2} - a_{2n} > 0$ が全ての $n \in \mathbb{N}$ に対して成立する。
(4) $\{a_{2n+1}\}$ は下に有界な単調減少列,$\{a_{2n}\}$ は上に有界な単調増加列であるので,これらは収束する。極限値をそれぞれ α, β とおく。$a_n > 0$ に注意すれば,$\alpha \geqq 0$,$\beta \geqq 0$ である。$a_{2n+1} = \dfrac{1}{1+a_{2n}}$, $a_{2n+2} = \dfrac{1}{1+a_{2n+1}}$ において $n \to \infty$ とすると,$\alpha = \dfrac{1}{1+\beta}$, $\beta = \dfrac{1}{1+\alpha}$ となる。これらを解いて,$\alpha = \beta = \dfrac{-1+\sqrt{5}}{2}$

1. 実数と初等関数

となる。

(5) $\alpha = \beta$ より分かる。

問 1.4 全射なもの：x^{2n+1}, $x(x^2-1)$, $e^x - e^{-x}$.
単射なもの：x^{2n+1}, $\dfrac{x}{|x|+1}$, e^x, $e^x - e^{-x}$.

問 1.5 分母が 0 となる $x = 2$ が漸近線となる。また，与式を整理すると，

$$\frac{x^2-3}{2x-4} = \left(\frac{x}{2}+1\right) + \frac{1}{2x-4}$$

となる。ここで，次の極限値を求めると，

$$\lim_{x \to \pm\infty} \left\{ \frac{x^2-3}{2x-4} - \left(\frac{x}{2}+1\right) \right\} = \lim_{x \to \pm\infty} \frac{1}{2x-4} = 0$$

となるため，$y = \dfrac{x}{2} + 1$ もこの関数の漸近線となる。

問 1.6 (1) $\dfrac{5}{6}\pi = \dfrac{3+2}{6}\pi = \dfrac{\pi}{2} + \dfrac{\pi}{3}$ より，加法定理を用いれば，

$$\sin\left(\frac{5}{6}\pi\right) = \sin\left(\frac{\pi}{2}+\frac{\pi}{3}\right) = \sin\frac{\pi}{2}\cos\frac{\pi}{3} + \cos\frac{\pi}{2}\sin\frac{\pi}{3}$$
$$= 1 \cdot \frac{1}{2} + 0 \cdot \frac{\sqrt{3}}{2} = \frac{1}{2}$$

となる。$\dfrac{5}{6}\pi = \pi - \dfrac{\pi}{6}$ として加法定理を用いてもよい。

$$\sin\left(\frac{5}{6}\pi\right) = \sin\left(\pi - \frac{\pi}{6}\right) = \sin\pi\cos\frac{\pi}{6} - \cos\pi\sin\frac{\pi}{6}$$
$$= 0 \cdot \frac{\sqrt{3}}{2} - (-1) \cdot \frac{1}{2} = \frac{1}{2}.$$

(2) $\dfrac{\pi}{12} = \dfrac{4-3}{12}\pi = \dfrac{\pi}{3} - \dfrac{\pi}{4}$ より，加法定理を用いれば，

$$\cos\left(\frac{\pi}{12}\right) = \cos\left(\frac{\pi}{3}-\frac{\pi}{4}\right) = \cos\frac{\pi}{3}\cos\frac{\pi}{4} + \sin\frac{\pi}{3}\sin\frac{\pi}{4}$$
$$= \frac{1}{2} \cdot \frac{1}{\sqrt{2}} + \frac{\sqrt{3}}{2} \cdot \frac{1}{\sqrt{2}} = \frac{1+\sqrt{3}}{2\sqrt{2}} = \frac{1}{4}\left(\sqrt{2}+\sqrt{6}\right)$$

となる。

(3) $\dfrac{5}{12}\pi = \dfrac{3+2}{12}\pi = \dfrac{\pi}{4} + \dfrac{\pi}{6}$ より，加法定理を用いれば，

$$\tan\left(\frac{5}{12}\pi\right) = \tan\left(\frac{\pi}{4}+\frac{\pi}{6}\right) = \frac{\tan\left(\frac{\pi}{4}\right) + \tan\left(\frac{\pi}{6}\right)}{1 - \tan\left(\frac{\pi}{4}\right)\tan\left(\frac{\pi}{6}\right)}$$

$$= \frac{1 + \frac{1}{\sqrt{3}}}{1 - 1 \cdot \frac{1}{\sqrt{3}}} = \frac{\sqrt{3} + 1}{\sqrt{3} - 1} = 2 + \sqrt{3}$$

となる。

問 1.7 与式は,

$$y = \sqrt{3} \sin\left(x + \frac{\pi}{3}\right) - \sin\left(x + \frac{5}{6}\pi\right) = \sqrt{3} \sin\left(x + \frac{\pi}{3}\right) - \sin\left(x + \frac{\pi}{3} + \frac{\pi}{2}\right)$$

$$= \sqrt{3} \sin\left(x + \frac{\pi}{3}\right) - \cos\left(x + \frac{\pi}{3}\right)$$

と変形することができる。$\alpha = \arctan \frac{-1}{\sqrt{3}} = -\frac{\pi}{6}$ であるから,

$$y = \sqrt{(\sqrt{3})^2 + (-1)^2} \sin\left(x + \frac{\pi}{3} - \frac{\pi}{6}\right) = 2 \sin\left(x + \frac{\pi}{6}\right)$$

となる。

問 1.8 (1) $\sec\left(\frac{\pi}{3}\right) = \frac{1}{\cos\left(\frac{\pi}{3}\right)} = \frac{1}{\frac{1}{2}} = 2.$

(2) $\cot\left(\frac{\pi}{6}\right) = \frac{1}{\tan\left(\frac{\pi}{6}\right)} = \frac{1}{\frac{1}{\sqrt{3}}} = \sqrt{3}.$

(3) $\operatorname{cosec}\left(\frac{\pi}{3}\right) = \frac{1}{\sin\left(\frac{\pi}{3}\right)} = \frac{1}{\frac{\sqrt{3}}{2}} = \frac{2}{\sqrt{3}}.$

問 1.9 (1) $\arcsin\left(-\frac{1}{\sqrt{2}}\right) = -\arcsin\left(\frac{1}{\sqrt{2}}\right) = -\frac{\pi}{4}.$

(2) $\arccos\left(\frac{\sqrt{3}}{2}\right) = \frac{\pi}{6}.$

(3) $-\arctan\left(-\sqrt{3}\right) = \arctan\left(\sqrt{3}\right) = \frac{\pi}{3}.$

問 1.10 (1) $\arccos x = t$ とおくと,

$$x = \cos t, \quad 0 \leqq t \leqq \pi$$

である。$0 \leqq t \leqq \pi$ より $\sin t \geqq 0$ となるので,

$$\sin t = \sqrt{1 - \cos^2 t} = \sqrt{1 - x^2}.$$

これより, $\sin(\arccos x) = \sqrt{1 - x^2}$ が得られる。同様に, $\arcsin x = t$ とすると,

$$x = \sin t, \quad -\frac{\pi}{2} \leqq t \leqq \frac{\pi}{2}$$

である。$-\frac{\pi}{2} \leqq t \leqq \frac{\pi}{2}$ より $\cos t \geqq 0$ となるので,

1. 実数と初等関数

$$\cos t = \sqrt{1 - \sin^2 t} = \sqrt{1 - x^2}.$$

これより, $\sin(\arccos x) = \cos(\arcsin x) = \sqrt{1 - x^2}$ が成り立つ。

(2) $\arctan \dfrac{1}{2} = x$, $\arctan \dfrac{1}{3} = y$ とおけば, $\tan x = \dfrac{1}{2}$, $\tan y = \dfrac{1}{3}$, $-\dfrac{\pi}{2} < x$, $y < \dfrac{\pi}{2}$ が得られる。$0 < \tan x$, $\tan y < 1$ より $0 < x$, $y < \dfrac{\pi}{4}$ であるから $0 < x + y < \dfrac{\pi}{2}$ となる。これより,

$$\tan(x + y) = \frac{\tan x + \tan y}{1 - \tan x \tan y} = \frac{\frac{1}{2} + \frac{1}{3}}{1 - \frac{1}{2} \cdot \frac{1}{3}} = \frac{\frac{5}{6}}{\frac{5}{6}} = 1.$$

したがって, $0 < x + y < \dfrac{\pi}{2}$ より $x + y = \arctan \dfrac{1}{2} + \arctan \dfrac{1}{3} = \dfrac{\pi}{4}$ が成り立つ。

問 1.11 (1) $\arcsin(\cos x) = t$ とおくと,

$$\sin t = \cos x = \sin\left(\frac{\pi}{2} - x\right), \quad -\frac{\pi}{2} \leq t \leq \frac{\pi}{2}$$

である。これより, $t = \dfrac{\pi}{2} - x$ となるので, 次式が得られる。

$$\arcsin(\cos x) = \frac{\pi}{2} - x.$$

なお, この結果を用いて例 1.12 の与式を計算すると次のようになる。$\arccos x = t$ とおけば

$$\cos t = x, \quad 0 \leq t \leq \pi$$

である。したがって, 次式が得られる。

$$\arcsin x + \arccos x = \arcsin(\cos t) + t = \left(\frac{\pi}{2} - t\right) + t = \frac{\pi}{2}.$$

(2) $\arctan(\cot x) = t$ とおくと,

$$\tan t = \cot x, \quad -\frac{\pi}{2} < t < \frac{\pi}{2}$$

である。これより,

$$\frac{\sin t}{\cos t} = \frac{\cos x}{\sin x}$$

となり, $\cos x \cos t - \sin x \sin t = \cos(x + t) = 0$ が得られる。したがって, $t = \dfrac{\pi}{2} - x$ となるので, 次式が得られる。

$$\arctan(\cot x) = \frac{\pi}{2} - x.$$

(3) $\text{arccosec}(\sec x) = t$ とおくと,

$$\mathrm{cosec}\, t = \sec x, \quad \left(-\frac{\pi}{2} \leqq t < 0,\ 0 < t \leqq \frac{\pi}{2}\right)$$

である。これより，

$$\frac{1}{\sin t} = \frac{1}{\cos x} = \frac{1}{\sin\left(\frac{\pi}{2} - x\right)}$$

となり，$t = \frac{\pi}{2} - x$ が得られる。これより，次式が得られる。

$$\mathrm{arccosec}\,(\sec x) = \frac{\pi}{2} - x.$$

問 1.12 (1) $\mathrm{arccot}\, x = t$ とおくと，

$$x = \cot t, \quad 0 < t < \pi$$

である。これと問 1.11(2) の結果を用いると，

$$\arctan x + \mathrm{arccot}\, x = \arctan(\cot t) + t = \left(\frac{\pi}{2} - t\right) + t = \frac{\pi}{2}$$

が得られるため，与式が成り立つことが示された。

(2) $\mathrm{arcsec}\, x = t$ とおくと，

$$\sec t = x, \quad \left(0 \leqq t < \frac{\pi}{2},\ \frac{\pi}{2} < t \leqq \pi\right)$$

である。これと問 1.11(3) の結果を用いると，

$$\mathrm{arccosec}\, x + \mathrm{arcsec}\, x = \mathrm{arccosec}\,(\sec t) + t = \left(\frac{\pi}{2} - t\right) + t = \frac{\pi}{2}$$

が得られるため，与式が成り立つことが示された。

問 1.13 (1) $\log \sqrt{e^3} = \log e^{\frac{3}{2}} = \frac{3}{2} \log e = \frac{3}{2}.$

(2)
$$3\log x + \log\left(\frac{1}{x}\right) - \log x^2 = 3\log x + \log x^{-1} - \log x^2$$
$$= 3\log x - \log x - 2\log x = 0.$$

(3)
$$5\log \sqrt[3]{x} - \frac{1}{3}\log \sqrt{x^5} = 5\log x^{\frac{1}{3}} - \frac{1}{3}\log x^{\frac{5}{2}} = \left(\frac{5}{3} - \frac{1}{3} \cdot \frac{5}{2}\right)\log x$$
$$= \frac{5}{3}\left(1 - \frac{1}{2}\right)\log x = \frac{5}{6}\log x.$$

問 1.14 (1) $\sinh(-x) = \frac{1}{2}\left(e^{-x} - e^x\right) = -\frac{1}{2}\left(e^x - e^{-x}\right) = -\sinh x.$

(2) $\cosh(-x) = \frac{1}{2}\left(e^{-x} + e^x\right) = \cosh x.$

1. 実数と初等関数

(3) $\cosh^2 x - \sinh^2 x = \left(\dfrac{e^x + e^{-x}}{2}\right)^2 - \left(\dfrac{e^x - e^{-x}}{2}\right)^2$

$= \dfrac{1}{4}\left\{e^{2x} + 2 + e^{-2x} - (e^{2x} - 2 + e^{-2x})\right\} = 1.$

問 1.15 (1) $y = \operatorname{arcsinh} x$ とおけば $x = \sinh y = \dfrac{e^y - e^{-y}}{2}$ と表される。ここで, $e^y = \theta\ (\theta > 0)$ とおけば, $\theta^2 - 2x\theta - 1 = 0$ が得られる。$\theta > 0$ であるから $\theta = x + \sqrt{x^2 + 1}$ となるので, 次式となる。

$$\operatorname{arcsinh} x = \log\left(x + \sqrt{x^2 + 1}\right).$$

(2) $y = \operatorname{arccosh} x,\ (x \geqq 1,\ y \geqq 0)$ とおけば $x = \cosh y = \dfrac{e^y + e^{-y}}{2}$ と表される。ここで, $e^y = \theta\ (\theta > 0)$ とおけば, $\theta^2 - 2x\theta + 1 = 0$ より, $\theta = x \pm \sqrt{x^2 - 1}$ が得られる。これより, $y = \log\left(x \pm \sqrt{x^2 - 1}\right)$ となるが, $y \geqq 0$ であるから,

$$\operatorname{arccosh} x = \log\left(x + \sqrt{x^2 - 1}\right),\quad (x \geqq 1)$$

となる。

(3) $y = \operatorname{arctanh} x,\ (-1 < x < 1)$ とおけば $x = \tanh y = \dfrac{\sinh y}{\cosh y} = \dfrac{e^y - e^{-y}}{e^y + e^{-y}}$ と表される。ここで, $e^y = \theta\ (\theta > 0)$ とおけば, $|x| < 1$ であるから $\theta = \sqrt{\dfrac{1+x}{1-x}}$ が得られる。これより, 次式となる。

$$\operatorname{arctanh} x = \dfrac{1}{2}\log\left(\dfrac{1+x}{1-x}\right),\quad (-1 < x < 1).$$

(4) $y = \operatorname{arccosech} x,\ (x \neq 0)$ とおけば $x = \operatorname{cosech} y = \dfrac{1}{\sinh y} = \dfrac{2}{e^y - e^{-y}}$ と表される。ここで, $e^y = \theta\ (\theta > 0)$ とおけば, $x\theta^2 - 2\theta - x = 0$ が得られるが $\theta > 0$ であるから $\theta = \dfrac{1 + \sqrt{1 + x^2}}{x}$ が得られる。これより,

$$\operatorname{arccosech} x = \log\left|\dfrac{1 + \sqrt{1 + x^2}}{x}\right|,\quad (x \neq 0)$$

となる。

(5) $y = \operatorname{arcsech} x,\ (0 < x \leqq 1,\ y \geqq 0)$ とおけば

$$x = \operatorname{sech} y = \dfrac{1}{\cosh y} = \dfrac{2}{e^y + e^{-y}}$$

と表される。ここで, $e^y = \theta\ (\theta > 0)$ とおけば, $x\theta^2 - 2\theta + x = 0$ が得られる。$\theta = \dfrac{1 \pm \sqrt{1 - x^2}}{x}$ より, $y = \log\left(\dfrac{1 \pm \sqrt{1 - x^2}}{x}\right)$ が得られるが, $y \geqq 0$

であるから，次式となる。
$$\operatorname{arcsech} x = \log\left(\frac{1+\sqrt{1-x^2}}{x}\right), \quad (0 < x \leqq 1).$$

(6) $y = \operatorname{arccoth} x, (x < -1, x > 1)$ とおけば $x = \coth y = \dfrac{1}{\tanh y} = \dfrac{e^y + e^{-y}}{e^y - e^{-y}}$ と表される。ここで，$e^y = \theta \,(\theta > 0)$ とおけば，$|x| > 1$ であるから $\theta = \sqrt{\dfrac{x+1}{x-1}}$ となる。これより，次式となる。
$$\operatorname{arccoth} x = \frac{1}{2}\log\left(\frac{x+1}{x-1}\right), \quad (x < -1, x > 1).$$

問 1.16 $L_1 = \sin\theta$, $L_2 = \cos\theta$ および $L_3 = \tan\theta$ は明らかである。$\cos\theta = \dfrac{1}{L_4}$ より $L_4 = \dfrac{1}{\cos\theta} = \sec\theta$ となる。$\angle\mathrm{OBA} = \theta$ となるから $\sin\theta = \dfrac{1}{L_5}$ より，$L_5 = \dfrac{1}{\sin\theta} = \operatorname{cosec}\theta$ となる。$\tan\theta = \dfrac{1}{L_6}$ より，$L_6 = \dfrac{1}{\tan\theta} = \cot\theta$ となる。

章末問題 1

1 (1) $\inf A = 0$, $\sup A = \max A = 2$, $\min A$ は存在しない。
 (2) $\inf B = -1$, $\sup B = 1$, $\min B$ と $\max B$ は存在しない。
 (3) $\inf C = -\infty$, $\sup C = \infty$, $\min C$ と $\max C$ は存在しない。

2 (1) 誤りである。反例は，$X = (0,1)$, $Y = [0,1)$.
 (2) 誤りである。反例は，$X = [0,1]$, $Y = \{0,1\}$.
 (3) 正しい。証明は，次のとおり。全ての $y \in Y$ に対して，$y \geqq \inf Y = \min X$ である。$\min X \in X \subset Y$ であるので，$\min X$ は Y の最小値である事が分かる。

3 (1) $a_2 = \dfrac{5}{2}$, $a_3 = \dfrac{12}{5}$, $a_4 = \dfrac{29}{12}$.
 (2) $a_1 = 2$ であるので，$2 \leqq a_1 \leqq \dfrac{5}{2}$ は正しい。$2 \leqq a_n \leqq \dfrac{5}{2}$ と仮定すると，$a_{n+1} = 2 + \dfrac{1}{a_n} \leqq 2 + \dfrac{1}{2} = \dfrac{5}{2}$, $a_{n+1} = 2 + \dfrac{1}{a_n} \geqq 2\dfrac{1}{1+\frac{5}{2}} = \dfrac{12}{5} > 2$ となり，$2 \leqq a_{n+1} \leqq \dfrac{5}{2}$ も成立する。
 (3) $a_3 - a_1 > 0$, $a_4 - a_2 < 0$ である。
$$a_{2n+3} - a_{2n+1} = \frac{1}{a_{2n+2}} - \frac{1}{a_{2n}} = -\frac{a_{2n+2} - a_{2n}}{a_{2n+2}a_{2n}}$$
であるので，$a_{2n+3} - a_{2n+1}$ と $a_{2n+2} - a_{2n}$ は異符号である。ゆえに，$a_{2n+1} - a_{2n-1} > 0$, $a_{2n+2} - a_{2n} < 0$ が全ての $n \in \mathbb{N}$ に対して成立する。
 (4) $\{a_{2n+1}\}$ は上に有界な単調増加列，$\{a_{2n}\}$ は下に有界な単調減少列であるので，こ

れらは収束する。極限値をそれぞれ α, β とおく。$a_n \geqq 2$ に注意すれば，$\alpha \geqq 2$, $\beta \geqq 2$ である。$a_{2n+1} = 2 + \dfrac{1}{a_{2n}}$, $a_{2n+2} = 2 + \dfrac{1}{a_{2n+1}}$ において $n \to \infty$ とすると，$\alpha = 2 + \dfrac{1}{\beta}$, $\beta = 2 + \dfrac{1}{\alpha}$ となる。これらを解いて，$\alpha = \beta = 1 + \sqrt{2}$ となる。

(5) $\alpha = \beta$ より分かる。

4 (1) $\{f(y) \mid y \in \mathbb{R}\} = \{g(x) \mid x \in \mathbb{R}\} = \mathbb{R}$ であるので，
$\{f(g(x)) \mid x \in \mathbb{R}\} = \{f(y) \mid y \in \{g(x) \mid x \in \mathbb{R}\}\} = \{f(y) \mid y \in \mathbb{R}\} = \mathbb{R}$
となる。ゆえに，$f \circ g$ は全射である。

(2) $x_1 \neq x_2$ とすると，g は単射であるので，$g(x_1) \neq g(x_2)$ となる。f も単射であるので，$f(g(x_1)) \neq f(g(x_2))$ となる。ゆえに，$f \circ g$ は単射である。

(3) (i) $f(x) = x$, $g(x) = \dfrac{x}{|x|+1}$.

(ii) $f(x) = x(x^2 - 1)$, $g(x) = x$.

(4) (i) $f(x) = \dfrac{x}{|x|+1}$, $g(x) = x$.

(ii) $f(x) = x$, $g(x) = x(x^2 - 1)$.

5 (1) 与式を x について解けば，$3x + 4 = \tan y$ より，$x = \dfrac{1}{3}(\tan y - 4)$ が得られる。x と y を交換することにより，$y = \dfrac{1}{3}(\tan x - 4)$ が得られる。

(2) $y - 2 = \arccos(\tan x)$ より，$\cos(y-2) = \tan x$ となり，$x = \arctan\{\cos(y-2)\}$ が得られる。x と y を交換することにより，$y = \arctan\{\cos(x-2)\}$ が得られる。

(3) $(y-3)^3 = \arcsin 2x$ より，$x = \dfrac{1}{2}\sin(y-3)^3$ が得られるので，x と y を交換することにより $y = \dfrac{1}{2}\sin(x-3)^3$ が得られる。

(4) $(1+\cos x)y = 1 - \cos x$ より，$\cos x = -\dfrac{y-1}{y+1}$ となり，$x = \arccos\left(-\dfrac{y-1}{y+1}\right)$ が得られるので，x と y を交換することにより，$y = \arccos\left(-\dfrac{x-1}{x+1}\right)$ が得られる。

6 (1) $\dfrac{\cos x}{\sin x} \cdot \dfrac{\sec x}{\operatorname{cosec} x} = \cot x \cdot \tan x = \dfrac{\tan x}{\tan x} = 1$.

(2) $\operatorname{cosec} x \cdot \dfrac{\tan x}{\sec x} = \dfrac{1}{\sin x} \cdot \sin x = 1$.

(3) $\sqrt{\dfrac{1}{\cot^2 x} + 1} = \sqrt{\tan^2 x + 1} = \sec x = \dfrac{1}{\cos x}$ となるので，これに $x = \dfrac{\pi}{4}$ を代入すると，与式は $\sqrt{2}$ となる。

(4) $\operatorname{sech} x = \dfrac{1}{\cosh x} = \dfrac{2}{e^x + e^{-x}}$ となるので，これに $x=1$ を代入すると，与式は $\dfrac{2}{e + \frac{1}{e}} = \dfrac{2e}{e^2 + 1}$ となる。

(5) $\sqrt{\coth^2 x - 1} = \sqrt{\operatorname{cosech}^2 x} = \operatorname{cosech} x = \dfrac{1}{\sinh x} = \dfrac{2}{e^x - e^{-x}}$ となるので，これに $x=1$ を代入すると，与式は $\dfrac{2}{e - \frac{1}{e}} = \dfrac{2e}{e^2 - 1}$ となる。

7 (1) 正弦関数の加法定理を用いれば，次式が得られる。
$$\sin\left(x - \dfrac{\pi}{2}\right) = \sin x \cos \dfrac{\pi}{2} - \cos x \sin \dfrac{\pi}{2} = \sin x \cdot 0 - \cos x \cdot 1 = -\cos x.$$

(2) 余弦関数の加法定理を用いれば，次式が得られる。
$$\cos\left(x + \dfrac{\pi}{2}\right) = \cos x \cos \dfrac{\pi}{2} - \sin x \sin \dfrac{\pi}{2} = \cos x \cdot 0 - \sin x \cdot 1 = -\sin x.$$

(3) $\sin 2x = 2\sin x \cos x$ であるから，$\sin x \cos x = \dfrac{1}{2}\sin 2x$ が得られる。

(4) $3x = x + 2x$ として正弦関数の加法定理を用いる。
$$\begin{aligned}\sin 3x &= \sin(x+2x) = \sin x \cos 2x + \cos x \sin 2x \\ &= \sin x(\cos^2 x - \sin^2 x) + 2\sin x \cos^2 x \\ &= \sin x(1 - 2\sin^2 x) + 2\sin x(1 - \sin^2 x) \\ &= 3\sin x - 4\sin^3 x.\end{aligned}$$

これより，次式が得られる。
$$\sin^3 x = \dfrac{1}{4}\left(3\sin x - \sin 3x\right).$$

(5) $3x = x + 2x$ として余弦関数の加法定理を用いる。
$$\begin{aligned}\cos 3x &= \cos(x+2x) = \cos x \cos 2x - \sin x \sin 2x \\ &= \cos x(\cos^2 x - \sin^2 x) - 2\sin^2 x \cos x \\ &= \cos x(2\cos^2 x - 1) - 2(1 - \cos^2 x)\cos x \\ &= -3\cos x + 4\cos^3 x.\end{aligned}$$

これより，次式が得られる。
$$\cos^3 x = \dfrac{1}{4}\left(3\cos x + \cos 3x\right).$$

8 (1) $\dfrac{1}{x^2 - 5x + 6} = \dfrac{1}{(x-2)(x-3)} = \dfrac{A}{x-2} + \dfrac{B}{x-3}$ とおけば，$A = -1$ および $B = 1$ が得られるので，$\dfrac{1}{x^2 - 5x + 6} = -\dfrac{1}{x-2} + \dfrac{1}{x-3}$ となる。

(2) $\dfrac{x}{x^3 + 1} = \dfrac{x}{(x+1)(x^2 - x + 1)} = \dfrac{A}{x+1} + \dfrac{Bx+C}{x^2 - x + 1}$ とおけば，$A = -\dfrac{1}{3}$,

2.1 変数関数の微分

$B = \dfrac{1}{3}$ および $C = \dfrac{1}{3}$ が得られるので, $\dfrac{x}{x^3+1} = -\dfrac{1}{3}\left(\dfrac{1}{x+1} - \dfrac{x+1}{x^2-x+1}\right)$ となる。

(3) $\dfrac{x^2-4x+13}{(x+1)(x-2)^2} = \dfrac{A}{x+1} + \dfrac{B}{x-2} + \dfrac{C}{(x-2)^2}$ とおけば, $A = 2, B = -1$ および $C = 3$ が得られるので, $\dfrac{x^2-4x+13}{(x+1)(x-2)^2} = \dfrac{2}{x+1} - \dfrac{1}{x-2} + \dfrac{3}{(x-2)^2}$ となる。

2.1 変数関数の微分

問 2.1

(1) $\displaystyle\lim_{x\to 1}\dfrac{2x^2-3x+1}{x^2-1} = \lim_{x\to 1}\dfrac{(x-1)(2x-1)}{(x-1)(x+1)} = \lim_{x\to 1}\dfrac{2x-1}{x+1} = \dfrac{1}{2}$.

(2) $\displaystyle\lim_{x\to\infty}\dfrac{2x^2-3x+1}{x^2-1} = \lim_{x\to\infty}\dfrac{2-\frac{3}{x}+\frac{1}{x^2}}{1-\frac{1}{x^2}} = \dfrac{2}{1} = 2$.

(3) $\displaystyle\lim_{x\to\infty}\sqrt{x}(\sqrt{x+2}-\sqrt{x}) = \lim_{x\to\infty}\dfrac{\sqrt{x}(\sqrt{x+2}-\sqrt{x})(\sqrt{x+2}+\sqrt{x})}{(\sqrt{x+2}+\sqrt{x})}$
$= \displaystyle\lim_{x\to\infty}\dfrac{2\sqrt{x}}{\sqrt{x+2}+\sqrt{x}}$
$= \displaystyle\lim_{x\to\infty}\dfrac{2}{\sqrt{1+\frac{2}{x}}+1} = 1$.

問 2.2 (1) $\displaystyle\lim_{x\to 0}\dfrac{1-\cos 2x}{x^2} = \lim_{x\to 0}\dfrac{2\sin^2 x}{x^2} = \lim_{x\to 0} 2\left(\dfrac{\sin x}{x}\right)^2 = 2\cdot 1^2 = 2$.

(2) $\displaystyle\lim_{x\to 0}(1+3x)^{\frac{1}{x}} = \lim_{x\to 0}\left\{(1+3x)^{\frac{1}{3x}}\right\}^3 = \left\{\lim_{x\to 0}(1+3x)^{\frac{1}{3x}}\right\}^3 = e^3$.

問 2.3 (1) $\left(\dfrac{ax+b}{cx+d}\right)' = \dfrac{a(cx+d)-(ax+b)c}{(cx+d)^2} = \dfrac{ad-bc}{(cx+d)^2}$.

(2) $\left\{\dfrac{1}{(x^2+1)^3}\right\}' = \dfrac{-3(x^2+1)'}{(x^2+1)^4} = -\dfrac{6x}{(x^2+1)^4}$.

問 2.4 $(\cos x)' = \displaystyle\lim_{h\to 0}\dfrac{\cos(x+h)-\cos x}{h} = -\lim_{h\to 0}\sin\left(x+\dfrac{h}{2}\right)\dfrac{\sin\frac{h}{2}}{\frac{h}{2}} = -\sin x$.

問 2.5 $\left(\dfrac{\sin x}{1-\cos x}\right)' = \dfrac{(\sin x)'(1-\cos x)-\sin x(1-\cos x)'}{(1-\cos x)^2}$
$= \dfrac{\cos x(1-\cos x)-\sin^2 x}{(1-\cos x)^2}$
$= \dfrac{\cos x - 1}{(1-\cos x)^2} = \dfrac{1}{\cos x - 1}$.

問 2.6 (1) 例えば $s = ax$ とおくことにより e^{ax} の導関数を求めることができ，$t = bx$ とおくことにより $\cos bx$ の導関数を求めることができるので，
$$(e^{ax}\cos bx)' = (e^{ax})'\cos bx + e^{ax}(\cos bx)'$$
$$= (ae^{ax})\cos bx + e^{ax}(-b\sin bx) = e^{ax}(a\cos bx - b\sin bx)$$
となる。

(2) $t = -x^2$ とおくことで，$(e^{-x^2})' = e^{-x^2}(-x^2)' = -2xe^{-x^2}$ となる。

問 2.7 $(x^k)' = (e^{k\log x})' = e^{k\log x}(k\log x)' = x^k \cdot \dfrac{k}{x} = kx^{k-1}$.

問 2.8 $y = \tan x$ とおく。
$$y' = \frac{1}{\cos^2 x} = 1 + \tan^2 x = 1 + y^2$$
である。したがって，次式を得る。
$$(\arctan y)' = \frac{1}{1+y^2}.$$

問 2.9 略

問 2.10

(1) $\left(\arcsin\dfrac{1}{x}\right)' = \dfrac{1}{\sqrt{1-(\frac{1}{x})^2}}\left(\dfrac{1}{x}\right)' = \dfrac{1}{\sqrt{1-(\frac{1}{x})^2}} \cdot (-\dfrac{1}{x^2}) = -\dfrac{1}{x\sqrt{x^2-1}}.$

(2) $(\arctan\sqrt{x})' = \dfrac{1}{1+(\sqrt{x})^2}(\sqrt{x})' = \dfrac{1}{2\sqrt{x}(1+x)}.$

(3) $\left(x\arcsin x + \sqrt{1-x^2}\right)' = \arcsin x + \dfrac{x}{\sqrt{1-x^2}} + \dfrac{-2x}{2\sqrt{1-x^2}} = \arcsin x.$

(4) $\left(x\arctan x - \log\sqrt{1+x^2}\right)' = \arctan x + \dfrac{x}{1+x^2} - \dfrac{1}{\sqrt{1+x^2}} \cdot \dfrac{2x}{2\sqrt{1+x^2}}$
$= \arctan x.$

問 2.11 (1) $(\log|\log|x||)' = \dfrac{1}{\log|x|}(\log|x|)' = \dfrac{1}{x\log|x|}.$

(2) $\left(\log\left|\tan\dfrac{x}{2}\right|\right)' = \dfrac{1}{\tan\frac{x}{2}}\left(\tan\dfrac{x}{2}\right)' = \dfrac{1}{\tan\frac{x}{2}} \cdot \dfrac{1}{2\cos^2\frac{x}{2}}$
$= \dfrac{1}{2\sin\frac{x}{2}\cos\frac{x}{2}} = \dfrac{1}{\sin x}.$

(3) $\left\{\sqrt{x(x+1)(x+2)}\right\}' = \sqrt{x(x+1)(x+2)}\left\{\dfrac{1}{2}\log|x(x+1)(x+2)|\right\}'$
$= \dfrac{1}{2}\sqrt{x(x+1)(x+2)}\left(\dfrac{1}{x} + \dfrac{1}{x+1} + \dfrac{1}{x+2}\right) = \dfrac{3x^2+6x+2}{2\sqrt{x(x+1)(x+2)}}.$

問 2.12 $\dfrac{dx}{d\theta} = a(1-\cos\theta)$ であり，これが 0 にならないのは，$0 < \theta < 2\pi$ のとき

2.1 変数関数の微分

である。このとき，$\dfrac{dy}{dx} = \dfrac{\frac{dy}{d\theta}}{\frac{dx}{d\theta}} = \dfrac{a(\sin\theta)}{a(1-\cos\theta)} = \dfrac{\sin\theta}{1-\cos\theta} = \dfrac{\sin\theta(1+\cos\theta)}{1-\cos^2\theta} = \dfrac{1+\cos\theta}{\sin\theta}$ である。

問 2.13 $(\sin x)' = \cos x = \sin\left(x+\dfrac{\pi}{2}\right)$, $(\sin x)'' = (\cos x)' = -\sin x = \sin(x+\pi)$ であるので，$y^{(n)} = \sin\left(x+\dfrac{n\pi}{2}\right)$ が予想される。これを数学的帰納法にて証明する。

(a) $n=1$ のときは，上で計算したように予想は正しい。

(b) $n=k$ のとき成り立つなら，$(\sin x)^{(k)} = \sin\left(x+\dfrac{k\pi}{2}\right)$ である。よって

$$(\sin x)^{(k+1)} = \{(\sin x)^{(k)}\}' = \cos\left(x+\dfrac{k\pi}{2}\right) = \sin\left(x+\dfrac{(k+1)\pi}{2}\right)$$

となる。以上より $n=k+1$ のときも成り立つ。

(a) および (b) より，n が自然数のとき $y^{(n)} = \sin\left(x+\dfrac{n\pi}{2}\right)$ が成り立つことが分かる。

問 2.14 $f = \sin x$, $g = x$ とすると，以下の通りに求められる。

r	${}_nC_r$	$f^{(n-r)}$	$g^{(r)}$
0	1	$\sin\left(x+\dfrac{n\pi}{2}\right)$	x
1	n	$\sin\left(x+\dfrac{(n-1)\pi}{2}\right)$	1
2	$\dfrac{1}{2}n(n-1)$	$\sin\left(x+\dfrac{(n-2)\pi}{2}\right)$	0

よって，

$$\begin{aligned}(fg)^{(n)} &= x\sin\left(x+\dfrac{n\pi}{2}\right) + n\sin\left(x+\dfrac{(n-1)\pi}{2}\right) \\ &= x\sin\left(x+\dfrac{n\pi}{2}\right) - n\cos\left(x+\dfrac{n\pi}{2}\right).\end{aligned}$$

問 2.15 $(\cos x)^{(n)} = \cos\left(x+\dfrac{n\pi}{2}\right)$ であるので，次式となる。

$$\cos x = 1 - \dfrac{1}{2!}x^2 + \dfrac{1}{4!}x^4 - \dfrac{1}{6!}x^6 + \cdots + \dfrac{(-1)^n}{(2n)!}x^{2n} + \cdots.$$

問 2.16 $f(x) = \sqrt{1+x} = (1+x)^{\frac{1}{2}}$ とおくと，

$$f'(x) = \frac{1}{2}(1+x)^{-\frac{1}{2}}, \quad f''(x) = -\frac{1}{4}(1+x)^{-\frac{3}{2}}, \quad f'''(x) = \frac{3}{8}(1+x)^{-\frac{5}{2}}$$

となるので，
$$f(0) = 1, \quad f'(0) = \frac{1}{2}, \quad f''(0) = -\frac{1}{4}, \quad f'''(0) = \frac{3}{8}$$

となる．よって，
$$\sqrt{x+1} \approx 1 + \frac{1}{2}x - \frac{1}{8}x^2 + \frac{1}{16}x^3 \quad (-1 < x < 1)$$

となる．

問 2.17 $f'(x) = \dfrac{-4x^2 - 4x + 8}{(x^2 + 2x + 3)^2} = \dfrac{-4(x+2)(x-1)}{(x^2 + 2x + 3)^2}$ であるので，増減表は以下のようになる．

x	$-\infty$	$\cdots$	-2	$\cdots$	1	$\cdots$	∞
$f'(x)$	0	$-$	0	$+$	0	$-$	0
$f(x)$	0	$\searrow$	-2	$\nearrow$	1	$\searrow$	0

$x = -2$ において極小値 -2 をとり，$x = 1$ において極大値 1 をとる．

問 2.18 体積は $V = \pi r^2 x$ と表わすことができ，また $r^2 + \left(\dfrac{x}{2}\right)^2 = a^2$ より，x の関数として $V = \pi \left(a^2 - \dfrac{x^2}{4}\right) x \ (0 < x < 2a)$ と表わされる．よって，$V' = -\dfrac{3\pi}{4}x^2 + a^2\pi = -\pi \left(\dfrac{\sqrt{3}}{2}x + a\right)\left(\dfrac{\sqrt{3}}{2}x - a\right)$ となり，$V'' = -\dfrac{3\pi}{2}x$ となる．増減表は以下の通りとなる．

x	0	$\cdots$	$\dfrac{2\sqrt{3}}{3}a$	$\cdots$	$2a$
V''	0		$-$		
V'		$+$	0	$-$	
V	0	$\nearrow$	$\dfrac{4\sqrt{3}}{9}\pi a^3$	$\searrow$	0

以上より $x = \dfrac{2\sqrt{3}}{3}a$ のとき V は極大値 $\dfrac{4\sqrt{3}}{9}\pi a^3$ をとる．題意より，V は $x = \dfrac{2\sqrt{3}}{3}a$ のとき最大値 $\dfrac{4\sqrt{3}}{9}\pi a^3$ をとる．

問 2.19 $f(x) = x^4 - 4x^3 + 8x - 5,\ f'(x) = 4x^3 - 12x^2 + 8,\ f''(x) = 12x^2 - 24x$ となる．増減表は以下のようになる．

2.1 変数関数の微分

x	$\cdots$	$1-\sqrt{3}$	$\cdots$	0	$\cdots$	1	$\cdots$	2	$\cdots$	$1+\sqrt{3}$	$\cdots$
$f''(x)$		$+$		0		$-$		0		$+$	
$f'(x)$	$-$	0	$+$			0			$-$	0	$+$
$f(x)$	↘	-9	↗			0			↘	-9	↗

以上より，$x=1\pm\sqrt{3}$ のとき極小値 -9，$x=1$ のとき極大値 0 をとる．また変曲点は $x=0$ および 2 となる．

問 2.20 $f'(x)=4x^3-4x=4x(x-1)(x+1)$，$f''(x)=12x^2-4=4(\sqrt{3}x-1)(\sqrt{3}x+1)$ となる．増減表は以下のようになる．

x	$\cdots$	-1	$\cdots$	$-\dfrac{\sqrt{3}}{3}$	$\cdots$	0	$\cdots$	$\dfrac{\sqrt{3}}{3}$	$\cdots$	1	$\cdots$
$f''(x)$		$+$		0		$-$		0		$+$	
$f'(x)$	$-$	0	$+$			0			$-$	0	$+$
$f(x)$	↘	0	↗			1			↘	0	↗

また $y=f(x)$ の対称軸が $x=\alpha$ となるなら $f(x+\alpha)=f(-x+\alpha)$ が成り立つが，与式より

$$(x+\alpha)^4-2(x+\alpha)^2+1=(-x+\alpha)^4-2(-x+\alpha)^2+1$$

となる．これを整理すると

$$8\alpha x^3+8\alpha(\alpha^2-1)x=0$$

となる．$f(x)$ の定義域の任意の x で上式が成り立つには

$$8\alpha=0,\quad 8\alpha(\alpha^2-1)=0$$

が成り立たなければならないので，$\alpha=0$ となる．以上より対称軸は $x=0$ となる．曲線の概形は以下のとおりである．

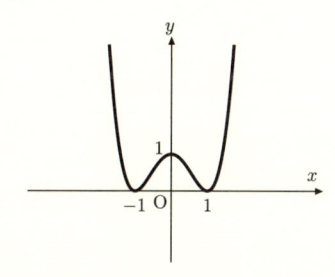

問 2.21 (1) $\displaystyle\lim_{x\to 0}\frac{\sinh x}{x}=\lim_{x\to 0}\frac{\cosh x}{1}=\lim_{x\to 0}\cosh x=1$.

(2) $\displaystyle\lim_{x\to 0}\frac{\tan x - \sin x}{x^3} = \lim_{x\to 0}\frac{\frac{1}{\cos^2 x} - \cos x}{3x^2} = \lim_{x\to 0}\frac{\frac{2\sin x}{\cos^3 x} + \sin x}{6x}$

$\displaystyle = \lim_{x\to 0}\frac{\sin x}{x} \cdot \frac{2+\cos^3 x}{6\cos^3 x} = 1 \cdot \frac{3}{6} = \frac{1}{2}.$

(3) $\displaystyle\lim_{x\to\infty}\frac{(\log x)^3}{x} = \lim_{x\to\infty}3(\log x)^2 \frac{1}{x} = \lim_{x\to\infty}6(\log x)\frac{1}{x}$

$\displaystyle = \lim_{x\to\infty}\frac{(6\log x)'}{(x)'} = \lim_{x\to\infty}\frac{6}{x} = 0.$

(4) $\displaystyle\lim_{x\to 0}\frac{a^x - b^x}{x} = \lim_{x\to 0}\frac{a^x \log a - b^x \log b}{1} = \log a - \log b.$

(5) $\displaystyle\lim_{x\to\infty}\frac{x^2}{e^x} = \lim_{x\to\infty}\frac{2x}{e^x} = \lim_{x\to\infty}\frac{2}{e^x} = 0.$

章末問題 2

1 (1) $(\cos x)(\log x) - x(\sin x)(\log x) + \cos x.$

(2) $-e^{-3x}(2\sin 2x + 3\cos 2x).$

(3) $\displaystyle\frac{2(2\cos x + 1)}{(\cos x + 2)^2}.$ (4) $\displaystyle\frac{x^2 + 6x + 4}{(x^2 + 2x + 2)^2}.$

(5) $-6e^{2x}\sin(3e^{2x}).$ (6) $\displaystyle\frac{3\cos 3x}{\sin 3x + 2}.$

(7) $(2x+3)\sin(\log x) + (x+3)\cos(\log x).$

(8) $\displaystyle -\frac{2x}{(x^2+1)^2}\sec^2\frac{1}{x^2+1}.$

(9) $\log a \cdot a^{\sin x} \cos x.$

(10) $(\sin x + 3)^x \left\{\log(\sin x + 3) + \dfrac{x\cos x}{\sin x + 3}\right\}.$

(11) $\displaystyle\frac{1}{\sqrt{x^2+c}}.$ (12) $2\sqrt{x^2+c}.$

(13) $(x^x)' = (e^{x\log x})' = e^{x\log x}(x\log x)' = x^x(\log x + 1).$

(14) $x^{x^x}x^x\{(\log x)^2 + \log x + \frac{1}{x}\}.$

2 (1) $x = f(y) = \sinh y$ とおくと, $f'(y) = \cosh y = \sqrt{\sinh^2 y + 1} = \sqrt{x^2+1}$ であるから,

$$(\operatorname{arcsinh} x)' = \{f^{-1}\}'(x) = \frac{1}{f'(y)} = \frac{1}{\cosh y} = \frac{1}{\sqrt{x^2+1}}$$

となる. また, $\operatorname{arcsinh} x = \log\left(x + \sqrt{x^2+1}\right)$ を直接微分して,

$$(\operatorname{arcsinh} x)' = \frac{1 + \frac{x}{\sqrt{x^2+1}}}{x + \sqrt{x^2+1}} = \frac{1}{\sqrt{x^2+1}}$$

となる。

(2) $x = f(y) = \tanh y$ とおくと, $f'(y) = \dfrac{1}{\cosh^2 y} = 1 - \tanh^2 y = 1 - x^2$ であるから,

$$(\operatorname{arctanh} x)' = \{f^{-1}\}'(x) = \frac{1}{f'(y)} = \cosh^2 y = \frac{1}{1-x^2}$$

となる。また, $\operatorname{arctanh} x = \dfrac{1}{2} \log \dfrac{1+x}{1-x}$ を直接微分して,

$$(\operatorname{arctanh} x)' = \left(\frac{1}{2} \log \frac{1+x}{1-x}\right)' = \frac{1}{2}\left(\frac{1}{1+x} - \frac{-1}{1-x}\right) = \frac{1}{1-x^2}$$

となる。

3 (1) $x \neq 0$ のとき,

$$f'(x) = \left(x^2 \cos \frac{1}{x}\right)' = 2x \cos \frac{1}{x} + \sin \frac{1}{x}$$

が成り立つ。$x = 0$ における微分係数は,

$$f'(0) = \lim_{h \to 0} \frac{f(h) - f(0)}{h} = \lim_{h \to 0} \frac{h^2 \cos \frac{1}{h} - 0}{h} = \lim_{h \to 0} h \cos \frac{1}{h}$$

である。ここで, $-|h| \leqq h \cos \frac{1}{h} \leqq |h|$ であることと, $\lim\limits_{h \to 0} |h| = 0$ であることから, はさみうちの原理により,

$$f'(0) = \lim_{h \to 0} h \cos \frac{1}{h} = 0$$

を得る。したがって, $f'(x)$

$$f'(x) = \begin{cases} 2x \cos \dfrac{1}{x} + \sin \dfrac{1}{x} & (x \neq 0), \\ 0 & (x = 0) \end{cases}$$

となる。

(2) $\lim\limits_{x \to 0} f'(x)$ が $f'(0) = 0$ に収束しないことを示せばよい。n を自然数として, $x_n = \dfrac{2}{(4n+1)\pi}$ とおくと,

$$f'(x_n) = \frac{4}{(4n+1)\pi} \cos \frac{(4n+1)\pi}{2} + \sin \frac{(4n+1)\pi}{2} = 1$$

である。$\lim\limits_{n \to \infty} x_n = 0$ であるが, $\lim\limits_{n \to \infty} f(x_n) = 1$ となるので, $f'(0)$ に収束し

ないことが分かる。ゆえに、$f'(x)$ は、$x=0$ で連続でない。

4 $f(x) = \sqrt{x}$ とおくと、平均値の定理から、
$$f(x+1) - f(x) = f'(x+\theta)$$
となる $\theta \in (0,1)$ が存在することが分かる。左辺は $\sqrt{x+1} - \sqrt{x}$ であり、右辺は $\dfrac{1}{2\sqrt{x+\theta}}$ である。$x < x+\theta < x+1$ であるので、
$$\frac{1}{2\sqrt{x+1}} < \frac{1}{2\sqrt{x+\theta}} < \frac{1}{2\sqrt{x}}$$
である。

5 (1) $f(x) = (1+x)^{-1}$, $f'(x) = -(1+x)^{-2}$, $f''(x) = 2(1+x)^{-3}$, $f'''(x) = -6(1+x)^{-4}$, $f^{(4)}(x) = 24(1+x)^{-5}$, $f^{(5)}(x) = -120(1+x)^{-6}$ であるので、
$$f(x) = 1 - x + x^2 - x^3 + x^4 - x^5 + R_6$$
となる。

(2) $f(x) = xe^x$, $f'(x) = e^x + xe^x$, $f''(x) = 2e^x + xe^x$, $f'''(x) = 3e^x + xe^x$, $f^{(4)}(x) = 4e^x + xe^x$, $f^{(5)}(x) = 5e^x + xe^x$ であるので、
$$f(x) = x + x^2 + \frac{1}{2}x^3 + \frac{1}{6}x^4 + \frac{1}{24}x^5 + R_6$$
となる。

別解. e^x を 4 次の項まで Maclaurin 展開すると
$$1 + x + \frac{1}{2}x^2 + \frac{1}{6}x^3 + \frac{1}{24}x^4 + R_5$$
であるから、それに x を掛ければよい。

6 $f(x) = \dfrac{1}{1-x}$ とおくと、
$$f'(x) = \frac{1}{(1-x)^2}, \quad f''(x) = \frac{2}{(1-x)^3}$$
となる。
$$f^{(k)}(x) = \frac{k!}{(1-x)^{k+1}}$$
と予想できる。数学的帰納法で示す。これは、$k=0$ のときは正しい。k のとき正しいとすると、
$$f^{(k+1)}(x) = \frac{k!(k+1)}{(1-x)^{k+2}} = \frac{(k+1)!}{(1-x)^{k+2}}$$
となり、$k+1$ のときにも正しいことがわかる。

2.1 変数関数の微分

$$\frac{f^{(k)}(0)}{k!} = 1$$

であるから, Taylor の定理より,

$$\frac{1}{1-x} = \sum_{k=0}^{n-1} x^k + R_n, \quad R_n = \frac{x^n}{(1-\theta x)^{n+1}}$$

となる $\theta \in (0,1)$ が存在する.

7 (1) $\frac{0}{0}$ の不定形である. L'Hospital の定理によって,

$$\lim_{x \to 0} \frac{\arctan x - x}{x^3} = \lim_{x \to 0} \frac{\frac{1}{1+x^2} - 1}{3x^2} = \lim_{x \to 0} \frac{-1}{3(1+x^2)} = -\frac{1}{3}.$$

(2) $\frac{0}{0}$ の不定形である. L'Hospital の定理によって,

$$\lim_{x \to \infty} \frac{\log \cos \frac{a}{x}}{\frac{1}{x^2}} = \lim_{x \to \infty} \frac{-\frac{a}{x^2} \sin \frac{a}{x}}{-\frac{2}{x^3}}$$

$$= -\lim_{x \to \infty} \frac{ax \sin \frac{a}{x}}{2 \cos \frac{a}{x}} = -\lim_{x \to \infty} \frac{a^2 \sin \frac{a}{x}}{\frac{2a}{x} \cos \frac{a}{x}} = -\frac{a^2}{2}.$$

(3) $\frac{0}{0}$ の不定形である. L'Hospital の定理によって,

$$\lim_{x \to 0} \frac{e^x - \cos x}{x^2 - 2\sin x} = \lim_{x \to 0} \frac{e^x + \sin x}{2x - 2\cos x} = -\frac{1}{2}.$$

(4) $x^x = e^{x \log x}$ である. ここで, L'Hospital の定理より,

$$\lim_{x \to +0} x \log x = \lim_{x \to +0} \frac{\log x}{\frac{1}{x}} = \lim_{x \to +0} \frac{\frac{1}{x}}{-\frac{1}{x^2}} = \lim_{x \to +0} (-x) = 0$$

したがって, $\lim_{x \to +0} x^x = \lim_{x \to +0} e^{x \log x} = e^0 = 1$ である.

(5) $x^{x^x} = e^{x^x \log x}$ である. (4) の結果より, $\lim_{x \to +0} x^x \log x = 1 \cdot (-\infty) = -\infty$ となるから, $\lim_{x \to +0} x^{x^x} = \lim_{x \to +0} e^{x^x \log x} = e^{-\infty} = 0$ である.

(6) L'Hospital の定理を 2 度用いて,

$$\lim_{h \to 0} \frac{f(a+2h) - 2f(a+h) + f(a)}{h^2} = \lim_{h \to 0} \frac{2f'(a+2h) - 2f'(a+h)}{2h}$$
$$= \lim_{h \to 0} \frac{4f''(a+2h) - 2f''(a+h)}{2}$$
$$= f''(a).$$

8 対数をとって, $\frac{1}{x} \log \frac{a^x + b^x}{2}$ の極限を考える. $x \to 0$ のとき $\frac{0}{0}$ の不定形である.

L'Hospital の定理によって,
$$\lim_{x \to 0} \frac{1}{x} \log \frac{a^x + b^x}{2} = \lim_{x \to 0} \frac{a^x \log a + b^x \log b}{a^x + b^x} = \frac{\log a + \log b}{2} = \log \sqrt{ab}.$$
よって,
$$\lim_{x \to 0} \left(\frac{a^x + b^x}{2} \right)^{\frac{1}{x}} = \sqrt{ab}.$$

$x \to \infty$ の場合を考える。$a = b = 1$ のとき,
$$\left(\frac{a^x + b^x}{2} \right)^{\frac{1}{x}} = 1$$
であるので, 極限値は 1.

a, b のうち一方が 1 で他方が 0 と 1 の間のとき, $\lim_{x \to \infty} \log \frac{a^x + b^x}{2} = \log \frac{1}{2}$ であるので,
$$\lim_{x \to \infty} \frac{1}{x} \log \frac{a^x + b^x}{2} = 0.$$

$\frac{1}{x} \log \frac{a^x + b^x}{2}$ は, $\max\{a, b\} > 1$ のときは $\frac{\infty}{\infty}$ の不定形であり, $\max\{a, b\} < 1$ のときは $-\frac{\infty}{\infty}$ の不定形である。$a > b$ とすると, L'Hospital の定理によって,
$$\lim_{x \to \infty} \frac{1}{x} \log \frac{a^x + b^x}{2} = \lim_{x \to \infty} \frac{a^x \log a + b^x \log b}{a^x + b^x}$$
$$= \lim_{x \to \infty} \frac{\log a + \left(\frac{b}{a}\right)^x \log b}{1 + \left(\frac{b}{a}\right)^x} = \log a$$
となる。$a < b$ のときは, 同様に $\log b$ に収束する。$a = b$ のときは, 明らかに, $\log a$ に収束する。

以上をまとめて,
$$\lim_{x \to \infty} \left(\frac{a^x + b^x}{2} \right)^{\frac{1}{x}} = \max\{a, b\}.$$

$x \to -\infty$ の場合は, $y = -x$ とおいて,
$$\lim_{x \to -\infty} \left(\frac{a^x + b^x}{2} \right)^{\frac{1}{x}} = \lim_{y \to \infty} \left(\frac{(a^{-1})^y + (b^{-1})^y}{2} \right)^{-\frac{1}{y}}$$
$$= \max\{a^{-1}, b^{-1}\}^{-1} = \min\{a, b\}.$$

9 対数微分法により $f'(x) = x^x(\log x + 1)$ となる。$\log x = -1$ の解は $x = e^{-1}$ である。これより増減表は以下のようになる。

x	0	$\cdots$	e^{-1}	$\cdots$
$f'(x)$		$-$	0	$+$
$f'(x)$	1	$\searrow$	$e^{-\frac{1}{e}}$	$\nearrow$

よって $x = e^{-1}$ のとき極値 $e^{-\frac{1}{e}}$ をとる。

10 (1) $f'(x) = -12(x+2)(x-b)(x-2)$, $f(x)'' = -12(3x^2 - 2bx - 4)$ であるので,増減表は以下のようになる。

x	$\cdots$	-2	$\cdots$	$\dfrac{b - \sqrt{b^2 + 12}}{3}$	$\cdots$	b	$\cdots$	$\dfrac{b + \sqrt{b^2 + 12}}{3}$	$\cdots$	2	$\cdots$
$f(x)''$		$-$		0		$+$		0		$-$	
$f(x)'$	$+$	0	$-$		$-$	0	$+$		$+$	0	$-$
$f(x)$	$\nearrow$	極大	$\searrow$		$\searrow$	極小	$\nearrow$		$\nearrow$	極大	$\searrow$

これより, $x = \pm 2$ のとき極大, $x = b$ のとき極小となる。

(2) $f(b) = 0$ より $a = -b^4 + 24b^2$ である。

(3) $f(2) = f(-2)$ より $b = 0$ である。

3.1 変数関数の積分

問 3.1 表 2.1 より直接得られない関数について,右欄の関数を微分する。

5 項: $(x \log x - x)' = \log x + x \cdot \dfrac{1}{x} - 1 = \log x.$

8 項: $(-\log |\cos x|)' = -\dfrac{-\sin x}{\cos x} = \tan x.$

9 項: $\left(\dfrac{1}{2a} \log \left| \dfrac{x-a}{x+a} \right| \right)' = \dfrac{1}{2a} \left(\log |x-a| - \log |x+a| \right)'$

$= \dfrac{1}{2a} \left(\dfrac{1}{x-a} - \dfrac{1}{x+a} \right) = \dfrac{1}{2a} \cdot \dfrac{x+a-(x-a)}{x^2 - a^2} = \dfrac{1}{x^2 - a^2}.$

10 項: $\left(\dfrac{1}{a} \arctan \dfrac{x}{a} \right)' = \dfrac{1}{a} \cdot \dfrac{\left(\frac{x}{a} \right)'}{1 + \left(\frac{x}{a} \right)^2} = \dfrac{1}{a} \cdot \dfrac{a}{a^2 + x^2} = \dfrac{1}{a^2 + x^2}.$

11 項: $\left(\arcsin \dfrac{x}{a} \right)' = \dfrac{\left(\frac{x}{a} \right)'}{\sqrt{1 - \left(\frac{x}{a} \right)^2}} = \dfrac{1}{\sqrt{a^2 - x^2}}.$

12 項: $\dfrac{1}{2} \left(x\sqrt{a^2 - x^2} + a^2 \arcsin \dfrac{x}{a} \right)'$

$= \dfrac{1}{2} \left(\sqrt{a^2 - x^2} - \dfrac{x^2}{\sqrt{a^2 - x^2}} + \dfrac{a^2}{\sqrt{a^2 - x^2}} \right)$

$$= \frac{1}{2} \cdot \frac{a^2 - x^2 - (x^2 - a^2)}{\sqrt{a^2 - x^2}} = \frac{a^2 - x^2}{\sqrt{a^2 - x^2}} = \sqrt{a^2 - x^2}.$$

13 項: $\left(\log\left|x + \sqrt{x^2 + c}\right|\right)' = \dfrac{\left(x + \sqrt{x^2 + c}\right)'}{x + \sqrt{x^2 + c}} = \dfrac{1 + \dfrac{x}{\sqrt{x^2+c}}}{x + \sqrt{x^2 + c}}$

$$= \frac{1}{\sqrt{x^2 + c}} \cdot \frac{\sqrt{x^2 + c} + x}{x + \sqrt{x^2 + c}} = \frac{1}{\sqrt{x^2 + c}}.$$

14 項: $\dfrac{1}{2}\left(x\sqrt{x^2 + c} + c\log\left|x + \sqrt{x^2 + c}\right|\right)'$

$$= \frac{1}{2}\left(\sqrt{x^2 + c} + \frac{x^2}{\sqrt{x^2+c}} + \frac{c}{\sqrt{x^2+c}}\right)$$

$$= \frac{1}{2} \cdot \frac{2x^2 + 2c}{\sqrt{x^2 + c}} = \sqrt{x^2 + c}.$$

問 3.2

(1) $$\int (2x + 1)\log x\, dx = \int (x^2 + x)' \log x\, dx$$
$$= (x^2 + x)\log x - \int (x^2 + x)\frac{1}{x}\, dx$$
$$= (x^2 + x)\log x - \frac{1}{2}x^2 - x.$$

(2) $$\int xe^{2x}\, dx = \int x\left(\frac{1}{2}e^{2x}\right)' dx = \frac{1}{2}\left(xe^{2x} - \int e^{2x}\, dx\right)$$
$$= \frac{1}{4}(2x - 1)e^{2x}.$$

(3) $$\int \log x\, dx = \int x' \log x\, dx = x\log x - \int x(\log x)'\, dx = x\log x - x.$$

(4) 部分積分法を用いて aI を求めると,

$$aI = \int ae^{ax}\cos bx\, dx = \int (e^{ax})' \cos bx\, dx$$
$$= e^{ax}\cos bx + b\int e^{ax}\sin bx\, dx = e^{ax}\cos bx + bJ$$

が得られる。同様に, aJ に対して部分積分法を適用すれば,

$$aJ = \int ae^{ax}\sin bx\, dx = \int (e^{ax})' \sin bx\, dx$$
$$= e^{ax}\sin bx - b\int e^{ax}\cos bx\, dx = e^{ax}\sin bx - bI$$

となるので,

3.1 変数関数の積分

$$\begin{cases} aI - bJ = e^{ax}\cos bx, \\ bI + aJ = e^{ax}\sin bx \end{cases}$$

とまとめられる。これらを連立させれば，$a^2 + b^2 \neq 0$ であることから，次式が得られる。

$$I = \frac{e^{ax}}{a^2 + b^2}\left(a\cos bx + b\sin bx\right),$$

$$J = \frac{e^{ax}}{a^2 + b^2}\left(a\sin bx - b\cos bx\right).$$

(別解) $a^2 I$ に対して部分積分法を 2 回適用することにより求めることもできる。

$$\begin{aligned}
a^2 I &= a\int ae^{ax}\cos bx\,dx = a\int (e^{ax})'\cos bx\,dx \\
&= a\left(e^{ax}\cos bx + b\int e^{ax}\sin bx\,dx\right) \\
&= ae^{ax}\cos bx + b\int ae^{ax}\sin bx\,dx = ae^{ax}\cos bx + b\int (e^{ax})'\sin bx\,dx \\
&= ae^{ax}\cos bx + b\left(e^{ax}\sin bx - b\int e^{ax}\cos bx\,dx\right) \\
&= e^{ax}\left(a\cos bx + b\sin bx\right) - b^2 I.
\end{aligned}$$

ここで，$a^2 + b^2 \neq 0$ であるから，

$$I = \frac{e^{ax}}{a^2 + b^2}(a\cos bx + b\sin bx)$$

が得られる。同様に，$a^2 J$ に対して部分積分法を 2 回適用することにより求めることができる。

(5) 前設問において得られた J の式に $a = 3$，$b = 2$ を代入すればよいので，次式が得られる。

$$\int e^{3x}\sin 2x\,dx = \frac{e^{3x}}{3^2 + 2^2}(3\sin 2x - 2\cos 2x) = \frac{e^{3x}}{13}(3\sin 2x - 2\cos 2x).$$

問 3.3 (1) $x = a\sin\theta$ とおくと，$dx = a\cos\theta\,d\theta$ が得られる。$-\dfrac{\pi}{2} \leqq \theta \leqq \dfrac{\pi}{2}$ より $\cos\theta \geqq 0$ であり，$a > 0$ であるから，次式が得られる。

$$\int \frac{dx}{\sqrt{a^2 - x^2}} = \int \frac{a\cos\theta}{\sqrt{a^2(1 - \sin^2\theta)}}\,d\theta = \theta = \arcsin\frac{x}{a}.$$

(2) $x = a\tan\theta$ とおくと，

$$dx = \frac{a}{\cos^2\theta}\,d\theta = a\left(1 + \tan^2\theta\right)d\theta$$

が得られる。したがって，次式が得られる。

$$\int \frac{dx}{a^2+x^2} = \int \frac{a(1+\tan^2\theta)}{a^2(1+\tan^2\theta)}\,d\theta = \frac{\theta}{a} = \frac{1}{a}\arctan\frac{x}{a}.$$

問 3.4 3倍角の公式から，

$$\sin^3 x = \frac{1}{4}(3\sin x - \sin 3x), \quad \cos^3 x = \frac{1}{4}(\cos 3x + 3\cos x)$$

が得られる。したがって，次式が得られる。

$$\int \sin^3 x\,dx = \frac{1}{4}\int(3\sin x - \sin 3x)\,dx = \frac{1}{4}\left(-3\cos x + \frac{1}{3}\cos 3x\right),$$

$$\int \cos^3 x\,dx = \frac{1}{4}\int(\cos 3x + 3\cos x)\,dx = \frac{1}{4}\left(\frac{1}{3}\sin 3x + 3\sin x\right).$$

問 3.5 $4x - x^2 = 2^2 - (x-2)^2$ であるから，次式が得られる。

$$\int \frac{dx}{\sqrt{4x-x^2}} = \int \frac{dx}{\sqrt{2^2-(x-2)^2}} = \arcsin\frac{x-2}{2}.$$

問 3.6

(1) $\displaystyle\int \sinh ax = \frac{1}{2}\int(e^{ax} - e^{-ax})\,dx = \frac{1}{2}\left(\frac{e^{ax}}{a} + \frac{e^{-ax}}{a}\right) = \frac{1}{a}\cosh ax.$

(2) $\displaystyle\int \cosh ax = \frac{1}{2}\int(e^{ax} + e^{-ax})\,dx = \frac{1}{2}\left(\frac{e^{ax}}{a} - \frac{e^{-ax}}{a}\right) = \frac{1}{a}\sinh ax.$

(3) $\displaystyle\int \tanh ax = \int \frac{\sinh ax}{\cosh ax} = \frac{1}{a}\log|\cosh ax|.$

問 3.7 (1) $\displaystyle\int \sec^2 ax\,dx = \int \frac{dx}{\cos^2 ax} = \frac{1}{a}\frac{\sin ax}{\cos ax} = \frac{1}{a}\tan ax.$

(2) $\displaystyle\int \mathrm{cosec}^2 ax\,dx = \int \frac{dx}{\sin^2 ax} = -\frac{1}{a}\frac{\cos ax}{\sin ax} = -\frac{1}{a}\cot ax.$

問 3.8 $(\arccos x)' = -\dfrac{1}{\sqrt{1-x^2}}$ であることに注意して部分積分法を適用すると，次式となる。

$$\int \arccos x\,dx = \int (x)' \arccos x\,dx = x\arccos x + \int \frac{x}{\sqrt{1-x^2}}\,dx$$
$$= x\arccos x - \sqrt{1-x^2}.$$

$(\arctan x)' = \dfrac{1}{1+x^2}$ であることに注意して部分積分法を適用すると，次式となる。

$$\int \arctan x\,dx = \int (x)' \arctan x\,dx = x\arctan x - \int \frac{x}{1+x^2}\,dx$$
$$= x\arctan x - \frac{1}{2}\log(1+x^2).$$

3.1 変数関数の積分

問 3.9 $I = \int x \arccos x \, dx$ と $J = \int x \arctan x \, dx$ とおいて部分積分法を用いる。

$$I = \int x \arccos x \, dx = \frac{1}{2} \int (x^2)' \arccos x \, dx$$

$$= \frac{1}{2} \left(x^2 \arccos x + \int \frac{x^2}{\sqrt{1-x^2}} \, dx \right)$$

$$= \frac{1}{2} \left\{ x^2 \arccos x - \int \frac{(1-x^2)-1}{\sqrt{1-x^2}} \, dx \right\}$$

$$= \frac{1}{2} \left(x^2 \arccos x - \int \sqrt{1-x^2} \, dx + \arcsin x \right)$$

$$= \frac{1}{2} \left(x^2 \arccos x + \arcsin x \right) - \frac{1}{4} \left(x\sqrt{1-x^2} + \arcsin x \right)$$

$$= \frac{1}{4} \left(\arcsin x + 2x^2 \arccos x - x\sqrt{1-x^2} \right).$$

$$J = \int x \arctan x \, dx = \frac{1}{2} \int (x^2)' \arctan x \, dx$$

$$= \frac{1}{2} \left(x^2 \arctan x - \int \frac{x^2}{1+x^2} \, dx \right)$$

$$= \frac{1}{2} \left\{ x^2 \arctan x - \int \left(1 - \frac{1}{1+x^2} \right) dx \right\} = \frac{1}{2} \left\{ (x^2+1) \arctan x - x \right\}.$$

問 3.10
(1) 求める不定積分を I とおく。

$$\frac{1}{x^3+1} = \frac{1}{(x+1)(x^2-x+1)} = \frac{A}{x+1} + \frac{Bx+C}{x^2-x+1}$$

とおくと, $A = \frac{1}{3}$, $B = -\frac{1}{3}$, $C = \frac{2}{3}$ が得られる。したがって,

$$\frac{1}{x^3+1} = \frac{1}{3} \left(\frac{1}{x+1} - \frac{x-2}{x^2-x+1} \right) = \frac{1}{3} \left(\frac{1}{x+1} - \frac{1}{2} \cdot \frac{2x-4}{x^2-x+1} \right)$$

$$= \frac{1}{3} \left\{ \frac{1}{x+1} - \frac{1}{2} \cdot \frac{(2x-1)-3}{x^2-x+1} \right\}$$

$$= \frac{1}{3} \left\{ \frac{1}{x+1} - \frac{1}{2} \cdot \frac{2x-1}{x^2-x+1} + \frac{3}{2} \cdot \frac{1}{(x-\frac{1}{2})^2 + \left(\frac{\sqrt{3}}{2}\right)^2} \right\}$$

$$= \frac{1}{6} \left(\frac{2}{x+1} - \frac{2x-1}{x^2-x+1} \right) + \frac{1}{2} \cdot \frac{1}{(x-\frac{1}{2})^2 + \left(\frac{\sqrt{3}}{2}\right)^2}$$

となる。よって, 次式が得られる。

$$I = \frac{1}{6}\log\frac{(x+1)^2}{x^2-x+1} + \frac{1}{\sqrt{3}}\arctan\frac{2x-1}{\sqrt{3}}.$$

(2) 被積分関数を $\dfrac{A}{x^2+4} + \dfrac{B}{x^2-4}$ とおけば，$A = -\dfrac{1}{8}$, $B = \dfrac{1}{8}$ が得られる．これより，被積分関数は $\dfrac{1}{8}\left(\dfrac{1}{x^2-4} - \dfrac{1}{x^2+4}\right)$ となるので，求める不定積分を J とおくと，次式となる．

$$J = \frac{1}{8}\left(\frac{1}{4}\log\left|\frac{x-2}{x+2}\right| - \frac{1}{2}\arctan\frac{x}{2}\right) = \frac{1}{32}\log\left|\frac{x-2}{x+2}\right| - \frac{1}{16}\arctan\frac{x}{2}.$$

(3) 被積分関数を因数分解して部分分数に分解すると

$$\frac{x^2+2}{x^4-7x^2+10} = \frac{x^2+2}{(x^2-2)(x^2-5)} = \frac{1}{3}\left(\frac{7}{x^2-5} - \frac{4}{x^2-2}\right)$$

が得られる．よって，求める不定積分を K とすると，次式となる．

$$K = \frac{1}{3}\left(\frac{7}{2\sqrt{5}}\log\left|\frac{x-\sqrt{5}}{x+\sqrt{5}}\right| - \frac{4}{2\sqrt{2}}\log\left|\frac{x-\sqrt{2}}{x+\sqrt{2}}\right|\right)$$
$$= \frac{7}{6\sqrt{5}}\log\left|\frac{x-\sqrt{5}}{x+\sqrt{5}}\right| - \frac{\sqrt{2}}{3}\log\left|\frac{x-\sqrt{2}}{x+\sqrt{2}}\right|.$$

問 3.11 $\sqrt{1+x} = t$ とおけば，$1+x = t^2$ より，$dx = 2t\,dt$ となる．したがって，求める不定積分を I とおけば，次式が得られる．

$$I = \int\frac{2t}{(t^2-1)t}\,dt = 2\cdot\frac{1}{2}\log\left|\frac{t-1}{t+1}\right| = \log\left|\frac{\sqrt{1+x}-1}{\sqrt{1+x}+1}\right|.$$

問 3.12 $x^{\frac{1}{4}} = t$ とおけば，$x = t^4$ より，$dx = 4t^3\,dt$ となる．したがって，求める不定積分を I とおけば，次式が得られる．

$$I = \int\frac{t}{1+t^2}\cdot 4t^3\,dt = 4\int\frac{t^4}{1+t^2}\,dt = 4\int\left(t^2 - 1 + \frac{1}{t^2+1}\right)dt$$
$$= 4\left(\frac{1}{3}t^3 - t + \arctan t\right) = \frac{4}{3}\left(\sqrt[4]{x^3} - 3\sqrt[4]{x} + 3\arctan\sqrt[4]{x}\right).$$

問 3.13 $\tan\dfrac{x}{2} = \theta$ とおけば，置換積分法により次のように計算される．

(1) $$\int\frac{dx}{\sin x} = \int\frac{1+\theta^2}{2\theta}\cdot\frac{2}{1+\theta^2}\,d\theta = \int\frac{d\theta}{\theta} = \log|\theta| = \log\left|\tan\frac{x}{2}\right|$$
$$= \frac{1}{2}\log\left|\frac{1-\cos x}{1+\cos x}\right|.$$

(2) $$\int\frac{dx}{\cos x} = \int\frac{1+\theta^2}{1-\theta^2}\cdot\frac{2}{1+\theta^2}\,d\theta = -2\int\frac{d\theta}{\theta^2-1} = -2\frac{1}{2}\log\left|\frac{\theta-1}{\theta+1}\right|$$

$$= \log\left|\frac{\tan\frac{x}{2}+1}{\tan\frac{x}{2}-1}\right| = \log\left|\frac{\sin\frac{x}{2}+\cos\frac{x}{2}}{\sin\frac{x}{2}-\cos\frac{x}{2}}\right| = \log\left|\frac{1+\sin x}{-\cos x}\right|$$
$$= \log|-\sec x - \tan x|.$$

(3)
$$\frac{dx}{5-3\sin x+4\cos x} = \frac{2\,d\theta}{5(1+\theta^2)-6\theta+4(1-\theta^2)}$$
$$= \frac{2\,d\theta}{\theta^2-6\theta+9} = \frac{2\,d\theta}{(\theta-3)^2}$$

であるので,

$$\int \frac{dx}{5-3\sin x+4\cos x} = -\frac{2}{\theta-3} = -\frac{2}{\tan\frac{x}{2}-3}.$$

問 3.14 $\tan x = \theta$ とおけば，置換積分法により，次のように計算される。

(1) $\displaystyle\int \frac{dx}{\sin^2 x} = \int \frac{d\theta}{\theta^2} = -\frac{1}{\theta} = -\frac{1}{\tan x} = -\cot x.$

(2) $\displaystyle\int \frac{dx}{\cos^2 x} = \int d\theta = \theta = \tan x.$

(3) $\displaystyle\int \frac{dx}{\sin^4 x} = \int \frac{1+\theta^2}{\theta^4}\,d\theta = \int (\theta^{-4}+\theta^{-2})\,d\theta = -\frac{1}{3}\theta^{-3} - \theta^{-1}$
$$= -\frac{1}{3}\cot^3 x - \cot x.$$

(4) $\displaystyle\int \frac{dx}{\cos^4 x} = \int (1+\theta^2)^2\,d\theta = \theta + \frac{\theta^3}{3} = \tan x + \frac{1}{3}\tan^3 x.$

問 3.15

(1) $\displaystyle\int_0^{\frac{\pi}{4}} \sin 2x\,dx = -\frac{1}{2}\Big[\cos 2x\Big]_0^{\frac{\pi}{4}} = -\frac{1}{2}\left(\cos\frac{\pi}{2}-\cos 0\right) = \frac{1}{2}.$

(2) $\displaystyle\int_0^1 e^{3x}\,dx = \frac{1}{3}\Big[e^{3x}\Big]_0^1 = \frac{1}{3}\left(e^3-1\right).$

(3) $\displaystyle\int_1^e \frac{\log x}{x}\,dx = \int_1^e (\log x)'\log x\,dx = \left[\frac{1}{2}(\log x)^2\right]_1^e = \frac{1}{2}.$

問 3.16

(1) $\displaystyle\int_0^1 \arccos x\,dx = \int_0^1 x'\arccos x\,dx = \Big[x\arccos x\Big]_0^1 + \int_0^1 \frac{x}{\sqrt{1-x^2}}\,dx$

$$= -\left[\sqrt{1-x^2}\right]_0^1 = 1.$$

(2) $\displaystyle\int_0^1 \arctan x\, dx = \int_0^1 x' \arctan x\, dx = \Big[x \arctan x\Big]_0^1 - \int_0^1 \frac{x}{1+x^2}\, dx$
$\displaystyle = \frac{\pi}{4} - \frac{1}{2}\Big[\log(1+x^2)\Big]_0^1 = \frac{\pi}{4} - \log\sqrt{2}.$

(3) $\displaystyle\int_0^1 \mathrm{arccot}\, x\, dx = \int_0^1 x'\, \mathrm{arccot}\, x\, dx = \Big[x\, \mathrm{arccot}\, x\Big]_0^1 + \int_0^1 \frac{x}{1+x^2}\, dx$
$\displaystyle = \mathrm{arccot}\, 1 + \frac{1}{2}\Big[\log(1+x^2)\Big]_0^1 = \frac{\pi}{4} + \log\sqrt{2}.$

問 3.17

(1) $\displaystyle\int_0^{\sqrt{3}} \frac{dx}{9+x^2} = \frac{1}{3}\Big[\arctan \frac{x}{3}\Big]_0^{\sqrt{3}} = \frac{1}{3}\arctan \frac{1}{\sqrt{3}} = \frac{1}{3}\cdot\frac{\pi}{6} = \frac{\pi}{18}.$

(2) $\displaystyle\int_{-1}^{\sqrt{3}} \frac{dx}{\sqrt{4-x^2}} = \Big[\arcsin \frac{x}{2}\Big]_{-1}^{\sqrt{3}} = \arcsin\frac{\sqrt{3}}{2} - \arcsin\left(-\frac{1}{2}\right) = \frac{\pi}{2}.$

(3) $\displaystyle\int_0^2 \frac{dx}{4+3x^2} = \frac{1}{3}\int_0^2 \frac{dx}{x^2+(2/\sqrt{3})^2} = \frac{1}{3}\frac{\sqrt{3}}{2}\Big[\arctan\frac{\sqrt{3}\,x}{2}\Big]_0^2$
$\displaystyle = \frac{\sqrt{3}}{6}\arctan\sqrt{3} = \frac{\sqrt{3}}{6}\cdot\frac{\pi}{3} = \frac{\sqrt{3}}{18}\pi.$

問 3.18 (1) 被積分関数は積分の下端 $x=0$ において値をもたないので，次の極限値を求める。

$$\int_0^3 \frac{dx}{\sqrt[3]{x}} = \lim_{\varepsilon\to+0}\int_\varepsilon^3 \frac{dx}{\sqrt[3]{x}} = \frac{3}{2}\lim_{\varepsilon\to+0}\Big[x^{\frac{2}{3}}\Big]_\varepsilon^3 = \frac{3}{2}3^{\frac{2}{3}} = \frac{9}{2\sqrt[3]{3}}.$$

(2) 被積分関数は積分の下端 $x=-4$ および上端 $x=4$ において値をもたないので，正の小さい定数 ε および δ を任意にとって次の極限値を求める。

$$\int_{-4}^4 \frac{dx}{\sqrt{16-x^2}} = \lim_{\varepsilon,\delta\to+0}\int_{-4+\varepsilon}^{4-\delta}\frac{dx}{\sqrt{16-x^2}} = \lim_{\varepsilon,\delta\to+0}\Big[\arcsin\frac{x}{4}\Big]_{-4+\varepsilon}^{4-\delta}$$
$$= \lim_{\varepsilon,\delta\to+0}\left(\arcsin\frac{4-\delta}{4} - \arcsin\frac{-4+\varepsilon}{4}\right)$$
$$= \arcsin 1 - \arcsin(-1) = \pi.$$

問 3.19

(1) $\displaystyle\int_{-\infty}^\infty \frac{dx}{4+x^2} = \lim_{X\to-\infty, Y\to\infty}\int_X^Y \frac{dx}{4+x^2} = \frac{1}{2}\lim_{X\to-\infty, Y\to\infty}\Big[\arctan\frac{x}{2}\Big]_X^Y$

3.1 変数関数の積分

$$= \frac{1}{2} \lim_{X \to -\infty, Y \to \infty} \left(\arctan \frac{Y}{2} - \arctan \frac{X}{2} \right)$$
$$= \frac{1}{2} \left\{ \frac{\pi}{2} - \left(-\frac{\pi}{2} \right) \right\} = \frac{\pi}{2}.$$

(2) $\displaystyle\int_1^\infty \frac{dx}{(3x-2)^3} = \lim_{X \to \infty} \int_1^X \frac{dx}{(3x-2)^3} = -\frac{1}{6} \lim_{X \to \infty} \left[\frac{1}{(3x-2)^2} \right]_1^X$
$\displaystyle = -\frac{1}{6} \lim_{X \to \infty} \left\{ \frac{1}{(3X-2)^2} - 1 \right\} = \frac{1}{6}.$

(3) $\displaystyle\int_1^\infty \frac{dx}{x(1+x^2)} = \int_1^\infty \left(\frac{1}{x} - \frac{x}{1+x^2} \right) dx$
$\displaystyle = \lim_{X \to \infty} \left[\log|x| - \frac{1}{2} \log(1+x^2) \right]_1^X$
$\displaystyle = \frac{1}{2} \lim_{X \to \infty} \left\{ \log X^2 - \log(1+X^2) + \log 2 \right\}$
$\displaystyle = \frac{1}{2} \lim_{X \to \infty} \left\{ \log \frac{X^2}{1+X^2} + \log 2 \right\}$
$\displaystyle = \frac{1}{2} \lim_{X \to \infty} \left\{ \log \frac{1}{\frac{1}{X^2}+1} + \log 2 \right\} = \log \sqrt{2}.$

問 3.20 第 1 象限においては,$y = \frac{b}{a}\sqrt{a^2 - x^2}$ で表されるから,楕円の面積 S は,

$$S = \frac{4b}{a} \int_0^a \sqrt{a^2 - x^2}\, dx$$

となる。ここで,$x = a\sin\theta$ とおけば,$dx = a\cos\theta\, d\theta$ が得られる。また,x が $[0, a]$ のとき,θ は $\left[0, \frac{\pi}{2}\right]$ であるから,楕円の面積は,

$$S = \frac{4b}{a} \int_0^{\frac{\pi}{2}} \sqrt{a^2(1-\sin^2\theta)} \cdot a\cos\theta\, d\theta = 4ab \int_0^{\frac{\pi}{2}} \cos^2\theta\, d\theta$$
$$= 2ab \int_0^{\frac{\pi}{2}} (1 + \cos 2\theta)\, d\theta = 2ab \left[\theta + \frac{1}{2}\sin 2\theta \right]_0^{\frac{\pi}{2}} = 2ab \cdot \frac{\pi}{2} = \pi ab$$

であることがわかる。特に,$b = a$ とすれば,半径 a の円の面積として πa^2 が得られる。

問 3.21
$$S(x) = \int_0^a y\, dx = \int_0^a (\sqrt{a} - \sqrt{x})^2\, dx = \int_0^a (a - 2\sqrt{ax} + x)\, dx$$
$$= \left[ax - \frac{2}{a} \cdot \frac{2}{3}(ax)^{\frac{3}{2}} + \frac{1}{2}x^2 \right]_0^a = a^2 - \frac{4}{3}a^2 + \frac{1}{2}a^2 = \frac{1}{6}a^2.$$

問 3.22 第 1 象限の体積を求めて 2 倍すればよいので，体積 V_x は，次式のように求められる。

$$V_x = 2\pi \int_0^a y^2 \, dx = 2\pi \int_0^a \left(a^{\frac{2}{3}} - x^{\frac{2}{3}}\right)^3 dx$$

$$= 2\pi \int_0^a \left(a^2 - 3a^{\frac{4}{3}}x^{\frac{2}{3}} + 3a^{\frac{2}{3}}x^{\frac{4}{3}} - x^2\right) dx$$

$$= 2\pi \left[a^2 x - 3a^{\frac{4}{3}} \cdot \frac{3}{5}x^{\frac{5}{3}} + 3a^{\frac{2}{3}} \cdot \frac{3}{7}x^{\frac{7}{3}} - \frac{x^3}{3}\right]_0^a$$

$$= 2\pi \left(1 - \frac{9}{5} + \frac{9}{7} - \frac{1}{3}\right) a^3 = 2\pi \frac{16}{105} a^3 = \frac{32}{105}\pi a^3.$$

問 3.23 (1) $y' = \sqrt{x}$ であるから，曲線の長さ L は式 (3.11) を用いて次式となる。

$$L = \int_0^1 \sqrt{1+x} \, dx = \frac{2}{3}\left[(1+x)^{\frac{3}{2}}\right]_0^1 = \frac{2}{3}(2\sqrt{2} - 1).$$

(2) $y' = \dfrac{x^2}{4} - \dfrac{1}{x^2} = \dfrac{x^4 - 4}{4x^2}$ であるから，曲線の長さ L は次式となる。

$$L = \int_1^4 \sqrt{1 + \left(\frac{x^4 - 4}{4x^2}\right)^2} \, dx = \int_1^4 \sqrt{\frac{16x^4 + x^8 - 8x^4 + 16}{(4x^2)^2}} \, dx$$

$$= \frac{1}{4}\int_1^4 \frac{\sqrt{x^8 + 8x^4 + 16}}{x^2} \, dx = \frac{1}{4}\int_1^4 \frac{x^4 + 4}{x^2} \, dx = \frac{1}{4}\int_1^4 (x^2 + 4x^{-2}) \, dx$$

$$= \frac{1}{4}\left(\frac{1}{3}\left[x^3\right]_1^4 - 4\left[\frac{1}{x}\right]_1^4\right) = \frac{1}{4}\left\{\frac{63}{3} - 4\left(-\frac{3}{4}\right)\right\} = \frac{1}{4}(21+3) = 6.$$

(3) 与えられた関数は偶関数であるから，式 (3.5) より区間 $[0, 1]$ における曲線の長さ L' を 2 倍することにより得られる。$y' = x$ であるから曲線の長さ L' は次式のように求められる。

$$L' = \int_0^1 \sqrt{1+x^2} \, dx = \left[x\sqrt{1+x^2}\right]_0^1 - \int_0^1 \frac{x^2}{\sqrt{1+x^2}} \, dx$$

$$= \sqrt{2} - \int_0^1 \frac{1+x^2-1}{\sqrt{1+x^2}} \, dx = \sqrt{2} - L' + \left[\log\left|x + \sqrt{1+x^2}\right|\right]_0^1.$$

これより，曲線の長さ L は次式となる。

$$L = \sqrt{2} + \log(1+\sqrt{2}) - \log 1 = \sqrt{2} + \log(1+\sqrt{2}).$$

問 3.24 (1) $y' = 2x$ であるから，曲線の長さ L は次式となる。

$$L = \int_0^1 \sqrt{1+4x^2} \, dx = 2\int_0^1 \sqrt{x^2 + \frac{1}{4}} \, dx$$

$$= \left[x\sqrt{x^2 + \frac{1}{4}} + \frac{1}{4}\log\left|x + \sqrt{x^2 + \frac{1}{4}}\right|\right]_0^1$$

$$= \frac{\sqrt{5}}{2} + \frac{1}{4}\log\left(\frac{1+\frac{\sqrt{5}}{2}}{\frac{1}{2}}\right) = \frac{\sqrt{5}}{2} + \frac{1}{4}\log(2+\sqrt{5}).$$

(2) $y = x^2$ の第 1 象限は $x = \sqrt{y}$ で表されるので, 式 (3.14) を用いると, 面積 S_y は次式となる.

$$S = 2\pi \int_0^1 \sqrt{y}\sqrt{1+\frac{1}{4y}}\,dy = \pi \int_0^1 \sqrt{4y+1}\,dy = \frac{2\pi}{12}\left[(4y+1)^{3/2}\right]_0^1$$
$$= \frac{\pi}{6}\left(5\sqrt{5}-1\right).$$

問 3.25 $y = -\frac{h}{r}x + h$ で表される直線を y 軸の周りに回転させてできる回転体の側面の面積を求めればよいことになる. $x = -\frac{r}{h}y + r$ で表されるので, 円錐の側面の面積 S は, 次式となる.

$$S = 2\pi \int_0^h \left(-\frac{r}{h}y + r\right)\sqrt{1+\frac{r^2}{h^2}}\,dy = \frac{2\pi}{h}\sqrt{r^2+h^2}\left[-\frac{r}{2h}y^2 + ry\right]_0^h$$
$$= \frac{2\pi}{h}\sqrt{r^2+h^2}\,\frac{rh}{2} = \pi r\sqrt{r^2+h^2}.$$

問 3.26 問 3.20 の結果より, 楕円の面積は πab である. したがって, x 方向の重心を x_c とすると, 式 (3.18) より次式が得られる.

$$x_c = \frac{4}{\pi ab} \cdot \frac{b}{a} \int_0^a x\sqrt{a^2-x^2}\,dx.$$

ここで, $x = a\sin\theta$ とおくと, $dx = a\cos\theta\,d\theta$ であり, x が $[0, a]$ のとき, θ は $[0, \frac{\pi}{2}]$ であるから,

$$x_c = \frac{4}{\pi a^2}\int_0^{\frac{\pi}{2}} a\sin\theta\sqrt{a^2(1-\sin^2\theta)}\,a\cos\theta\,d\theta = \frac{4a}{\pi}\int_0^{\frac{\pi}{2}}\sin\theta\cos^2\theta\,d\theta.$$

例 3.30 より, $\int_0^{\frac{\pi}{2}}\sin\theta\cos^2\theta\,d\theta = \frac{1}{3}$ であるから,

$$x_c = \frac{4a}{\pi} \cdot \frac{1}{3} = \frac{4a}{3\pi}$$

となる. 同様に y 方向の重心を y_c とすると, $y_c = \frac{4b}{3\pi}$ となる. これより, 第 1 象限の楕円と両軸で囲まれた図形の重心は, $G\left(\frac{4a}{3\pi}, \frac{4b}{3\pi}\right)$ となる. なお, $a = b = 1$ とした単位円の場合には, 例 3.30 でも示したように, $G\left(\frac{4}{3\pi}, \frac{4}{3\pi}\right)$ となる.

章末問題 3

1 (1) $\displaystyle\int \sin x \cos x \, dx = \frac{1}{2}\int \sin 2x \, dx = -\frac{1}{4}\cos 2x.$

(2) $\displaystyle\int x^2 e^x \, dx = \int (e^x)' x^2 \, dx = x^2 e^x - 2\int (e^x)' x \, dx$
$\displaystyle\qquad = e^x x^2 - 2\left(xe^x - \int e^x \, dx\right) = e^x(x^2 - 2x + 2).$

(3) 求める不定積分を I とおく。

$$I = \int \sin 3x \cos 2x \, dx = -\frac{1}{3}\int (\cos 3x)' \cos 2x \, dx$$
$$= -\frac{1}{3}\left\{\cos 3x \cos 2x + \frac{2}{3}\int (\sin 3x)' \sin 2x \, dx\right\}$$
$$= -\frac{1}{3}\left\{\cos 3x \cos 2x + \frac{2}{3}\left(\sin 3x \sin 2x - 2\int \sin 3x \cos 2x \, dx\right)\right\}.$$

これより，次式が得られる。
$$-9I = 3\cos 3x \cos 2x + 2\sin 3x \sin 2x - 4I.$$

これより，求める不定積分 I は，次式となる。
$$I = -\frac{1}{5}\left(3\cos 3x \cos 2x + 2\sin 3x \sin 2x\right).$$

(4) 被積分関数を $\dfrac{3x+4}{(x+2)^2} = \dfrac{A}{x+2} + \dfrac{B}{(x+2)^2}$ とおけば，$A = 3$, $B = -2$ が得られる。これより，次式が得られる。

$$\int \frac{3x+4}{(x+2)^2}\, dx = \int \left\{\frac{3}{x+2} - \frac{2}{(x+2)^2}\right\} dx = 3\log|x+2| + \frac{2}{x+2}.$$

(5) 被積分関数を $\dfrac{x-4}{(x-1)(x-2)(x-3)} = \dfrac{A}{x-1} + \dfrac{B}{x-2} + \dfrac{C}{x-3}$ とおけば，$A = -\dfrac{3}{2}$, $B = 2$, $C = -\dfrac{1}{2}$ が得られる。これより，次式が得られる。

$$\int \frac{x-4}{(x-1)(x-2)(x-3)}\, dx = \int \left\{-\frac{3}{2(x-1)} + \frac{2}{x-2} - \frac{1}{2(x-3)}\right\} dx$$
$$= -\frac{3}{2}\log|x-1| + 2\log|x-2| - \frac{1}{2}\log|x-3|$$
$$= \log \frac{(x-2)^2}{\sqrt{|(x-1)^3(x-3)|}}.$$

(6) 求める不定積分を I とおく。被積分関数を

3.1 変数関数の積分

$$\frac{x^2-x+2}{x^3-1} = \frac{x^2-x+2}{(x-1)(x^2+x+1)} = \frac{A}{x-1} + \frac{Bx+C}{x^2+x+1}$$

とおけば，$A = \dfrac{2}{3}$，$B = \dfrac{1}{3}$，$C = -\dfrac{4}{3}$ が得られる．したがって，被積分関数は次式で表される．

$$\begin{aligned}
\frac{x^2-x+2}{x^3-1} &= \frac{1}{3}\left(\frac{2}{x-1} + \frac{x-4}{x^2+x+1}\right) \\
&= \frac{1}{3}\left[\frac{2}{x-1} + \frac{1}{2}\left\{\frac{2x+1}{x^2+x+1} - \frac{9}{\left(x+\frac{1}{2}\right)^2 + \left(\frac{\sqrt{3}}{2}\right)^2}\right\}\right] \\
&= \frac{1}{6}\left(\frac{4}{x-1} + \frac{2x+1}{x^2+x+1}\right) - \frac{3}{2}\frac{1}{\left(x+\frac{1}{2}\right)^2 + \left(\frac{\sqrt{3}}{2}\right)^2}.
\end{aligned}$$

これより，求める不定積分 I は，次式となる．

$$\begin{aligned}
I &= \frac{1}{6}\log(x-1)^4(x^2+x+1) - \frac{3}{2}\frac{2}{\sqrt{3}}\arctan\frac{2x+1}{\sqrt{3}} \\
&= \frac{1}{6}\log(x-1)^3(x^3-1) - \sqrt{3}\arctan\frac{2x+1}{\sqrt{3}}.
\end{aligned}$$

(7) $\displaystyle\int \cos x \log|\sin x|\,dx = \int (\sin x)' \log|\sin x|\,dx$

$$\begin{aligned}
&= \sin x \log|\sin x| - \int \sin x \frac{\cos x}{\sin x}\,dx \\
&= \sin x \log|\sin x| - \sin x = \sin x\{\log|\sin x| - 1\}.
\end{aligned}$$

(8) $\displaystyle\int \frac{dx}{\sqrt{2x^2+3}} = \frac{1}{\sqrt{2}}\int \frac{dx}{\sqrt{x^2+\frac{3}{2}}} = \frac{1}{\sqrt{2}}\log\left|x + \sqrt{x^2+\frac{3}{2}}\right|.$

(9) $\displaystyle\int \frac{dx}{\sqrt{4-3x^2}} = \int \frac{dx}{\sqrt{3\left(\frac{4}{3}-x^2\right)}} = \frac{1}{\sqrt{3}}\int \frac{dx}{\sqrt{\left(\frac{2}{\sqrt{3}}\right)^2 - x^2}}$

$$= \frac{1}{\sqrt{3}}\arcsin\frac{x}{\frac{2}{\sqrt{3}}} = \frac{1}{\sqrt{3}}\arcsin\frac{\sqrt{3}}{2}x.$$

(10) $\tan\dfrac{x}{2} = \theta$ とおいて，$\sin x = \dfrac{2\theta}{1+\theta^2}$，$\cos x = \dfrac{1-\theta^2}{1+\theta^2}$，$dx = \dfrac{2}{1+\theta^2}d\theta$ を代入すると，次式が得られる．

$$\int \frac{dx}{\sin x + \cos x} = \int \frac{2}{1+2\theta-\theta^2}d\theta = -2\int \frac{d\theta}{\theta^2-2\theta-1}$$

$$= -2\int \frac{d\theta}{(\theta-1)^2 - (\sqrt{2})^2} = -\frac{2}{2\sqrt{2}}\log\left|\frac{\theta-1-\sqrt{2}}{\theta-1+\sqrt{2}}\right|$$
$$= \frac{1}{\sqrt{2}}\log\left|\frac{\tan\frac{x}{2}-1+\sqrt{2}}{\tan\frac{x}{2}-1-\sqrt{2}}\right|.$$

(11) $\cos x = \theta$ とおけば, $-\sin x\,dx = d\theta$ が得られるので，次式となる．
$$\int \frac{\sin x}{\cos^3 x}\,dx = -\int \frac{d\theta}{\theta^3} = \frac{1}{2\theta^2} = \frac{1}{2\cos^2 x} = \frac{1}{2}\sec^2 x.$$

(12) 前問と同様の置換を行うと，次式が得られる．
$$\int \frac{\sin x}{1-\sin x}\,dx = \int \frac{\frac{2\theta}{1+\theta^2}\cdot\frac{2}{1+\theta^2}}{1-\frac{2\theta}{1+\theta^2}}\,d\theta = \int \frac{4\theta}{(\theta-1)^2(1+\theta^2)}\,d\theta$$
$$= 2\int\left\{\frac{1}{(\theta-1)^2} - \frac{1}{1+\theta^2}\right\}d\theta = 2\left(-\frac{1}{\theta-1} - \arctan\theta\right)$$
$$= -2\left\{\frac{1}{\tan\frac{x}{2}-1} + \arctan\left(\tan\frac{x}{2}\right)\right\} = -\frac{2}{\tan\frac{x}{2}-1} - x.$$

2 (1) $\tan^2 x + 1 = \dfrac{1}{\cos^2 x}$ の関係を用いると，次式が得られる．
$$\int_0^{\frac{\pi}{4}} \tan^2 x\,dx = \int_0^{\frac{\pi}{4}}\left(\frac{1}{\cos^2 x} - 1\right)dx = \Big[\tan x - x\Big]_0^{\frac{\pi}{4}}$$
$$= \tan\frac{\pi}{4} - \frac{\pi}{4} = 1 - \frac{\pi}{4}.$$

(2) $\sqrt{x^2+4} = t - x$ とおいて両辺を2乗すると $x = \dfrac{t^2-1}{2t}$ および $dx = \dfrac{t^2+1}{2t^2}\,dt$ が得られる．また，x が $[0,\sqrt{3}]$ のとき，t は $[1, 2+\sqrt{3}]$ であるから，
$$\int_0^{\sqrt{3}} \frac{4x}{\sqrt{x^2+1}}\,dx = 4\int_1^{2+\sqrt{3}} \frac{\frac{t^2-1}{2t}\cdot\frac{t^2+1}{2t^2}}{t-\frac{t^2-1}{2t}}\,dt = \int_1^{2+\sqrt{3}}\left(1 - \frac{1}{t^2}\right)dt$$
$$= 2\Big[t + \frac{1}{t}\Big]_1^{2+\sqrt{3}} = 2\left(2+\sqrt{3} + \frac{1}{2+\sqrt{3}} - 2\right)$$
$$= 2\frac{\sqrt{3}(2+\sqrt{3})+1}{2+\sqrt{3}} = 2\frac{2\sqrt{3}+4}{2+\sqrt{3}} = 4.$$

(3) 求める定積分を I とする．
$$I = \int_{\frac{\pi}{4}}^{\frac{\pi}{2}} \cot x\,\mathrm{cosec}^2 x\,dx = \int_{\frac{\pi}{4}}^{\frac{\pi}{2}} \frac{\cos x}{\sin x}\cdot\frac{1}{\sin^2 x}\,dx = \int_{\frac{\pi}{4}}^{\frac{\pi}{2}} \frac{\cos x}{\sin^3 x}\,dx$$

であるから，$\sin x = \theta$ とおけば $\cos x\,dx = d\theta$, x が $\left[\dfrac{\pi}{4}, \dfrac{\pi}{2}\right]$ のとき，θ は

$\left[\dfrac{1}{\sqrt{2}}, 1\right]$ であるから,次式が得られる。

$$I = \int_{\frac{1}{\sqrt{2}}}^{1} \dfrac{d\theta}{\theta^3} = -\dfrac{1}{2}\left[\dfrac{1}{\theta^2}\right]_{\frac{1}{\sqrt{2}}}^{1} = -\dfrac{1}{2}\left\{1 - \dfrac{1}{\left(\frac{1}{\sqrt{2}}\right)^2}\right\} = -\dfrac{1}{2}(1-2) = \dfrac{1}{2}.$$

(4) $\displaystyle\int_0^{\frac{\pi}{2}} \dfrac{\tan x}{\sec x} \cdot \dfrac{\cot x}{\csc x}\,dx = \int_0^{\frac{\pi}{2}} \sin x \cos x\,dx = \int_0^{\frac{\pi}{2}} \sin x\,(\sin x)'\,dx$
$= \dfrac{1}{2}\Big[\sin^2 x\Big]_0^{\frac{\pi}{2}} = \dfrac{1}{2} \cdot 1 = \dfrac{1}{2}.$

(5) $\displaystyle\int_1^e x^2 \log x\,dx = \Big[\dfrac{x^3}{3}\log x\Big]_1^e - \int_1^e \dfrac{x^3}{3} \cdot \dfrac{1}{x}\,dx = \dfrac{e^3}{3} - \int_1^e \dfrac{x^2}{3}\,dx$
$= \dfrac{e^3}{3} - \Big[\dfrac{x^3}{9}\Big]_1^e = \dfrac{e^3}{3} - \dfrac{e^3}{9} + \dfrac{1}{9} = \dfrac{2e^3 + 1}{9}.$

(6) $\displaystyle\int_0^1 x \arctan x\,dx = \Big[\dfrac{x^2}{2}\arctan x\Big]_0^1 - \int_0^1 \dfrac{x^2}{2} \cdot \dfrac{1}{1+x^2}\,dx$
$= \dfrac{\pi}{8} - \dfrac{1}{2}\int_0^1 \left(1 - \dfrac{1}{1+x^2}\right)dx$
$= \dfrac{\pi}{8} - \dfrac{1}{2}\Big[x - \arctan x\Big]_0^1 = \dfrac{\pi}{8} - \dfrac{1}{2} + \dfrac{\pi}{8} = \dfrac{\pi}{4} - \dfrac{1}{2}.$

(7) $\displaystyle\int_0^1 x^2 e^x\,dx = \Big[x^2 e^x\Big]_0^1 - \int_0^1 2x e^x\,dx = e - \Big[2xe^x\Big]_0^1 + \int_0^1 2e^x\,dx$
$= e - 2e + \Big[2e^x\Big]_0^1 = -e + (2e - 2) = e - 2.$

(8) $\displaystyle\int_0^{\frac{\pi}{4}} x^2 \cos x\,dx = \Big[x^2 \sin x\Big]_0^{\frac{\pi}{4}} - \int_0^{\frac{\pi}{4}} 2x \sin x\,dx$
$= \dfrac{\pi^2}{16\sqrt{2}} + \Big[2x \cos x\Big]_0^{\frac{\pi}{4}} - \int_0^{\frac{\pi}{4}} 2 \cos x\,dx$
$= \dfrac{\pi^2}{16\sqrt{2}} + \dfrac{\pi}{2\sqrt{2}} - \Big[2 \sin x\Big]_0^{\frac{\pi}{4}} = \dfrac{\pi^2}{16\sqrt{2}} + \dfrac{\pi}{2\sqrt{2}} - \sqrt{2}.$

(9) 被積分関数を

$$\dfrac{x+1}{2x^2 + 3x - 2} = \dfrac{x+1}{(x+2)(2x-1)} = \dfrac{A}{x+1} + \dfrac{B}{2x-1}$$

とおけば,$A = \dfrac{1}{5}$,$B = \dfrac{3}{5}$ が得られる。これより,次式が得られる。

$$\int_{-1}^{0} \frac{x+1}{2x^2+3x-2} dx = \frac{1}{5} \int_{-1}^{0} \left(\frac{1}{x+2} + \frac{3}{2x-1} \right) dx$$
$$= \frac{1}{5} \Big[\log|x+2| + \frac{3}{2} \log|2x-1| \Big]_{-1}^{0}$$
$$= \frac{1}{5} \left(\log 2 + \frac{3}{2} \log \frac{1}{3} \right)$$
$$= \frac{1}{10} (2\log 2 - 3\log 3) = \frac{1}{10} \log \frac{4}{27}.$$

(10) $\displaystyle \int_{-1}^{0} \frac{dx}{\sqrt{1-2x-x^2}} = \int_{-1}^{0} \frac{dx}{\sqrt{-(x^2+2x-1)}} = \int_{-1}^{0} \frac{dx}{\sqrt{(\sqrt{2})^2-(x+1)^2}}$
$$= \Big[\arcsin \frac{x+1}{\sqrt{2}} \Big]_{-1}^{0} = \arcsin \frac{1}{\sqrt{2}} = \frac{\pi}{4}.$$

(11) 被積分関数を
$$\frac{x-1}{x^2-x-2} = \frac{x-1}{(x-2)(x+1)} = \frac{A}{x-2} + \frac{B}{x+1}$$

とおけば，$A = \dfrac{1}{3}$, $B = \dfrac{2}{3}$ が得られる。これより，次式が得られる。

$$\int_{0}^{1} \frac{x-1}{x^2-x-2} dx = \int_{0}^{1} \frac{x-1}{(x-2)(x+1)} dx$$
$$= \int_{0}^{1} \left(\frac{1}{3} \cdot \frac{1}{x-2} + \frac{2}{3} \cdot \frac{1}{x+1} \right) dx$$
$$= \frac{1}{3} \Big[\log|x-2| \Big]_{0}^{1} + \frac{2}{3} \Big[\log|x+1| \Big]_{0}^{1}$$
$$= \frac{1}{3} (0 - \log 2) + \frac{2}{3} (\log 2 - 0) = \frac{1}{3} \log 2.$$

(12) 被積分関数を
$$\frac{x^3+2x^2+3x+4}{x^2+2} = Ax+B+\frac{Cx+D}{x^2+2}$$

とおけば，$A=1, B=2, C=1, D=0$ が得られる。これより，次式が得られる。

$$\int_{0}^{2} \frac{x^3+2x^2+3x+4}{x^2+2} dx = \int_{0}^{2} \left(x+2+\frac{x}{x^2+2} \right) dx$$
$$= \Big[\frac{x^2}{2} + 2x \Big]_{0}^{2} + \frac{1}{2} \int_{0}^{2} \frac{2x}{x^2+2} dx$$
$$= 6 + \frac{1}{2} \Big[\log(x^2+2) \Big]_{0}^{2} = 6 + \frac{1}{2} (\log 6 - \log 2)$$

3.1 変数関数の積分

$$= 6 + \frac{1}{2}\log 3.$$

(13) $\displaystyle\int_0^1 \frac{4x-3}{x^2-2x+2}\,dx = \int_0^1 \left(\frac{2(2x-2)}{x^2-2x+2} + \frac{1}{x^2-2x+2}\right)dx$

$\displaystyle\qquad\qquad\qquad\qquad = 2\int_0^1 \frac{(x^2-2x+2)'}{x^2-2x+2}\,dx + \int_0^1 \frac{1}{(x-1)^2+1}\,dx$

$\displaystyle\qquad\qquad\qquad\qquad = 2\Big[\log|x^2-2x+2|\Big]_0^1 + \Big[\arctan(x-1)\Big]_0^1$

$\displaystyle\qquad\qquad\qquad\qquad = 2(0-\log 2) + (0+\frac{\pi}{4}) = \frac{\pi}{4} - 2\log 2.$

3 (1) $\quad\sin mx\cos nx = \dfrac{1}{2}\{\sin(m+n)x + \sin(m-n)x\}$

である。$m \neq n$ のとき,

$$\int_0^{2\pi} \sin mx\cos nx\,dx = \int_0^{2\pi} \frac{1}{2}\{\sin(m+n)x + \sin(m-n)x\}\,dx$$

$$= \frac{1}{2}\Big[-\frac{\cos(m+n)x}{m+n} - \frac{\cos(m-n)x}{m-n}\Big]_0^{2\pi}$$

$$= \frac{1}{2}\Big\{\Big(-\frac{1}{m+n} - \frac{1}{m-n}\Big) - \Big(-\frac{1}{m+n} - \frac{1}{m-n}\Big)\Big\} = 0$$

となり,$m = n$ のとき,

$$\int_0^{2\pi} \sin mx\cos nx\,dx = \int_0^{2\pi} \frac{1}{2}\sin 2mx\,dx$$

$$= \Big[-\frac{1}{4m}\cos 2mx\Big]_0^{2\pi} = -\frac{1}{4m}(1-1) = 0$$

となる。

(2) $\quad\sin mx\sin nx = -\dfrac{1}{2}\{\cos(m+n)x - \cos(m-n)x\}$

である。$m \neq n$ のとき,

$$\int_0^{2\pi} \sin mx\sin nx\,dx = -\frac{1}{2}\int_0^{2\pi} \{\cos(m+n)x - \cos(m-n)x\}\,dx$$

$$= -\frac{1}{2}\Big[\frac{\sin(m+n)x}{m+n} - \frac{\sin(m-n)x}{m-n}\Big]_0^{2\pi} = 0$$

となり,$m = n$ のとき,

$$\int_0^{2\pi} \sin mx\sin nx\,dx = \int_0^{2\pi} \sin^2 mx\,dx = \int_0^{2\pi} \frac{1-\cos 2mx}{2}\,dx$$

$$= \left[\frac{x}{2} - \frac{\sin 2mx}{4m}\right]_0^{2\pi} = \pi$$

となる。

(3)
$$\cos mx \cos nx = \frac{1}{2}\{\cos(m+n)x + \cos(m-n)x\}$$

である。$m \neq n$ のとき，

$$\int_0^{2\pi} \cos mx \cos nx \, dx = \int_0^{2\pi} \frac{1}{2}\{\cos(m+n)x + \cos(m-n)x\} \, dx$$

$$= \frac{1}{2}\left[\frac{\sin(m+n)x}{m+n} + \frac{\sin(m-n)x}{m-n}\right]_0^{2\pi} = 0$$

となり，$m = n$ のとき，

$$\int_0^{2\pi} \cos mx \cos nx \, dx = \int_0^{2\pi} \cos^2 mx \, dx = \int_0^{2\pi} \frac{\cos 2mx + 1}{2} \, dx$$

$$= \left[\frac{\sin 2mx}{4m} + \frac{x}{2}\right]_0^{2\pi} = \pi$$

となる。

4

(1)
$$\int_{-\infty}^{\infty} \frac{dx}{1+x^2} = \lim_{\varepsilon \to -\infty} \int_\varepsilon^0 \frac{dx}{1+x^2} + \lim_{\varepsilon \to \infty} \int_0^\varepsilon \frac{dx}{1+x^2}$$

$$= \lim_{\varepsilon \to -\infty} \Big[\arctan x\Big]_\varepsilon^0 + \lim_{\varepsilon \to \infty} \Big[\arctan x\Big]_0^\varepsilon = \frac{\pi}{2} + \frac{\pi}{2} = \pi.$$

(2)
$$\int_1^\infty \frac{\log x}{x^2} \, dx = \lim_{\varepsilon \to \infty} \int_1^\varepsilon \frac{\log x}{x^2} \, dx = \lim_{\varepsilon \to \infty} \int_1^\varepsilon \left(-\frac{1}{x}\right)' \log x \, dx$$

$$= -\lim_{\varepsilon \to \infty} \left[\frac{\log x}{x} + \frac{1}{x^2}\right]_1^\varepsilon = -\lim_{\varepsilon \to \infty}\left(\frac{\log \varepsilon}{\varepsilon} + \frac{1}{\varepsilon^2} - 1\right).$$

ここで，第 2 章で述べた L'Hospital の定理を用いると $\displaystyle\lim_{\varepsilon \to \infty} \frac{\log \varepsilon}{\varepsilon} = \lim_{\varepsilon \to \infty} \frac{1}{\varepsilon} = 0$ であるから，$\displaystyle\int_1^\infty \frac{\log x}{x^2} \, dx = 1$ となる。

(3) 求める広義積分を I とする。$\sqrt{x} = t$ とおけば，$x = t^2$ であるから $dx = 2t \, dt$ が得られる。x が $[0, 1]$ のとき，t も $[0, 1]$ であるから，

$$\int_0^1 \frac{\log x}{\sqrt{x}} \, dx = \int_0^1 \frac{\log t^2}{t} 2t \, dt = 4\int_0^1 \log t \, dt.$$

ここで，被積分関数は $t = 0$ で定義されていないため，次の極限値を求める。

$$I = 4\lim_{\varepsilon \to 0} \int_\varepsilon^1 \log t \, dt = 4\lim_{\varepsilon \to 0} \int_\varepsilon^1 t' \log t \, dt = 4\lim_{\varepsilon \to 0}\left(\Big[t \log t\Big]_\varepsilon^1 - \int_\varepsilon^1 dt\right)$$

3.1 変数関数の積分

$$= 4\lim_{\varepsilon \to 0}(-\varepsilon \log \varepsilon + \varepsilon) - 4.$$

上式に第 2 章で述べた L'Hospital の定理を用いると，次式が得られる．

$$I = 4\lim_{\varepsilon \to 0}\left(\frac{-\log \varepsilon}{\frac{1}{\varepsilon}} + \varepsilon\right) - 4 = 4\lim_{\varepsilon \to 0}\left(\frac{\frac{1}{\varepsilon}}{\frac{1}{\varepsilon^2}}\right) - 4 = 4\lim_{\varepsilon \to 0}\varepsilon - 4 = -4.$$

(4)
$$\int_0^1 \log x \, dx = \lim_{a \to +0}\int_a^1 \log x \, dx = \lim_{a \to +0}\Big[x\log x - x\Big]_a^1$$
$$= (0 - 1) - \lim_{a \to +0}(a\log a - a) = -1.$$

(5) 被積分関数の不定積分は，問 3.2 から，

$$\int e^{-ax}\sin bx \, dx = \frac{e^{-ax}}{a^2 + b^2}(-a\sin bx - b\cos bx)$$

である．したがって，

$$\int_0^\infty e^{-ax}\sin bx \, dx = \lim_{d \to \infty}\int_0^d e^{-ax}\sin bx \, dx$$
$$= \lim_{d \to \infty}\left[\frac{e^{-ax}}{a^2 + b^2}(-a\sin bx - b\cos bx)\right]_0^d$$
$$= \lim_{d \to \infty}\left\{\frac{e^{-ad}}{a^2 + b^2}(-a\sin bd - b\cos bd)\right\} + \frac{b}{a^2 + b^2}$$
$$= \frac{b}{a^2 + b^2}.$$

(6) $t = \sqrt{\dfrac{b-x}{x-a}}$ と置換することにより

$$\int \frac{1}{\sqrt{(x-a)(b-x)}} \, dx = -2\arctan\sqrt{\frac{b-x}{x-a}}$$

が得られる．したがって，次式となる．

$$\int_a^b \frac{1}{\sqrt{(x-a)(b-x)}} \, dx = \lim_{c \to a+0, d \to b-0}\int_c^d \frac{1}{\sqrt{(x-a)(b-x)}} \, dx$$
$$= \lim_{c \to a+0, d \to b-0}\left[-2\arctan\sqrt{\frac{b-x}{x-a}}\right]_c^d$$
$$= -2\left\{0 - \left(-\frac{\pi}{2}\right)\right\} = \pi.$$

(7) $t = \sqrt{x^2 - 1}$ とおく．このとき，$x\,dx = t\,dt$ で，$1 < x < \infty$ は $0 < t < \infty$ に対応する．

$$\int_1^\infty \frac{1}{x\sqrt{x^2 - 1}} \, dx = \int_0^\infty \frac{1}{t(t^2 + 1)} \cdot t \, dt = \lim_{b \to \infty}\int_0^b \frac{1}{t^2 + 1} \, dt$$

$$= \lim_{b \to \infty} \Big[\arctan t\Big]_0^b = \frac{\pi}{2}.$$

(8) $t = \sqrt{\dfrac{x}{1-x}}$ とおく．このとき，$x = \dfrac{t^2}{1+t^2}$, $dx = \dfrac{2t}{(1+t^2)^2} dt$ で，$0 \leqq x < 1$ は $0 \leqq t < \infty$ に対応する．

$$\int_0^1 \sqrt{\frac{x}{1-x}}\, dx = \int_0^\infty t \frac{2t}{(1+t^2)^2}\, dt = 2\int_0^\infty \frac{t^2}{(1+t^2)^2}\, dt.$$

さらに，$t = \tan\theta$ とおく．このとき，$dt = \dfrac{d\theta}{\cos^2\theta}$ で，$0 \leqq t < \infty$ は $0 \leqq \theta < \dfrac{\pi}{2}$ に対応する．

$$\int_0^1 \sqrt{\frac{x}{1-x}}\, dx = 2\int_0^\infty \frac{t^2}{(1+t^2)^2}\, dt = 2\int_0^{\frac{\pi}{2}} \cos^4\theta \frac{d\theta}{\cos^2\theta}$$
$$= 2\int_0^{\frac{\pi}{2}} \cos^2\theta\, d\theta = \int_0^{\frac{\pi}{2}} (\cos 2\theta + 1)\, d\theta$$
$$= \left[\frac{\sin 2\theta}{2} + \theta\right]_0^{\frac{\pi}{2}} = \frac{\pi}{2}.$$

5 第 1 象限における楕円の面積 S' は次式のように求められる．

$$S' = \frac{b}{a}\int_0^a \sqrt{a^2-x^2}\, dx = \frac{b}{a}\left(\left[x\sqrt{a^2-x^2}\right]_0^a - \int_0^a \frac{-x^2}{\sqrt{a^2-x^2}}\, dx\right)$$
$$= -\frac{b}{a}\int_0^a \frac{a^2-x^2-a^2}{\sqrt{a^2-x^2}}\, dx = -S' + ab\int_0^a \frac{dx}{\sqrt{a^2-x^2}}.$$

これより，

$$S' = \frac{ab}{2}\left[\sin^{-1}\frac{x}{a}\right]_0^a = \frac{ab}{2}\cdot\frac{\pi}{2} = \frac{\pi ab}{4}.$$

したがって，楕円の面積は $S = 4S' = \pi ab$ と求められる．長方形の面積は $S_r = 4ab$ であることから，楕円の長方形に対する面積比 $\dfrac{S}{S_r}$ は次式となる．

$$\frac{S}{S_r} = \frac{\pi ab}{4ab} = \frac{\pi}{4}.$$

この面積比は a および b に依存しないため，この関係は円の正方形に対する面積比でも同じ値となる．

6 (1) 半球状容器の体積を求めるには，$x^2 + y^2 = r^2$ で表される円を y 軸周りに回転させることにより得られる．原点から y の位置に微小な厚さ dy を考えると，この厚さが占める微小な体積 dV は次式で表される．

$$dV = x^2\pi\, dy = \pi(r^2 - y^2)\, dy.$$

上式を区間 $[-r, -r+h]$ で積分すると，半球状容器の体積 V が求められる．

3.1 変数関数の積分   229

$$V = \int_{-r}^{-r+h} dV = \pi \int_{-r}^{-r+h} (r^2 - y^2)\, dy = \pi \left[r^2 y - \frac{y^3}{3} \right]_{-r}^{-r+h}$$
$$= \pi \left\{ r^2(-r+h) - \frac{1}{3}(-r+h)^3 - \left(-r^3 + \frac{r^3}{3}\right) \right\} = \frac{\pi h^2}{3}(3r - h).$$

水を注入する体積流量が $\dot{V}$ で与えられるので，水位が h になるまでの時間を Δt とすると，

$$\dot{V} \Delta t = \frac{\pi h^2}{3}(3r - h)$$

が成り立つ。これより，水位が $0.4\,[\mathrm{m}]$ に達するまでの時間 Δt は $1\,[\ell] = 1 \times 10^{-3}\,[\mathrm{m}^3]$ であることに注意すれば次式のように求められる。

$$\Delta t = \frac{\pi h^2}{3\dot{V}}(3r - h) = \frac{\pi \times (0.4\,[\mathrm{m}])^2}{3 \times 2 \times 10^{-3}\,[\mathrm{m}^3/\mathrm{s}]} \times (3 \times 1\,[\mathrm{m}] - 0.4\,[\mathrm{m}])$$
$$\approx 218\,[\mathrm{s}].$$

(2) ある微小な時間 dt 内に容器に注入される水の体積は $\dot{V} dt$ で表される。これが注入された場合の容器内の体積は水位の上昇分を dy とすると $x^2 \pi dy$ で表されるので，次式が成り立つことになる。

$$\dot{V} dt = x^2 \pi\, dy = (r^2 - y^2)\pi\, dy = \left\{ r^2 - (-r+h)^2 \right\} \pi\, dy$$
$$= \pi(2rh - h^2)\, dy.$$

水位の上昇速度は $\dfrac{dy}{dt}$ で与えられるので，

$$\frac{dy}{dt} = \frac{\dot{V}}{\pi(2rh - h^2)} = \frac{2 \times 10^{-3}\,\mathrm{m}^3/\mathrm{s}}{\pi \times \{2 \times 0.5\,[\mathrm{m}] \times 0.4\,[\mathrm{m}] - (0.4\,[\mathrm{m}])^2\}}$$
$$\approx 2.65 \times 10^{-3}\,[\mathrm{m/s}].$$

水位が $h = 0.4\,[\mathrm{m}]$ に達した瞬間には，1 秒間当たり約 $2.65\,[\mathrm{mm}]$ の速度で水位が上昇していることになる。

7 与えられた関数は偶関数であるから，式 (3.5) を用いると，

$$V_x = 2\pi \int_0^a y^2\, dx = 2\pi \int_0^a b^2 \left(1 - \frac{x^2}{a^2}\right) dx = 2\pi \cdot \frac{b^2}{a^2} \int_0^a (a^2 - x^2)\, dx$$
$$= 2\pi \cdot \frac{b^2}{a^2} \left[a^2 x - \frac{1}{3} x^3 \right]_0^a = 2\pi \cdot \frac{b^2}{a^2}\left(a^3 - \frac{a^3}{3}\right) = \frac{4}{3}\pi a b^2$$

となる。同様に楕円 $\dfrac{x^2}{a^2} + \dfrac{y^2}{b^2} = 1$ を y 軸周りに回転させてできる回転体の体積を求める。$x^2 = \dfrac{a^2}{b^2}(b^2 - y^2)$ であるから，

$$V_y = 2\pi \int_0^b x^2 \, dy = \frac{2\pi a^2}{b^2} \left[b^2 y - \frac{y^3}{3} \right]_0^b = \frac{2\pi a^2}{b^2} \left(b^3 - \frac{b^3}{3} \right) = \frac{4}{3}\pi a^2 b.$$

これより，体積比 $\dfrac{V_x}{V_y}$ は次式となる．

$$\frac{V_x}{V_y} = \frac{ab^2}{a^2 b} = \frac{b}{a}.$$

8 $y \geqq 0$ の図形の面積 S' を求める．

$$S' = \int_1^2 \sqrt{4-x^2} \, dx = \left[x\sqrt{4-x^2} \right]_1^2 - \int_1^2 x \frac{-x}{\sqrt{4-x^2}} \, dx$$
$$= -\sqrt{3} - \int_1^2 \frac{4-x^2-4}{\sqrt{4-x^2}} \, dx = -\sqrt{3} - S' + 4 \int_1^2 \frac{dx}{\sqrt{4-x^2}}.$$

これより，次式が得られる．

$$S' = \frac{1}{2} \left(-\sqrt{3} + 4 \left[\sin^{-1} \frac{x}{2} \right]_1^2 \right) = \frac{1}{2} \left\{ -\sqrt{3} + 4 \left(\sin^{-1} 1 - \sin^{-1} \frac{1}{2} \right) \right\}$$
$$= \frac{1}{2} \left\{ -\sqrt{3} + 4 \left(\frac{\pi}{2} - \frac{\pi}{6} \right) \right\} = -\frac{\sqrt{3}}{2} + \frac{2\pi}{3}.$$

これより，面積 S は次式のように求められる．

$$S = 2S' = \frac{4}{3}\pi - \sqrt{3}.$$

この図形を x 軸周りに回転してできる回転体の体積 V_x は次式のように求められる．

$$V_x = \pi \int_1^2 (4 - x^2) \, dx = \pi \left[4x - \frac{x^3}{3} \right]_1^2 = \pi \left\{ 8 - \frac{8}{3} - \left(4 - \frac{1}{3} \right) \right\} = \frac{5\pi}{3}.$$

9 区分数を n とした場合，台形公式により $S = \displaystyle\int_0^1 x^3 \, dx$ を求めると次式となる．

$$S \approx \frac{1}{n} \left\{ \frac{1}{2} + \left(\frac{1}{n} \right)^3 + \left(\frac{2}{n} \right)^3 + \cdots + \left(\frac{n-1}{n} \right)^3 \right\}$$
$$= \frac{1}{n} \left[\frac{1}{2} + \frac{1}{n^3} \left\{ 1^3 + 2^3 + \cdots + (n-1)^3 \right\} \right].$$

上式における 3 乗の和を求める場合に和の公式 $\displaystyle\sum_{i=1}^{n-1} k^3 = \left\{ \frac{n}{2}(n-1) \right\}^2$ を適用すると，

$$S \approx \frac{1}{n} \left[\frac{1}{2} + \frac{1}{n^3} \left\{ \frac{n}{2}(n-1) \right\}^2 \right] = \frac{1}{2n} + \frac{1}{4n^2}(n^2 - 2n + 1)$$
$$= \frac{1}{2n} + \frac{1}{4} - \frac{1}{2n} + \frac{1}{4n^2} = \frac{1}{4} + \frac{1}{4n^2}.$$

ここで，$n \to \infty$ の極限を考えれば次式となり，厳密解に等しい値が得られる．

$$\int_0^1 x^3\, dx \approx \lim_{n\to\infty}\left(\frac{1}{4}+\frac{1}{4n^2}\right)=\frac{1}{4}.$$

$n=10$ とした場合の厳密解との誤差は 2.50×10^{-3}，$n=20$ の場合には 6.25×10^{-4}，$n=100$ とした場合には 2.50×10^{-5} に減少する．

10 積分区間上で

$$0 \leqq C_1 x^{q-p} \leqq \frac{\sin^q x}{x^p} \leqq C_2 x^{q-p}$$

となる正定数 C_1, C_2 が存在する．したがって，広義積分の収束・発散は，$\displaystyle\int_0^{\frac{\pi}{2}} x^{q-p}\, dx$ のそれと同等である．$\varepsilon>0$ とする．$q-p\neq -1$ のとき，

$$\int_\varepsilon^{\frac{\pi}{2}} x^{q-p}\, dx = \left[\frac{x^{q-p+1}}{q-p+1}\right]_\varepsilon^{\frac{\pi}{2}} = \frac{1}{q-p+1}\left\{\left(\frac{\pi}{2}\right)^{q-p+1}-\varepsilon^{q-p+1}\right\}$$

である．これは，$\varepsilon\to +0$ のとき，$q-p+1>0$ であれば収束し，$q-p+1<0$ であれば発散する．$q-p=-1$ のときは，

$$\int_\varepsilon^{\frac{\pi}{2}} x^{q-p}\, dx = \Big[\log x\Big]_\varepsilon^{\frac{\pi}{2}} = \log\frac{\pi}{2}-\log\varepsilon$$

で，これは，$\varepsilon\to +0$ のとき発散する．以上から，$p-q<1$ のときに限り収束する．

4. 多変数関数の微分

問 4.1 $r\neq 0$ のとき，

$$f(r\cos\theta, r\sin\theta) = \frac{r^3\cos^5\theta}{(\sin\theta - r\cos^2\theta)^2 + r^4\cos^6\theta}$$

である．したがって，θ の値が，$\sin\theta\neq 0$ であるように固定されたとき，

$$\lim_{r\to +0} f(r\cos\theta, r\sin\theta) = \frac{0}{\sin^2\theta} = 0 = f(0,0)$$

である．$\sin\theta = 0$ のとき，

$$f(r\cos\theta, r\sin\theta) = \frac{r\cos\theta}{1+r^2\cos^2\theta}$$

であるので，

$$\lim_{r\to +0} f(r\cos\theta, r\sin\theta) = \frac{0}{1} = 0 = f(0,0)$$

である．

問 4.2 $$f_x(x,y) = \frac{2x}{x^2+y^2}, \quad f_y(x,y) = \frac{2y}{x^2+y^2},$$

$$f_{xx}(x,y) = \frac{2(y^2-x^2)}{(x^2+y^2)^2}, \quad f_{yy}(x,y) = \frac{2(x^2-y^2)}{(x^2+y^2)^2} \quad \text{より} \quad f_{xx} + f_{yy} = 0,$$

$$f_{xy}(x,y) = f_{yx}(x,y) = -\frac{4xy}{(x^2+y^2)^2}.$$

問 4.3 定理 4.6 より,
$$z_u = f_x x_u + f_y y_u$$
である。積の微分公式と定理 4.6 を再び用いて,
$$z_{uv} = (f_{xx}x_v + f_{xy}y_v)x_u + f_x x_{uv} + (f_{yx}x_v + f_{yy}y_v)y_u + f_y y_{uv}$$
である。f が C^2 級であることから, $f_{xy} = f_{yx}$ である。これを代入して整理すればよい。

問 4.4 定理 4.6 を用いると,
$$g_r = f_x \cos\theta + f_y \sin\theta, \quad g_\theta = -f_x r \sin\theta + f_y r \cos\theta,$$

$$g_{rr} = f_{xx}\cos^2\theta + 2f_{xy}\cos\theta\sin\theta + f_{yy}\sin^2\theta,$$

$$g_{\theta\theta} = f_{xx}r^2\sin^2\theta - 2f_{xy}r^2\cos\theta\sin\theta + f_{yy}r^2\cos^2\theta - f_x r\cos\theta - f_y r\sin\theta$$
を得る。これらより, 次式となる。
$$g_{rr} + \frac{1}{r}g_r + \frac{1}{r^2}g_{\theta\theta} = f_{xx} + f_{yy}.$$

問 4.5 略。

問 4.6 (1)
$$f_x = f_y = \frac{1}{x+y+1}, \quad f_{xx} = f_{xy} = f_{yy} = -\frac{1}{(x+y+1)^2}$$
であるので,
$$f(0,0) = \log 1 = 0, \quad f_x(0,0) = f_y(0,0) = \frac{1}{1} = 1,$$

$$f_{xx}(0,0) = f_{xy}(0,0) = f_{yy}(0,0) = -\frac{1}{1^2} = -1$$
となる。したがって, Maclaurin の定理より, 次式を得る。
$$\begin{aligned} f(x,y) &= f(0,0) + f_x(0,0)x + f_y(0,0)y \\ &\quad + \frac{1}{2}\left(f_{xx}(0,0)x^2 + 2f_{xy}(0,0)xy + f_{yy}(0,0)y^2\right) + R_3 \\ &= x + y - \frac{x^2}{2} - xy - \frac{y^2}{2} + R_3. \end{aligned}$$

(2) $f(x,y) = f_x(x,y) = f_{xx}(x,y) = e^x\sin y$, $f_y(x,y) = f_{xy}(x,y) = e^x\cos y$, $f_{yy}(x,y) = -e^x\sin y$ であるので,

4. 多変数関数の微分

$f(0,0) = f_x(0,0) = f_{xx}(0,0) = f_{yy}(0,0) = 0, \quad f_y(0,0) = f_{xy}(0,0) = 1$

である。したがって，Maclaurin の定理より，次式を得る。

$$f(x,y) = f(0,0) + f_x(0,0)x + f_y(0,0)y$$
$$\qquad + \frac{1}{2}\left(f_{xx}(0,0)x^2 + 2f_{xy}(0,0)xy + f_{yy}(0,0)y^2\right) + R_3$$
$$= y + xy + R_3.$$

問 4.7 (1) $f_x(x,y) = 2x + y - 1, \quad f_y(x,y) = 2y + x + 1,$
$f_{xx}(x,y) = 2, \quad f_{xy}(x,y) = 1, \quad f_{yy}(x,y) = 2$

である。$f_x(x,y) = f_y(x,y) = 0$ を解いて，$x = 1, y = -1$ となる。このとき，

$$\Delta = 1^2 - 2 \cdot 2 = -3 < 0, \quad f_{xx} = 2 > 0$$

である。よって，$f(x,y)$ は $(1,-1)$ で極小値 $f(1,-1) = -1$ をとる。

(2) $f_x = 3x^2 - 3y, \quad f_y = 3y^2 - 3x, \quad f_{xx} = 6x, \quad f_{xy} = -3, \quad f_{yy} = 6y$

である。$f_x(x,y) = f_y(x,y) = 0$ を解いて，$x = y = 0, x = y = 1$ となる。$(x,y) = (0,0)$ のとき，

$$\Delta = (-3)^2 - 0 \cdot 0 = 9 > 0$$

である。よって，$f(0,0)$ は極値でない。$(x,y) = (1,1)$ のとき，

$$\Delta = (-3)^2 - 6 \cdot 6 = -27 < 0, \quad f_{xx} = 6 > 0$$

である。よって，$f(x,y)$ は $(1,1)$ で極小値 $f(1,1) = -1$ をとる。

(3) $f_x(x,y) = y + \dfrac{2}{x^2}, \quad f_y(x,y) = x + \dfrac{2}{y^2},$

$f_{xx}(x,y) = -\dfrac{4}{x^3}, \quad f_{xy}(x,y) = 1, \quad f_{yy}(x,y) = -\dfrac{4}{y^3}$

である。$f_x(x,y) = f_y(x,y) = 0$ を解いて，$xy \neq 0$ より $(x,y) = \left(-2^{\frac{1}{3}}, -2^{\frac{1}{3}}\right)$，である。これより，

$$\Delta = 1^2 - 2 \cdot 2 = -3 < 0, \quad f_{xx} = 2 > 0$$

である。よって，$f(x,y)$ は $(x,y) = \left(-2^{\frac{1}{3}}, -2^{\frac{1}{3}}\right)$ で極小値 $3 \cdot 2^{\frac{2}{3}}$ をとる。

(4)
$$f_x(x,y) = \cos x - \cos(x+y) = 2\sin\frac{2x+y}{2}\sin\frac{y}{2},$$
$$f_y(x,y) = \cos y - \cos(x+y) = 2\sin\frac{x+2y}{2}\sin\frac{x}{2},$$
$$f_{xx}(x,y) = -\sin x + \sin(x+y) = 2\cos\frac{2x+y}{2}\sin\frac{y}{2},$$
$$f_{xy}(x,y) = \sin(x+y),$$

$$f_{yy}(x,y) = -\sin y + \sin(x+y) = 2\cos\frac{x+2y}{2}\sin\frac{x}{2}$$

である。$f_x(x,y) = f_y(x,y) = 0$ を解いて，$x = y = 0, x = y = \frac{2}{3}\pi$ となる。$(x,y) = (0,0)$ のとき，

$$\Delta = 0^2 - 0\cdot 0 = 0$$

である。よって，$f(0,0)$ は極値かどうか判定できない。a, b を定数として，$f(ax, bx) = g(x)$ とおき，この関数を Maclaurin 展開すると，$g(x) = 3ab(a+b)x^3 + R_4$ となる。よって $ab(a+b) \neq 0$ のとき，$g(0)$ は g の極値でない。$ab(a+b) = 0, (a,b) \neq (0,0)$ のときを考える。$f(x,0), f(0,x), f(x,-x)$ に帰着されるが，これらは，恒等的に 0 となる。ゆえに，$x = 0$ はこれらの関数の狭義の極値ではない。これより，$f(0,0)$ は極値でも鞍点でもないことが分かる (図 A.1 参照)。$(x,y) = (\frac{2}{3}\pi, \frac{2}{3}\pi)$ のとき，

$$\Delta = \left(\frac{\sqrt{3}}{2}\right)^2 - (-\sqrt{3})\cdot(-\sqrt{3}) < 0, \quad f_{xx} = -\sqrt{3} < 0$$

である。よって，$f(x,y)$ は $(\frac{2}{3}\pi, \frac{2}{3}\pi)$ で極小値 $f(\frac{2}{3}\pi, \frac{2}{3}\pi) = \frac{\sqrt{3}}{2}$ をとる。

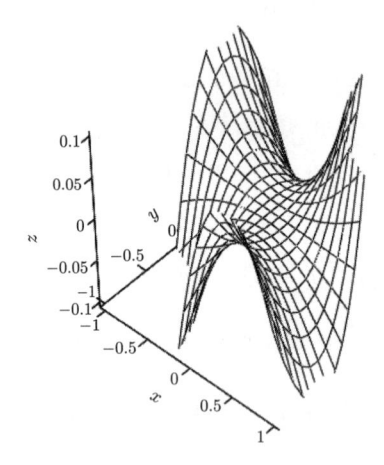

図 A.1 $f = f(x,y)$ の $(x,y) = (0,0)$ 付近

問 4.8 (1)

$$f(x,y) = x^2 + 2xy + y^2 - 4$$

とおく。x 方向，y 方向の偏導関数は，

$$f_x(x,y) = 2x + 2y, \quad f_y(x,y) = 2x + 2y$$

となる。したがって，次式が得られる。

$$\varphi' = -\frac{2x+2y}{2x+2y} = -1, \quad \varphi'' = 0.$$

(2)
$$f(x,y) = x^3 - 3xy + y^3$$
とおく．x 方向, y 方向の偏導関数は,
$$f_x(x,y) = 3x^2 - 3y, \quad f_y(x,y) = -3x + 3y^2$$
となる．したがって，次式が得られる．
$$\varphi' = -\frac{3x^2 - 3y}{-3x + 3y^2} = \frac{x^2 - y}{x - y^2},$$

$$\varphi'' = \frac{(2x - y')(x - y^2) - (x^2 - y)(1 - 2yy')}{(x - y^2)^2}$$
$$= \frac{(x^2 - 2xy^2 + y)(x - y^2) - (x^2 - y)(x - 2x^2y + y^2)}{(x - y^2)^3}.$$

問 4.9 (1)
$$f(x,y) = x^2 + \frac{y^2}{4} - 1$$
とおく．x 方向, y 方向の偏導関数は,
$$f_x(x,y) = 2x, \quad f_y(x,y) = \frac{y}{2}$$
となる．したがって，点 (a,b) における接線の方程式は, $2a(x-a) + \frac{b}{2}(y-b) = 0$ となる．$a^2 + \frac{y^2}{4} - 1 = 0$ を用いて整理して，次式となる．
$$4ax + by = 4.$$

(2)
$$f(x,y) = (x^2 + y^2)^2 - 8(x^2 - y^2)$$
とおく．x 方向, y 方向の偏導関数は,
$$f_x(x,y) = 4x(x^2 + y^2) - 16x = 4x(x^2 + y^2 - 4),$$
$$f_y(x,y) = 4y(x^2 + y^2) + 16y = 4y(x^2 + y^2 + 4)$$
となる．したがって，点 (a,b) における接線の方程式は
$$4a(a^2 + b^2 - 4)(x - a) + 4b(a^2 + b^2 + 4)(y - b) = 0$$
となる．$(a^2 + b^2)^2 - 8(a^2 - b^2) = 0$ を用いて整理して，
$$2a(a^2 + b^2 - 4)x + 2b(a^2 + b^2 + 4)y = (a^2 + b^2)^2$$
となる．

問 4.10 (1) $F(x,y,\lambda) \equiv x^2 + y^2 - \lambda(x + y - 2)$ とすると

$$F_x = 2x - \lambda, \quad F_y = 2y - \lambda, \quad F_\lambda = -(x+y-2)$$

である。点 (a,b) で極値をとるとすると，$F_x(a,b) = 0, F_y(a,b) = 0, F_\lambda(a,b) = 0$ より

$$2a - \lambda_1 = 0, \quad 2b - \lambda_1 = 0, \quad a+b-2 = 0$$

を得る。第 1, 2 式より $a = b = \frac{\lambda_1}{2}$ であり，これと第 3 式より $a = b = 1$, $\lambda_1 = 2$ となる。したがって，極値の候補点は

$$(a,b) = (1,1)$$

の 1 点である。$x^2 + y^2 = k^2$ とすると，直線 $y = -x + 2$ 上で $(1,1)$ に近づくほど円の半径が小さくなるので，

$(1,1)$ のとき極小値 2

をとる。

(2) $F(x,y,\lambda) \equiv x^2 + y^2 - \lambda(x^3 - 6xy + y^3)$ とすると

$$F_x = 2x - 3\lambda(x^2 - 2y), \quad F_y = 2y - 3\lambda(y^2 - 2x), \quad F_\lambda = -(x^3 - 6xy + y^3)$$

である。$F_x(a,b) = 0, F_y(a,b) = 0, F_\lambda(a,b) = 0$ より

$$2a - 3\lambda_1(a^2 - 2b) = 0, \quad 2b - 3\lambda_1(b^2 - 2a) = 0, \quad a^3 - 6ab + b^3 = 0$$

を得る。第 1 式に $\frac{1}{2}(b^2 - 2a)$ を掛け，第 2 式に $\frac{1}{2}(a^2 - 2b)$ を掛けて，辺々を引いて λ_1 を消去すると，

$$(a-b)\{2(a+b) + ab\} = 0$$

が得られる。よって，$a = b$ または，$ab = 2(a+b)$ である。$a = b$ を第 3 式に代入すると，

$$a^3 - 6a^2 + a^3 = 2a^2(a-3) = 0$$

となり，$(a,b) = (0,0), (3,3)$ が得られる。また，$ab = -2(a+b)$ を第 3 式に代入して

$$a^3 + 12(a+b) + b^3 = (a+b)(a^2 - ab + b^2 + 12) = 0$$

となり，$(a,b) = (0,0)$ が得られる。したがって，極値の候補点は

$$(a,b) = (0,0), \quad (3,3)$$

の 2 点である。$x^2 + y^2 = k^2$ とすると，曲線 $x^3 - 6xy + y^3 = 0$ で $(0,0)$ に近づくほど円の半径が小さくなり，$(3,3)$ に近づくほど円の半径が大きくなるので，

$(0,0)$ のとき極小値 0, $(3,3)$ のとき極大値 18

をとる。

(3) $F(x,y,\lambda) \equiv x^2 + 2xy + y^2 - \lambda(x^2 + y^2 - 1)$ とすると

$$F_x = 2x + 2y - 2x\lambda, \quad F_y = 2x + 2y - 2y\lambda, \quad F_\lambda = -(x^2 + y^2 - 1)$$

である．$F_x(a,b) = 0, F_y(a,b) = 0, F_\lambda(a,b) = 0$ より
$$a + b - a\lambda_1 = 0, \quad a + b - b\lambda_1 = 0, \quad a^2 + b^2 - 1 = 0$$
を得る．第 1, 2 式より λ_1 を消去すると，$(a-b)(a+b) = 0$ となり，これより $b = \pm a$ が分かる．これを第 3 式に代入して
$$2a^2 - 1 = 0$$
となり，$(a,b) = \left(\pm\frac{1}{\sqrt{2}}, \pm\frac{1}{\sqrt{2}}\right)$ (複号任意) が得られる．したがって，極値の候補点は
$$(a,b) = \left(\frac{1}{\sqrt{2}}, \frac{1}{\sqrt{2}}\right), \quad \left(-\frac{1}{\sqrt{2}}, -\frac{1}{\sqrt{2}}\right), \quad \left(-\frac{1}{\sqrt{2}}, \frac{1}{\sqrt{2}}\right), \quad \left(\frac{1}{\sqrt{2}}, -\frac{1}{\sqrt{2}}\right)$$
の 4 点である．a, b が同符号の時 f は大きくなり，異符号の時小さくなるので
$$\left(\pm\frac{1}{\sqrt{2}}, \pm\frac{1}{\sqrt{2}}\right) \text{ (複号同順) のとき極大値 } 2,$$
$$\left(\pm\frac{1}{\sqrt{2}}, \mp\frac{1}{\sqrt{2}}\right) \text{ (複号同順) のとき極小値 } 0$$
をとる．

(4) $F(x,y,\lambda) \equiv x^3 + y^3 - \lambda(x^3 - 6xy + y^3)$ とすると
$$F_x = 3x^2 - 3\lambda(x^2 - 2y), \quad F_y = 3y^2 - 3\lambda(y^2 - 2x), \quad F_\lambda = -(x^3 - 6xy + y^3)$$
である．$F_x(a,b) = 0, F_y(a,b) = 0, F_\lambda(a,b) = 0$ より
$$3a^2 - 3\lambda_1(a^2 - 2b) = 0, \quad 3b^2 - 3\lambda_1(b^2 - 2a) = 0, \quad a^3 - 6ab + b^3 = 0$$
を得る．第 1, 2 式より λ_1 を消去すると $a^2(b^2 - 2a) = b^2(a^2 - 2b)$ となる．整理すると
$$a^3 - b^3 = (a-b)(a^2 + ab + b^2) = 0$$
となる．よって，$a = b$，または $a^2 + ab + b^2 = 0$ である．第 3 式に代入して
$$a^3 - 6a^2 + a^3 = 2a^2(a-3) = 0$$
となり，$(a,b) = (0,0), (3,3)$ が得られる．$a^2 + ab + b^2 = 0$ とすると，$(a,b) = (0,0)$ であるは，これは第 3 式を満たす．したがって，極値の候補点は
$$(a,b) = (0,0), \quad (3,3)$$
の 2 点である．曲線 $x^3 - 6xy + y^3 = 0$ 上で f は $(0,0)$ に近づくほど小さくなり，$(3,3)$ に近づくほど大きくなるのでので，
$$(0,0) \text{ のとき極小値 } 0, (3,3) \text{ のとき極大値 } 54$$
をとる．

問 **4.11** 例題 4.24 より，3 変数関数 $f(x,y,z)$ において，$x = r\sin\theta\cos\varphi$, $y = r\sin\theta\sin\varphi$, $z = r\cos\theta$ と座標変換するとき，f の x, y および z に関する偏導関数は

$$f_x = \sin\theta\cos\varphi f_r + \frac{\cos\theta\cos\varphi}{r}f_\theta - \frac{\sin\varphi}{r\sin\theta}f_\varphi,$$

$$f_y = \sin\theta\sin\varphi f_r + \frac{\cos\theta\sin\varphi}{r}f_\theta + \frac{\cos\varphi}{r\sin\theta}f_\varphi,$$

$$f_z = \cos\theta f_r - \frac{\sin\theta}{r}f_\theta$$

で与えられる．以上を 2 乗して加えると，次のようになる．

$$f_x^2 + f_y^2 + f_z^2$$
$$= \left(\sin\theta\cos\varphi f_r + \frac{\cos\theta\cos\varphi}{r}f_\theta - \frac{\sin\varphi}{r\sin\theta}f_\varphi\right)^2$$
$$+ \left(\sin\theta\sin\varphi f_r + \frac{\cos\theta\sin\varphi}{r}f_\theta + \frac{\cos\varphi}{r\sin\theta}f_\varphi\right)^2 + \left(\cos\theta f_r - \frac{\sin\theta}{r}f_\theta\right)^2$$
$$= \sin^2\theta\cos^2\varphi f_r^2 + \frac{\cos^2\theta\cos^2\varphi}{r}f_\theta^2 + \frac{\sin^2\varphi}{r^2\sin^2\theta}f_\varphi^2$$
$$+ \frac{2\sin\theta\cos\theta\cos^2\varphi}{r}f_r f_\theta - \frac{2\cos\theta\sin\varphi\cos\varphi}{r^2\sin\theta}f_\theta f_\varphi - \frac{2\sin\varphi\cos\varphi}{r}f_\varphi f_r$$
$$+ \sin^2\theta\sin^2\varphi f_r^2 + \frac{\cos^2\theta\sin^2\varphi}{r}f_\theta^2 + \frac{\cos^2\varphi}{r^2\sin^2\theta}f_\varphi^2$$
$$+ \frac{2\sin\theta\cos\theta\sin^2\varphi}{r}f_r f_\theta + \frac{2\cos\theta\sin\varphi\cos\varphi}{r^2\sin\theta}f_\theta f_\varphi + \frac{2\sin\varphi\cos\varphi}{r}f_\varphi f_r$$
$$+ \cos^2\theta f_r^2 + \frac{\sin^2\theta}{r^2}f_\theta^2 - \frac{2\sin\theta\cos\theta}{r}f_r f_\theta$$
$$= f_r^2 + \frac{1}{r^2}f_\theta^2 + \frac{1}{r^2\sin^2\theta}f_\varphi^2.$$

章末問題 4

1 $y = ax^2$ に沿って $(x,y) \to (0,0)$ とすると，

$$f(x, ax^2) = \frac{ax^4}{x^4 + a^2 x^4} \to \frac{1}{1+a^2} \quad (x \to 0)$$

となる．これは a によって値が異なる．従って，$\lim_{(x,y)\to(0,0)} f(x,y)$ は存在しない．これより，f は原点 $(0,0)$ で連続でない．ゆえに，原点で全微分可能でない．

$$\frac{f(h,0) - f(0,0)}{h} = \frac{0-0}{h} \to 0 \quad (h \to 0),$$
$$\frac{f(0,k) - f(0,0)}{k} = \frac{0-0}{k} \to 0 \quad (k \to 0)$$

であるので，原点で偏微分可能であり，$f_x(0,0) = f_y(0,0) = 0$ である．

4. 多変数関数の微分

2
$$z_s = f_x x_s + f_y y_s = f_x + f_y t, \quad z_t = f_x x_t + f_y y_t = f_x + f_y s,$$

$$z_{ss} = f_{xx} x_s + f_{xy} y_s + (f_{yx} x_s + f_{yy} y_s)t = f_{xx} + 2f_{xy} t + f_{yy} t^2,$$

$$z_{st} = f_{xx} x_t + f_{xy} y_t + (f_{yx} x_t + f_{yy} y_t)t + f_y = f_{xx} + f_{xy}(s+t) + f_{yy} st + f_y,$$

$$z_{tt} = f_{xx} x_t + f_{xy} y_t + (f_{yx} x_t + f_{yy} y_t)s = f_{xx} + 2f_{xy} s + f_{yy} s^2$$

であるので，
$$z_{ss} - 2z_{st} + z_{tt} = f_{yy}(t^2 - 2st + s^2) - 2f_y = (x^2 - 4y)f_{yy} - 2f_y$$
となる。

3 $f(\lambda x, \lambda y) = \lambda^\alpha f(x, y)$ の両辺を λ で微分すると，
$$x f_x(\lambda x, \lambda y) + y f_y(\lambda x, \lambda y) = \alpha \lambda^{\alpha-1} f(x, y)$$
となる。$\lambda = 1$ とおくと，示すべき式が得られる。

4 (1) $f = f_x = f_{xx} = \dfrac{e^x}{1-y}$, $f_y = f_{xy} = f_{yx} = \dfrac{e^x}{(1-y)^2}$, $f_{yy} = \dfrac{2e^x}{(1-y)^3}$

であるので，
$$f(0,0) = f_x(0,0) = f_{xx}(0,0) = f_y(0,0) = f_{xy}(0,0) = f_{yx}(0,0) = 1,$$
$$f_{yy}(0,0) = 2$$

である。ゆえに，
$$f(x,y) = 1 + x + y + \frac{1}{2}\left(x^2 + 2xy + 2y^2\right) + R_3(x,y)$$

となる。

(2) 第2章で学んだように，
$$e^x = 1 + x + \frac{1}{2}x^2 + \tilde{R}_3(x), \quad \frac{1}{1-y} = 1 + y + y^2 + \hat{R}_3(y)$$

である。剰余項の記号を $\tilde{R}_3$, $\hat{R}_3$ と書いたのは，f の剰余項の記号 R_3 と区別するためである。これらの積を作ると，
$$\frac{e^x}{1-y} = \left(1 + x + \frac{1}{2}x^2 + R_3(x)\right)\left(1 + y + y^2 + \hat{R}_3(y)\right)$$
$$= 1 + x + y + \frac{1}{2}\left(x^2 + 2xy + 2y^2\right) + 3\text{ 次以上の項}$$

となり，2次の項まで (1) で得た式と一致する。

5 (1) $f = f_x = f_{xx} = e^x \cos y$, $f_y = f_{xy} = f_{yx} = -e^x \sin y$, $f_{yy} = -e^x \cos y$ であるので，

$$f(0,0) = f_x(0,0) = f_{xx}(0,0) = 1,$$

$$f_y(0,0) = f_{xy}(0,0) = f_{yx}(0,0) = 0, \quad f_{yy}(0,0) = -1$$

となる。ゆえに，

$$f(x,y) = 1 + x + y + \frac{1}{2}\left(x^2 - y^2\right) + R_3$$

となる。

(2) 第 2 章で学んだように，

$$e^x = 1 + x + \frac{1}{2}x^2 + \tilde{R}_3, \quad \cos y = 1 - \frac{1}{2}y^2 + \hat{R}_3$$

である。これらの積を作ると，

$$\begin{aligned}e^x \cos y &= \left(1 + x + \frac{1}{2}x^2 + \tilde{R}_3\right)\left(1 - \frac{1}{2}y^2 + \hat{R}_3\right) \\ &= 1 + \frac{1}{2}\left(x^2 - y^2\right) + 3\text{ 次以上の項}\end{aligned}$$

となり，2 次の項まで (1) で得た式と一致する。

6 (1) $f = \sin(x+y)$ に対し，1 階の偏導関数 f_x, f_y は，共に $\cos(x+y)$ である。同様に，2 階の偏導関数はすべて $-\sin(x+y)$，3 階の偏導関数はすべて $-\cos(x+y)$ である。ゆえに，

$$f(0,0) = f_{xx}(0,0) = f_{xy}(0,0) = f_{yy}(0,0) = 0,$$

$$f_x(0,0) = f_y(0,0) = 1,$$

$$f_{xxx}(0,0) = f_{xxy}(0,0) = f_{xyy}(0,0) = f_{yyy}(0,0) = -1$$

である。ゆえに，

$$f(x,y) = x + y - \frac{1}{6}\left(x^3 + 3x^2y + 3xy^2 + y^3\right) + R_4$$

である。

(2) 第 2 章で学んだように，

$$\sin t = t - \frac{1}{6}t^3 + R_s(t), \quad \cos t = 1 - \frac{1}{2}t^2 + R_c(t)$$

である。ゆえに，

$$\begin{aligned}&\sin x \cos y + \cos x \sin y \\ &= \left(x - \frac{1}{6}x^3 + R_s(x)\right)\left(1 - \frac{1}{2}y^2 + R_c(y)\right) \\ &\quad + \left(1 - \frac{1}{2}x^2 + R_c(x)\right)\left(y - \frac{1}{6}y^3 + R_s(y)\right) \\ &= x + y - \frac{1}{6}\left(x^3 + 3xy^2 + 3x^2y + y^3\right) + 4\text{ 次以上の項}\end{aligned}$$

4. 多変数関数の微分

となり，3次の項まで (1) で得た式と一致する．

7 (1) $\quad f_x(x,y) = e^x\left(x^2 + y^2 + 2x\right), \quad f_y(x,y) = 2e^x y,$

$$f_{xx}(x,y) = e^x\left(x^2 + 4x + y^2 + 2\right), \quad f_{xy}(x,y) = 2e^x y, \quad f_{yy}(x,y) = 2e^x$$

である．$f_x(x,y) = f_y(x,y) = 0$ を解いて，$(x,y) = (0,0), (-2,0)$ となる．$(x,y) = (0,0)$ のとき，

$$\Delta = 0^2 - 2\cdot 2 = -4 < 0, \quad f_{xx} = 2 > 0$$

である．よって，$f(x,y)$ は $(0,0)$ で極小値 $f(0,0) = 0$ をとる．$(x,y) = (-2,0)$ のとき，

$$\Delta = 0^2 - (-2e^{-2})\cdot 2e^{-2} = 4e^{-4} > 0$$

である．よって，$f(-2,0)$ は極値でない．

(2) $\quad f_x(x,y) = \left(x^2 + 2x + y^2\right)e^{x-y}, \quad f_y(x,y) = \left(-x^2 - y^2 + 2y\right)e^{x-y}$

$$f_{xx}(x,y) = \left(x^2 + 4x + y^2 + 2\right)e^{x-y},$$
$$f_{xy}(x,y) = \left(-x^2 - 2x - y^2 + 2y\right)e^{x-y},$$
$$f_{yy}(x,y) = \left(x^2 + y^2 - 4y + 2\right)e^{x-y}$$

である．$f_x(x,y) = f_y(x,y) = 0$ を解いて，$(x,y) = (0,0), (-1,1)$ となる．$(x,y) = (0,0)$ のとき，

$$\Delta = 0^2 - 2\cdot 2 = -4 < 0, \quad f_{xx} = 2 > 0$$

である．よって，$f(x,y)$ は $(0,0)$ で極小値 $f(0,0) = 0$ をとる．$(x,y) = (-1,1)$ のとき，

$$\Delta = (2e^{-2})^2 - 0\cdot 0 = 4e^{-4} > 0$$

である．よって，$f(-1,1)$ は極値でない．

8 $f_x = 2(1-x)(3y - y^2),\ f_y = (2x - x^2)(3 - 2y)$ であるので，停留点は

$$(x,y) = \left(1, \frac{3}{2}\right), (0,0), (2,0), (0,3), (2,3)$$

である．また，

$$f_{xx} = -2(3y - y^2), \quad f_{xy} = 2(1-x)(3-2y), \quad f_{yy} = -2(2x - x^2),$$

である．これより，停留点の分類は以下のとおりである．

	f_{xx}	f_{xy}	f_{yy}	Δ	判定	分類	f
$(1, \frac{3}{2})$	$-\frac{9}{2}$	0	-2	-9	$\Delta < 0, f_{xx} < 0$	極大値を与える点	$\frac{9}{4}$
$(0,0)$	0	6	0	36	$\Delta > 0$	鞍点を与える点	0
$(2,0)$	0	-6	0	36	$\Delta > 0$	鞍点を与える点	0
$(0,3)$	0	-6	0	36	$\Delta > 0$	鞍点を与える点	0
$(2,3)$	0	6	0	36	$\Delta > 0$	鞍点を与える点	0

9 $F(x,y) = x^3 y^3 - x + y$ とおく。$F_x(x,y) = 3x^2 y^3 - 1$, $F_y(x,y) = 3x^3 y^2 + 1$ である。

点 (a,b) が,$a^3 b^3 - a + b = 0$, $3a^3 b^2 + 1 \neq 0$ を満たすとき,その近くで,陰関数 $y = f(x)$ が定まり,

$$f'(x) = -\frac{F_x(x,y)}{F_y(x,y)} = -\frac{3x^2 y^3 - 1}{3x^3 y^2 + 1}$$

となる。

点 (a,b) が,$a^3 b^3 - a + b = 0$, $3a^2 b^3 - 1 \neq 0$ を満たすとき,その近くで,陰関数 $x = g(y)$ が定まり,

$$g'(y) = -\frac{F_y(x,y)}{F_x(x,y)} = -\frac{3x^3 y^2 + 1}{3x^2 y^3 - 1}$$

となる。

10 (1) $F(x,y) = x^2(x+1) - y^2$ とすると $F_x = 3x^2 + 2x$, $F_y = -2y$ である。点 (a,b) で陰関数が極値をとるとすると $F(a,b) = 0$, $F_x(a,b) = 0$ より

$$a^2(a+1) - b^2 = 0, \quad a(3a+2) = 0$$

となる。これを解いて $(a,b) = (0,0)$, $\left(-\frac{2}{3}, \pm\frac{2}{3\sqrt{3}}\right)$ が得られる。$F_y(0,0) = 0$, $F_y\left(-\frac{2}{3}, \pm\frac{2}{3\sqrt{3}}\right) = \mp\frac{4}{3\sqrt{3}} \neq 0$ であるので,$(a,b) = \left(-\frac{2}{3}, \pm\frac{2}{3\sqrt{3}}\right)$ が極値の候補点である。$F(x, f(x)) \equiv 0$ を x で微分すると

$$3x^2 + 2x - 2f(x)f'(x) = 0, \quad 6x + 2 - 2f'(x)^2 - 2f(x)f''(x) = 0$$

となる。整理すると

$$f'(x) = \frac{x(3x+2)}{2y}, \quad f''(x) = \frac{3x+1-(y')^2}{y}$$

となる。$x = a$ のとき $y = f(a) = b$, $f'(a) = 0$ であるので,$f''(a) = \frac{3a+1}{b}$ となる。これより $(a,b) = \left(-\frac{2}{3}, \frac{2}{3\sqrt{3}}\right)$ のとき,$f''(a) = -\frac{3\sqrt{3}}{2} < 0$ となり,極大値 $f(a) = \frac{2}{3\sqrt{3}}$ をとる。$(a,b) = \left(-\frac{2}{3}, -\frac{2}{3\sqrt{3}}\right)$ のとき,$f''(a) = \frac{3\sqrt{3}}{2} > 0$ となり,極小値 $f(a) = -\frac{2}{3\sqrt{3}}$ をとる。

(2) $F(x,y) = x^2 + xy + y^3 + 9$ とすると,$F_x(x,y) = 2x + y$, $F_y(x,y) = x + 3y^2$

4. 多変数関数の微分

である。点 (a,b) で陰関数が極値をとるとすると $F(a,b)=0$, $F_x(a,b)=0$ より
$$a^2+ab+b^3+9=0, \quad 2a+b=0$$
となる。後者より得られる $b=-2a$ を前者に代入して整理すると，
$$(a-1)(8a^2+9a+9)=0$$
となる。$8a^2+9a+9=0$ の判別式は $9^2-4\cdot 8\cdot 9 < 0$ であるので，上の方程式の (実数) 解は $a=1$ のみである。このとき，$b=-2$ であり，$F_y(1,-2)=1+3\cdot 4=13 \neq 0$ である。ゆえに，$(a,b)=(1,-2)$ が極値の候補点である。$F(x,f(x))\equiv 0$ を x で微分すると
$$2x+f(x)+xf'(x)+3f(x)^2 f'(x)=0,$$
$$2+2f'(x)+xf''(x)+6f(x)\left(f'(x)\right)^2+3f(x)^2 f''(x)=0$$
となる。$x=a$ のとき，$y=f(a)=b$, $f'(a)=0$ であるので，$2+\left(a+3b^2\right)f''(a)=0$ である。$(a,b)=(1,-2)$ であるので，$f''(1)=-\frac{2}{1+3\cdot 4}=-\frac{2}{13}<0$ である。ゆえに，$f(1)=-2$ は極大値である。

11 $g(x,y)=x^2+y^2+xy-1$, $F(x,y,\lambda)=x^2+y^2-\lambda(x^2+y^2+xy-1)$ とおく。$g_x=2x+y$, $g_y=2y+x$ であるので，$g(x,y)=0$ 上に $g_x(x,y)=g_y(x,y)=0$ を満たす点は存在しない。
$$F_x=2x-\lambda(2x+y), \quad F_y=2y-\lambda(2y+x), \quad F_\lambda=-\left(x^2+y^2+xy-1\right)$$
となる。$F_x(a,b,\lambda)=F_y(a,b,\lambda)=F_\lambda(a,b,\lambda)=0$ を解いて，
$$(a,b,\lambda)=(\pm 1, \mp 1, 2), \quad \left(\pm\frac{1}{\sqrt{3}}, \pm\frac{1}{\sqrt{3}}, \frac{2}{3}\right) \text{(複合同順)}$$
となる。$f(\pm 1, \mp 1)=2$, $f\left(\pm\frac{1}{\sqrt{3}}, \pm\frac{1}{\sqrt{3}}\right)=\frac{2}{3}$ であり，これらは極値の候補である。$g(x,y)=0$ は楕円を表す。この集合上で x^2+y^2 は連続であるので，最大値と最小値をとり，これらは異なる極値になる。極値の候補が 2 つあり，一方で極値は少なくとも 2 つある事から，$f(\pm 1, \mp 1)=2$ が最大値，$f\left(\pm\frac{1}{\sqrt{3}}, \pm\frac{1}{\sqrt{3}}\right)=\frac{2}{3}$ が最小値であることが分かる。

12 $g(x,y)=\frac{x^2}{4}+y^2-1$, $F(x,y,\lambda)=(x-2)^2+y^2-\lambda\left(\frac{x^2}{4}+y^2-1\right)$ とおく。$g_x=\frac{x}{2}$, $g_y=2y$ であるので，$g(x,y)=0$ 上に $g_x(x,y)=g_y(x,y)=0$ を満たす点は存在しない。
$$F_x=2(x-2)-\frac{\lambda}{2}x, \quad F_y=2y-2\lambda y, \quad F_\lambda=-\left(\frac{x^2}{4}+y^2-1\right)$$
となる。$F_x(a,b,\lambda)=F_y(a,b,\lambda)=F_\lambda(a,b,\lambda)=0$ を解いて，$(a,b,\lambda)=(2,0,0)$, $(-2,0,8)$ となる。$f(2,0)=0$, $f(-2,0)=16$ であり，これらは極値の候補である。

$g(x,y) = 0$ は楕円を表す。この集合上で $(x-2)^2 + y^2$ は連続であるので, 最大値と最小値をとり, これらは異なる極値になる。極値の候補が 2 つあり, 一方で極値は少なくとも 2 つある事から, $f(2,0) = 0$ が最小値, $f(-2,0) = 16$ が最大値であることが分かる。

注意 Lagrange の未定乗数法を用いなくても極値は求められる。$g(x,y) = 0$ を満たすとき, $x = 2\cos\theta, y = \sin\theta$ とおく事ができる。$h(\theta) = f(2\cos\theta, \sin\theta)$ とおくと,
$$h(\theta) = 4(1-\cos\theta)^2 + \sin^2\theta, \quad h'(\theta) = 2\sin\theta(4 - 3\cos\theta),$$
$$h''(\theta) = 2(4\cos\theta - 3\cos^2\theta + 3\sin^2\theta)$$
となる。$h'(\theta) = 0$ を $0 \leqq \theta < 2\pi$ の範囲で解いて $\theta = 0, \pi$ となる。$h''(0) = 2 > 0$, $h''(\pi) = -14 < 0$ であるので, $h(0) = 0$ が極小値 (最小値でもある), $h(\pi) = 16$ は極大値 (最大値でもある) である。

更に, 初等的に次のようにしても求めることもできる。
$$h(\theta) = 4(1-\cos\theta)^2 + \sin^2\theta = 3\cos^2\theta - 8\cos\theta + 5 = 3\left(\cos\theta - \frac{4}{3}\right)^2 - \frac{1}{3}$$
である。$-1 \leqq \cos\theta \leqq 1$ を考慮すると, $\cos\theta = -1$ で最大値 16, $\cos\theta = 1$ で最小値 0 をとることがわかる。

13 対数微分法を用いる。$\log f = y^z \log x$ である。両辺を x, y, z で微分すると
$$\frac{f_x}{f} = \frac{y^z}{x}, \quad \frac{f_y}{f} = zy^{z-1}\log x, \quad \frac{f_z}{f} = y^z(\log y)(\log x)$$
となる。z に関する微分は, $(a^x)' = a^x \log a \; (a > 0)$ を用いた。これらより,
$$f_x = y^z x^{y^z - 1}, \quad f_y = x^{y^z} y^{z-1} z \log x, \quad f_z = x^{y^z} y^z (\log x)(\log y)$$
を得る。

14 三角形の三辺の長さを $x, y, 2a-x-y$ とおくと, 面積は Heron の公式より, $\sqrt{a(a-x)(a-y)(x+y-a)}$ となる。
$$f(x,y) = (a-x)(a-y)(x+y-a)$$
とおく。$0 < x < a, 0 < y < a$ の範囲で f の最大値を求める。$f_x = (a-y)(2a - 2x - y), f_y = (a-x)(2a-x-2y)$ であるので, x, y の範囲に注意すると, 停留点は $\left(\frac{2}{3}a, \frac{2}{3}a\right)$ である。
$$f_{xx} = -2(a-y), \quad f_{xy} = 2x + 2y - 3a, \quad f_{yy} = -2(a-x)$$
であるので, 停留点において,
$$f_{xx} = -\frac{2}{3}a < 0, \; f_{xy} = -\frac{1}{3}a, \; f_{yy} = -\frac{2}{3}a, \; f_{xy}^2 - f_{xx}f_{yy} = -\frac{1}{3}a^2 < 0$$
となる。よって, f は停留点で極大値をとる。停留点がただ一つであるので, そこで最大値を与える。面積もそこで最大になる。三辺の長さはいずれも $\frac{2}{3}a$ であるので正三角

4. 多変数関数の微分

形である。

15 $f(x,y,z) = \dfrac{x^2}{a^2} + \dfrac{y^2}{b^2} + \dfrac{z^2}{c^2} - 1$ とおくと，

$$f_x = \frac{2x}{a^2}, \quad f_y = \frac{2y}{b^2}, \quad f_z = \frac{2z}{c^2}$$

であるので，この曲面上の点 (α, β, γ) における接平面の方程式は

$$\frac{2\alpha}{a^2}(x - \alpha) + \frac{2\beta}{b^2}(y - \beta) + \frac{2\gamma}{c^2}(z - \gamma) = 0$$

である。$\dfrac{\alpha^2}{a^2} + \dfrac{\beta^2}{b^2} + \dfrac{\gamma^2}{c^2} = 1$ を用いて整理すると

$$\frac{\alpha x}{a^2} + \frac{\beta y}{b^2} + \frac{\gamma z}{c^2} = 1$$

が得られる。接平面が各軸を横切る点の座標は $\left(\dfrac{a^2}{\alpha}, 0, 0\right), \left(0, \dfrac{b^2}{\beta}, 0\right), \left(0, 0, \dfrac{c^2}{\gamma}\right)$ であるので，三角錐の体積 $V(\alpha, \beta, \gamma)$ は

$$V(\alpha, \beta, \gamma) = \frac{1}{6} \frac{a^2 b^2 c^2}{\alpha \beta \gamma}$$

である。

さて，$\alpha > 0, \beta > 0, \gamma > 0$ において $V(\alpha, \beta, \gamma)$ の最小値を求めよう。$X = \dfrac{\alpha}{a}, Y = \dfrac{\beta}{b}, Z = \dfrac{\gamma}{c}$ とおけば，上記より条件 $X^2 + Y^2 + Y^2 = 1$ の下に

$$V(X, Y, Z) = \frac{abc}{6} \frac{1}{XYZ}$$

の極値を求める条件付き極値問題となる。$g(X, Y, Z) = X^2 + Y^2 + Z^2 - 1, F(X, Y, Z, \lambda) = \dfrac{abc}{6} \dfrac{1}{XYZ} - \lambda(X^2 + Y^2 + Y^2 - 1)$ とおく。$g_X = 2X, g_Y = 2Y, g_X = 2Z$ であるので $g(X, Y, Z) = 0$ 上で $g_X \neq 0, g_Y \neq 0, g_Z \neq 0$ である。偏導関数を求めると

$$F_X = -\frac{abc}{6} \frac{1}{X^2 YZ} - 2\lambda X, \quad F_Y = -\frac{abc}{6} \frac{1}{XY^2 Z} - 2\lambda Y,$$

$$F_Z = -\frac{abc}{6} \frac{1}{XYZ^2} - 2\lambda Z, \quad F_\lambda = -(X^2 + Y^2 + Y^2 - 1)$$

となる。$g(X, Y, Z) = 0$ 上の点 (A, B, C) で極値をとるとして，$F_X(A, B, C, \lambda_1) = F_Y(A, B, C, \lambda_1) = F_Z(A, B, C, \lambda_1) = F_\lambda(A, B, C, \lambda_1) = 0$ である。最初の 3 式より，$A^2 = B^2 = C^2$ を得る。これを第 4 式目に代入すると

$$A^2 + B^2 + C^2 - 1 = 3A^2 - 1 = 0$$

であり，$A = B = C = \dfrac{1}{\sqrt{3}}$ が得られる。つまり三角錐の体積の最小値 $V_{\min}$ は $\dfrac{\alpha}{a} = \dfrac{\beta}{b} = \dfrac{\gamma}{c} = \dfrac{1}{\sqrt{3}}$ のときに得られ，

$$V_{\min} = \frac{\sqrt{3}}{2} abc$$

である。

注意 Lagrange の未定乗数法を用いなくても，相加平均・相乗平均の不等式を用い

て V の最小値は求められる。上記の X^2, Y^2, Z^2 について

$$\frac{X^2+Y^2+Z^2}{3} \geq \sqrt[3]{X^2Y^2Z^2}$$

である。等号は，$X^2 = Y^2 = Z^2$ のときに限る。$X^2 + Y^2 + Z^2 = 1$ であるから

$$V(X,Y,Z) = \frac{abc}{6}\frac{1}{XYZ} \geq \frac{abc}{6}3^{\frac{3}{2}} = \frac{\sqrt{3}}{2}abc$$

となり，三角錐の体積は $X = Y = Z = \frac{1}{\sqrt{3}}$ のとき最小値 $\frac{\sqrt{3}}{2}abc$ を実現する。

16 $f(x,y) = \displaystyle\sum_{i=1}^{n}\left\{(x-x_i)^2 + (y-y_i)^2\right\}$ とおくと，

$$f_x = 2\sum_{i=1}^{n}(x-x_i), \quad f_y = 2\sum_{i=1}^{n}(y-y_i)$$

であるので，停留点は

$$x = \frac{1}{n}\sum_{i=1}^{n}x_i, \quad y = \frac{1}{n}\sum_{i=1}^{n}y_i$$

である。

$$f_{xx} = 2n > 0,\, f_{xy} = 0,\, f_{yy} = 2n > 0,\, f_{xy}^2 - f_{xx}f_{yy} = -4n^2 < 0$$

であるので，停留点では極小値を与える。停留点がただ一つであるので，そこで最小値を与える。ゆえに，Q は $\left(\dfrac{1}{n}\displaystyle\sum_{i=1}^{n}x_i, \dfrac{1}{n}\displaystyle\sum_{i=1}^{n}y_i\right)$ である。

17

$$-\frac{\hbar^2}{2m}\left\{\frac{1}{r^2}\cdot\frac{\partial}{\partial r}\left(r^2\cdot\frac{\partial}{\partial r}\right) + \frac{1}{r^2\sin\theta}\cdot\frac{\partial}{\partial\theta}\left(\sin\theta\cdot\frac{\partial}{\partial\theta}\right) + \frac{1}{r^2\sin^2\theta}\cdot\frac{\partial^2}{\partial\varphi^2}\right\}\psi = E\psi.$$

5. 多変数関数の積分

問 5.1 $D = \left\{(x,y) \,\middle|\, 0 < y < 2,\, -\sqrt{2y-y^2} < x < \sqrt{2y-y^2}\right\}$

であるので，次式となる。

$$\iint_D |x|\,dxdy = \int_0^2\left(\int_{-\sqrt{2y-y^2}}^{\sqrt{2y-y^2}} |x|\,dx\right)dy = 2\int_0^2\left(\int_0^{\sqrt{2y-y^2}} x\,dx\right)dy$$

$$= \int_0^2 \left[x^2\right]_{x=0}^{x=\sqrt{2y-y^2}} dy = \int_0^2 (2y-y^2)\,dy$$

5. 多変数関数の積分

$$= \left[y^2 - \frac{y^3}{3}\right]_0^2 = 4 - \frac{8}{3} = \frac{4}{3}.$$

問 5.2 被積分関数は D 上で連続かつ有界であるので 2 重積分は累次積分に一致する。ゆえに，次式となる。

$$\iint_D y\,dxdy = \int_{-\frac{\pi}{2}}^{\frac{\pi}{2}} \left(\int_0^{\cos x} y\,dy\right) dx = \int_{-\frac{\pi}{2}}^{\frac{\pi}{2}} \left[\frac{y^2}{2}\right]_{y=0}^{y=\cos x} dx = \int_0^{\frac{\pi}{2}} \cos^2 x\,dx$$

$$= \int_0^{\frac{\pi}{2}} \frac{\cos 2x + 1}{2}\,dx = \left[\frac{\sin 2x + 2x}{4}\right]_0^{\frac{\pi}{2}} = \frac{\pi}{4}.$$

問 5.3 Dirichlet 変換により，次式を得る。

$$\int_0^1 \left(\int_x^1 e^{y^2}\,dy\right) dx = \int_0^1 \left(\int_0^y e^{y^2}\,dx\right) dy$$

$$= \int_0^1 y e^{y^2}\,dy = \left[\frac{1}{2}e^{y^2}\right]_0^1 = \frac{1}{2}(e-1).$$

問 5.4 積分範囲は，$D = \{(x,y)\,|\,0 < x < 1,\,0 < y < x\}$ であるので，変数変換 $x = u+v,\,y = u-v$ によって，

$$\begin{aligned}D' &= \{(u,v)\,|\,0 < u+v < 1,\,0 < u-v < u+v\}\\ &= \left\{(u,v)\,\middle|\,0 < v < \frac{1}{2},\,v < u < 1-v\right\}\end{aligned}$$

に写される。Jacobian は，

$$\det\begin{pmatrix} x_u & x_v \\ y_u & y_v \end{pmatrix} = \det\begin{pmatrix} 1 & 1 \\ 1 & -1 \end{pmatrix} = -2$$

である。したがって，$dxdy = 2dudv$ である。f は連続かつ有界であるので，2 重積分と累次積分は同値であるので，次式となる。

$$\begin{aligned}\int_0^1 \left(\int_0^x f(x,y)\,dy\right) dx &= \iint_D f(x,y)\,dxdy\\ &= \iint_{D'} f(u+v, u-v)\,2dudv\\ &= 2\int_0^{\frac{1}{2}} dv \int_v^{1-v} f(u+v, u-v)\,du.\end{aligned}$$

問 5.5 D の近似増大列 $\{K_n\}$ として，$K_n = \{(x,y)\,|\,0 \leqq x \leqq n,\,0 \leqq y \leqq n\}$ とする。被積分関数は D 上で被負値かつ連続であるので，次式となる。

$$\iint_D xe^{-(2x+3y)}\,dxdy = \lim_{n\to\infty} \iint_{K_n} xe^{-(2x+3y)}\,dxdy$$

$$= \int_0^\infty \left\{\int_0^\infty xe^{-(2x+3y)}\,dx\right\} dy$$

$$= \lim_{n\to\infty} \int_0^n \left(\int_0^n xe^{-2x}e^{-3y}\,dx \right) dy = \lim_{n\to\infty} \int_0^n xe^{-2x}\,dx \int_0^n e^{-3y}\,dy$$

$$= \lim_{n\to\infty} \left(\left[-\frac{1}{2}xe^{-2x} - \frac{1}{4}e^{-2x} \right]_0^n \right) \left(\left[-\frac{1}{3}e^{-3y} \right]_0^n \right)$$

$$= \lim_{n\to\infty} \left(\frac{1}{4} - \frac{n}{2e^{2n}} - \frac{1}{4e^{2n}} \right) \left(\frac{1}{3} - \frac{1}{3e^{3n}} \right) = \frac{1}{12}.$$

問 **5.6** (1) $\displaystyle \int_{-1/\sqrt{1-x^2}}^{1/\sqrt{1-x^2}} (1-4y)\,dy = \left[y - 2y^2 \right]_{-1/\sqrt{1-x^2}}^{1/\sqrt{1-x^2}} = \frac{2}{\sqrt{1-x^2}}$

である.これを x について -1 から 1 まで積分すればよいが,$x = \pm 1$ で定義されない関数であるので,広義積分で計算すると,

$$\int_{-1}^{1} \frac{2}{\sqrt{1-x^2}}\,dx = \lim_{\substack{p\to 1-0 \\ q\to -1+0}} \int_q^p \frac{2}{\sqrt{1-x^2}}\,dx$$

$$= \lim_{\substack{p\to 1-0 \\ q\to -1+0}} \left[2\arcsin x \right]_q^p = \lim_{\substack{p\to 1-0 \\ q\to -1+0}} (2\arcsin p - 2\arcsin q)$$

$$= 4\arcsin 1 = 2\pi$$

となる.

(2) $|1-4y|$ の広義積分可能性を調べる.$D_+ = \{(x,y) \in D \mid y \leq \frac{1}{4}\}$, $D_- = \{(x,y) \in D \mid y \geq \frac{1}{4}\}$ とおくと,

$$\iint_D |1-4y|\,dxdy = \iint_{D_+} (1-4y)\,dxdy + \iint_{D_-} (4y-1)\,dxdy$$

である.D_+ の近似増大列 $\{K_n\}$ として,

$$K_n = \left\{ (x,y) \mid -1 + \frac{1}{n} \leq x \leq 1 - \frac{1}{n},\ -\frac{1}{\sqrt{1-x^2}} \leq y \leq \frac{1}{4} \right\}$$

とすると,

$$\iint_{K_n} (1-4y)\,dxdy = \int_{-1+\frac{1}{n}}^{1-\frac{1}{n}} \left\{ \int_{-1/\sqrt{1-x^2}}^{\frac{1}{4}} (1-4y)\,dy \right\} dx$$

$$= \int_{-1+\frac{1}{n}}^{1-\frac{1}{n}} \left[y - 2y^2 \right]_{y=-1/\sqrt{1-x^2}}^{y=\frac{1}{4}} dx$$

$$= \int_{-1+\frac{1}{n}}^{1-\frac{1}{n}} \left(\frac{1}{8} + \frac{1}{\sqrt{1-x^2}} + \frac{2}{1-x^2} \right) dx$$

$$\geqq \int_{-1+\frac{1}{n}}^{1-\frac{1}{n}} \frac{2\,dx}{1-x^2} = \left[\log\left|\frac{1+x}{1-x}\right| \right]_{-1+\frac{1}{n}}^{1-\frac{1}{n}} = \log \frac{2+\frac{1}{n}}{\frac{1}{n}} - \frac{\frac{1}{n}}{2-\frac{1}{n}}$$

5. 多変数関数の積分

$$= \log(2n+1)(2n-1) \to \infty \quad (n \to \infty)$$

となる。従って，$\iint_D |1-4y|\,dxdy = \infty$ であり，広義積分 $\iint_D (1-4y)\,dxdy$ は定義されない。ゆえに，広義積分値を $I = 2\pi$ とするのは誤りである。

問 5.7 標準正規分布の確率密度関数は $f(x) = \dfrac{1}{\sqrt{2\pi}} e^{-\frac{x^2}{2}}$ であるから

$$\int_{-\infty}^{\infty} f(x)\,dx = \frac{1}{\sqrt{2\pi}} \int_{-\infty}^{\infty} e^{-\frac{x^2}{2}}\,dx$$

である。ここで，$\dfrac{x}{\sqrt{2}} = t$ とおくと

$$dx = \sqrt{2}\,dt, \qquad \begin{array}{c|ccc} x & -\infty & \to & \infty \\ \hline t & -\infty & \to & \infty \end{array}$$

であるので，次式となる。

$$\int_{-\infty}^{\infty} f(x)\,dx = \frac{1}{\sqrt{2\pi}} \int_{-\infty}^{\infty} e^{-t^2} \sqrt{2}\,dt = \frac{1}{\sqrt{\pi}} \int_{-\infty}^{\infty} e^{-t^2}\,dt = 1.$$

問 5.8 横線領域を

$$D = \left\{ (x,y) \,\middle|\, 0 \leqq y \leqq 1,\ y \leqq x \leqq \frac{1}{2}(2-y) \right\}$$

とすると，求める体積 V は x^2+y^2 を D 上で積分したものである。この関数は D 上で連続であることから，2重積分は累次積分で計算可能になるので，

$$V = \iint_D (x^2+y^2)\,dxdy = \int_0^1 dy \int_y^{\frac{1}{2}(2-y)} (x^2+y^2)\,dx$$

$$= \int_0^1 \left[\frac{x^3}{3} + xy^2 \right]_{x=y}^{x=\frac{1}{2}(2-y)} dy = \int_0^1 \left\{ \frac{1}{24}(2-y)^3 + y^2 - \frac{11}{6}y^3 \right\} dy$$

$$= \left[-\frac{1}{96}(2-y)^4 + \frac{y^3}{3} - \frac{11}{24}y^4 \right]_0^1 = \frac{1}{32}$$

となる。

問 5.9 $D = \{(x,y) \mid x^2+y^2 \leqq 25,\ x \geqq 0,\ y \geqq 0\}$ とし，求める体積を V とすると

$$V = \iint_D (25 - x^2 - y^2)\,dxdy$$

となる。極座標 (r,θ) に変換すると，D は

$$E = \left\{ (r,\theta) \,\middle|\, 0 \leqq r \leqq 5,\ 0 \leqq \theta \leqq \frac{\pi}{2} \right\}$$

に写り，J Jacobian が r であるころから，V は E 上で $r(25-r^2)$ を積分したもの

になる．この関数は E 上で連続であることから，2 重積分は累次積分で計算可能で，

$$V = \iint_E r(25 - r^2)\,drd\theta = \int_0^5 (25r - r^3)\,dr \cdot \int_0^{\frac{\pi}{2}} d\theta$$

$$= \left[\frac{25}{2}r^2 - \frac{r^4}{4}\right]_0^5 \cdot \left[\theta\right]_0^{\frac{\pi}{2}} = \frac{625}{8}\pi$$

となる．

問 **5.10** 中心が原点，半径が a の球の方程式は

$$x^2 + y^2 + z^2 = a^2$$

である．求める表面積は，この球の $z > 0$ の部分を 2 倍すれば良い．上半球面は，

$$z = \sqrt{a^2 - (x^2 + y^2)}, \quad (x,y) \in D = \{(x,y),\,|\,x^2 + y^2 \leqq a^2\}$$

である．したがって，球の表面積を S とすると，

$$S = 2\iint_D \sqrt{1 + (z_x)^2 + (z_y)^2}\,dxdy$$

$$= 2\iint_D \sqrt{1 + \left\{\frac{x}{\sqrt{a^2 - (x^2 + y^2)}}\right\}^2 + \left\{\frac{y}{\sqrt{a^2 - (x^2 + y^2)}}\right\}^2}\,dxdy$$

$$= 2\iint_D \frac{a}{\sqrt{a^2 - (x^2 + y^2)}}\,dxdy$$

となる．極座標 (r, θ) に変換する．Jacobian が r であることから，S は $\frac{2ar}{\sqrt{a^2 - r^2}}$ を $\{(r, \theta),\,|\,0 \leqq r \leqq a, 0 \leqq \theta < 2\pi\}$ 上で積分したものである．被積分関数はこの集合の境界まで込めて連続であるので，2 重積分は累次積分可能で，次式となる．

$$S = 2\int_0^{2\pi}\left(\int_0^a \frac{ar}{\sqrt{a^2 - r^2}}\,dr\right)d\theta = 2a\int_0^{2\pi}d\theta\int_0^a \frac{r}{\sqrt{a^2 - r^2}}\,dr$$

$$= 2a \cdot 2\pi \cdot \left[-\sqrt{a^2 - r^2}\right]_0^a = 4\pi a^2.$$

問 **5.11** $\left|\frac{2\sin(x^2)}{\sqrt{z}}\right| \leqq \frac{2}{\sqrt{z}}$ であり，

$$\iiint_D \frac{2\,dxdydz}{\sqrt{z}} = \lim_{\varepsilon \to +0}\int_\varepsilon^4 \frac{2\,dz}{\sqrt{z}}\int_0^1 \left(\int_0^{\frac{x}{2}} dy\right)dx$$

$$= \lim_{\varepsilon \to +0}\left[4\sqrt{z}\right]_\varepsilon^4 \times \int_0^1 \frac{x}{2}\,dx = 8 \cdot \left[\frac{x^2}{4}\right]_0^1 = 2 < \infty$$

であるので，被積分関数は D 上広義積分可能である．また，$\varepsilon \in (0,4)$ のとき，この関数は，$\{(x,y,z)\,|\,0 \leqq x \leqq 1, 0 \leqq y \leqq \frac{x}{2}, \varepsilon \leqq z \leqq 4\}$ 上で連続であるので，この集合上の積分は累次積分で計算してよい．ゆえに，次式となる．

5. 多変数関数の積分

$$\iiint_D \frac{2\sin(x^2)}{\sqrt{z}}\,dxdydz$$

$$= \lim_{\varepsilon \to +0} \int_\varepsilon^4 \int_0^1 \left[\frac{\sin(x^2)}{\sqrt{z}}y\right]_0^{x/2} dxdz$$

$$= \lim_{\varepsilon \to +0} \int_\varepsilon^4 \int_0^1 \frac{x\sin(x^2)}{\sqrt{z}}dxdz = \lim_{\varepsilon \to +0} \int_\varepsilon^4 \left[-\frac{1}{2}\frac{\cos(x^2)}{\sqrt{z}}\right]_0^1 dz$$

$$= \frac{1}{2}(1-\cos 1)\lim_{\varepsilon \to +0}\int_\varepsilon^4 \frac{1}{\sqrt{z}}\,dz = 2(1-\cos 1).$$

章末問題 5

1 e^{-x^3} は D 上で連続かつ有界である。したがって、2 重積分は累次積分に直して計算してよい。$D = \{(x,y) \mid -1 < x < 1, 0 < y < x^2\}$ であるので、次式となる。

$$\iint_D e^{-x^3}dxdy = \int_{-1}^1 \left(\int_0^{x^2} e^{-x^3}dy\right)dx = \int_{-1}^1 x^2 e^{-x^3}dx$$

$$= \left[-\frac{1}{3}e^{-x^3}\right]_{-1}^1 = -\frac{1}{3}\left(e^{-1}-e\right)$$

2 $f(x,y) = \dfrac{\sin x}{x}\ (x \neq 0),\ = 1\ (x=0)$ とすると、

$$\int_0^1 \left(\int_y^1 \frac{\sin x}{x}\,dx\right)dy = \int_0^1 \left(\int_y^1 f(x,y)\,dx\right)dy$$

となる。f は、積分範囲 $\{(x,y) \mid 0 < y < 1,\ y < x < 1\}$ 上連続であるので、積分の順序交換が可能である。

$$\{(x,y) \mid 0 < y < 1,\ y < x < 1\} = \{(x,y) \mid 0 < x < 1,\ 0 < y < x\}$$

であるので、次式となる。

$$\int_0^1 \left(\int_y^1 f(x,y)\,dx\right)dy = \int_0^1 \left(\int_0^x f(x,y)\,dy\right)dx = \int_0^1 \left(\int_0^x \frac{\sin x}{x}\,dy\right)dx$$

$$= \int_0^1 \sin x\,dx = [-\cos x]_0^1 = -\cos 1 + 1.$$

3 $x = r\cosh\phi,\ y = r\sinh\phi$ と変数変換すると、$D(\theta)$ は、$\{(r,\phi) \mid 0 \leqq r \leqq 1,\ 0 \leqq \phi \leqq \theta\}$ に写される。また、

$$\frac{\partial(x,y)}{\partial(r,\phi)} = \det\begin{pmatrix} \cosh\phi & r\sinh\phi \\ \sinh\phi & r\cosh\phi \end{pmatrix} = r\left(\cosh^2\phi - \sinh^2\phi\right) = r \geqq 0$$

となる。よって、

$$\iint_{D(\theta)} dxdy = \int_0^\theta \left(\int_0^1 r\,dr\right)d\phi = \frac{1}{2}\theta$$

となる．

4 D の近似増大列 $\{K_n\}$ として，$K_n = \{(x,y) \,|\, 0 \leqq x \leqq n,\, 0 \leqq y \leqq n\}$ とする．被積分関数は D 上で非負値かつ連続であるので，K_n 上の 2 重積分は累次積分で計算してよい．よって，

$$\iint_D \frac{dxdy}{(1+x+y)^p}$$
$$= \lim_{n\to\infty} \iint_{K_n} \frac{dxdy}{(1+x+y)^p}$$
$$= \lim_{n\to\infty} \int_0^n dx \int_0^n \frac{dy}{(1+x+y)^p}$$
$$= \lim_{n\to\infty} \int_0^n \left[\frac{1}{1-p}(1+x+y)^{1-p}\right]_{y=0}^{y=n} dx$$
$$= \lim_{n\to\infty} \frac{1}{1-p} \int_0^n \left\{(1+x+n)^{1-p} - (1+x)^{1-p}\right\} dx$$
$$= \lim_{n\to\infty} \frac{1}{1-p} \left[\frac{1}{2-p}(1+x+n)^{2-p} - \frac{1}{2-p}(1+x)^{2-p}\right]_0^n$$
$$= \lim_{n\to\infty} \frac{1}{(1-p)(2-p)} \left\{(1+2n)^{2-p} - (1+n)^{2-p} - (1+n)^{2-p} + 1\right\}$$
$$= \frac{1}{(1-p)(2-p)}$$

となる．

5 極座標 $x = r\cos\theta$, $y = r\sin\theta$ に変換する．D は，$D' = \{(r,\theta) \,|\, 0 < r \leqq 1,\, 0 \leqq \theta < 2\pi\}$ に写される．$\varepsilon > 0$ に対し，$D_\varepsilon = \{(x,y) \,|\, \varepsilon \leqq \|(x,y)\| \leqq 1\}$ とおく．極座標変換によって，D_ε は，$D'_\varepsilon = \{(r,\theta) \,|\, \varepsilon \leqq r \leqq 1,\, 0 \leqq \theta < 2\pi\}$ に写される．$\|(x,y)\| = r$, $dxdy = r\,drd\theta$ であるので，

$$\iint_D \|(x,y)\|^p dxdy = \lim_{\varepsilon\to +0} \iint_{D_\varepsilon} \|(x,y)\|^p dxdy = \lim_{\varepsilon\to +0} \iint_{D'_\varepsilon} r^p r\,drd\theta$$
$$= \lim_{\varepsilon\to +0} \int_0^{2\pi} d\theta \int_\varepsilon^1 r^{p+1} dr = 2\pi \lim_{\varepsilon\to +0} \int_\varepsilon^1 r^{p+1} dr$$

となる．$p+1 \neq -1$ のとき，

$$\int_\varepsilon^1 r^{p+1} dr = \left[\frac{r^{p+2}}{p+2}\right]_\varepsilon^1 = \frac{1-\varepsilon^{p+2}}{p+2}$$

となり，$\varepsilon \to +0$ のとき，$p+2 > 0$ ならば収束し，$p+2 < 0$ ならば発散する．$p+1 = -1$ のとき，

$$\int_\varepsilon^1 r^{p+1} dr = [\log x]_\varepsilon^1 = -\log\varepsilon$$

となり，$\varepsilon \to +0$ のとき発散する．以上より，$p > -2$ のときに限り収束する．

5. 多変数関数の積分

6 $R > 0$ に対し, $D_R = \{(x,y) \,|\, x \geq 0, y \geq 0, x^2 + y^2 \leq R^2\}$ とおく. $x = r\cos\theta, y = r\sin\theta$ と変換し, さらに, $r^2 = t$ と変換すると, 次式となる.

$$\iint_D g(x,y)\,dxdy = \lim_{R\to\infty}\iint_{D_R} g(x,y)\,dxdy = \lim_{R\to\infty}\iint_{D_R} f(x^2+y^2)\,dxdy$$

$$= \lim_{R\to\infty}\int_0^{\frac{\pi}{2}}\left(\int_0^R f(r^2)r\,dr\right)d\theta = \frac{\pi}{2}\lim_{R\to\infty}\int_0^R f(r^2)r\,dr$$

$$= \frac{\pi}{4}\lim_{R\to\infty}\int_0^{R^2} f(t)\,dt = \frac{\pi}{4}\int_0^\infty f(t)\,dt.$$

7 求める体積を V とすると, $V = \iiint_K dxdydz$ である.

解答例 1.
$$x = ar\sin\theta\cos\varphi,\ y = br\sin\theta\sin\varphi,\ z = cr\cos\theta$$

と変換すると, K は,
$$D = \{(r,\theta,\varphi)\,|\, 0 \leq r \leq 1,\ 0 \leq \theta \leq \pi,\ 0 \leq \varphi \leq 2\pi\}$$

に写り,

$$\frac{\partial(x,y,z)}{\partial(r,\theta,\varphi)} = \det\begin{pmatrix} a\sin\theta\cos\varphi & ar\cos\theta\cos\varphi & -ar\sin\theta\sin\varphi \\ b\sin\theta\sin\varphi & br\cos\theta\sin\varphi & br\sin\theta\cos\varphi \\ c\cos\theta & -cr\sin\theta & 0 \end{pmatrix}$$

$$= abcr^2\sin\theta \geq 0$$

である. したがって,

$$V = \iiint_K dxdydz = \iiint_D abcr^2\sin\theta\,drd\theta d\varphi$$

$$= abc\left(\int_0^{2\pi} d\varphi\right)\left(\int_0^\pi \sin\theta\,d\theta\right)\left(\int_0^1 r^2 dr\right)$$

$$= abc\,[\phi]_{\phi=0}^{\phi=2\pi}\,[-\cos\theta]_{\theta=0}^{\theta=\pi}\left[\frac{1}{3}r^3\right]_{r=0}^{r=1} = \frac{4}{3}\pi abc$$

となる.

解答例 2. $E = \left\{(x,y)\,\left|\,\dfrac{x^2}{a^2} + \dfrac{y^2}{b^2} \leq 1\right.\right\}$ とおくと,

$$K = \left\{(x,y,z)\,\left|\,-c\sqrt{1-\dfrac{x^2}{a^2}-\dfrac{y^2}{b^2}} \leq z \leq c\sqrt{1-\dfrac{x^2}{a^2}-\dfrac{y^2}{b^2}},\ (x,y)\in E\right.\right\}$$

となるので,

$$\iiint_K dxdydz = \iint_E dxdy \int_{-c\sqrt{1-\frac{x^2}{a^2}-\frac{y^2}{b^2}}}^{c\sqrt{1-\frac{x^2}{a^2}-\frac{y^2}{b^2}}} dz = 2c\iint_E \sqrt{1-\dfrac{x^2}{a^2}-\dfrac{y^2}{b^2}}\,dxdy$$

を得る. ここで,

と変換すると，E は，
$$x = ar\cos\theta, \quad y = br\sin\theta$$

$$D = \{(r,\theta) \mid 0 \leqq r \leqq 1,\ 0 \leqq \theta \leqq 2\pi\}$$

に写る．
$$\frac{\partial(x,y)}{\partial(r,\theta)} = \det\begin{pmatrix} a\cos\theta & -ar\sin\theta \\ b\sin\theta & br\cos\theta \end{pmatrix} = abr \geqq 0$$

であるので，
$$V = 2c\iint_E \sqrt{1 - \frac{x^2}{a^2} - \frac{y^2}{b^2}}\, dxdy = 2abc \iint_E \sqrt{1-r^2}\, r\, drd\theta$$
$$= 2abc \int_0^{2\pi} d\theta \int_0^1 r\sqrt{1-r^2}\, dr$$
$$= 4\pi abc \left[-\frac{1}{3}(1-r^2)^{\frac{3}{2}}\right]_{r=0}^{r=1} = \frac{4}{3}\pi abc$$

を得る．

8 (1) $y = \dfrac{R}{h}x\ (0 \leqq x \leqq h)$ を x 軸の周りに回転して得られる回転面の面積をもとめればよいので，回転面の表面積の公式より，
$$2\pi \int_0^h |y|\sqrt{1+(y')^2}\, dx = 2\pi \int_0^h \frac{R}{h}x\sqrt{1+\frac{R^2}{h^2}}\, dx$$
$$= 2\pi \cdot \frac{R}{h} \cdot \frac{h^2}{2}\sqrt{1+\frac{R^2}{h^2}} = \pi R\sqrt{h^2+R^2}$$

となる．

(2) 円錐の底面を $\{(x,y,0) \mid 0 \leqq x^2+y^2 \leqq R^2\}$，頂点を $(0,0,h)$ とすると，円錐の側面は，$z = h\left(1 - \dfrac{\sqrt{x^2+y^2}}{R}\right)$ で与えられる．ただし，$(x,y) \in D = \{(x,y) \mid x^2+y^2 \leqq R^2\}$ である．$z_x = -\dfrac{h}{R}\dfrac{x}{\sqrt{x^2+y^2}}$, $z_y = -\dfrac{h}{R}\dfrac{y}{\sqrt{x^2+y^2}}$ 曲面積の公式より，側面積は，
$$\iint_D \sqrt{1+z_x^2+z_y^2}\, dxdy = \iint_D \sqrt{1+\frac{h^2}{R^2}}\, dxdy$$
$$= \sqrt{1+\frac{h^2}{R^2}} \times \pi R^2 = \pi R\sqrt{R^2+h^2}$$

となる．

9 (1) D の近似増大列 $\{K_n\}$ として $K_n = \{(x,y) \mid x^2+y^2 \leqq n^2\}$ とする．K_n は，極座標 (r,θ) により，
$$E_n = \{(r,\theta) \mid 0 \leqq r \leqq n,\ 0 \leqq \theta \leqq \frac{\pi}{2}\}$$

5. 多変数関数の積分　　　　　　　　　　　　　　　　　　　　　　　　255

に写される。Jacobian が r となることに注意すると、被積分関数は $\frac{r}{(1+r^2)^2}$ であるが、この関数は E_n 上で非負値かつ連続であるので、累次積分で計算してよい。よって、次式となる。

$$\iint_D \frac{1}{(1+x^2+y^2)^2}\,dxdy$$
$$= \lim_{n\to\infty}\iint_{K_n}\frac{1}{(1+x^2+y^2)^2}\,dxdy$$
$$\lim_{n\to\infty}\int_0^{\pi/2}\int_0^n \frac{r}{(1+r^2)^2}\,drd\theta$$
$$= \lim_{n\to\infty}\int_0^{\pi/2}d\theta\int_0^n\frac{r}{(1+r^2)^2}\,dr = \frac{\pi}{2}\lim_{n\to\infty}\left[-\frac{1}{2}\frac{1}{1+r^2}\right]_0^n$$
$$= \frac{\pi}{2}\left(-\frac{1}{2}\right)\left[\lim_{n\to\infty}\frac{1}{1+n^2}-1\right] = \frac{\pi}{4}.$$

(2) $\mathbb{R}^2$ の近似増大列 $\{K_n\}$ として $K_n=\{(x,y)\,|\,|x|\leqq n,\,|y|\leqq n\}$ とする。被積分関数は、被負値かつ連続であるので、2 重積分は累次積分で計算可能で、

$$\iint_{\mathbb{R}^2}\frac{1}{(1+x^2)(1+y^2)}\,dxdy$$
$$= \lim_{n\to\infty}\iint_{K_n}\frac{1}{(1+x^2)(1+y^2)}\,dxdy$$
$$= \lim_{n\to\infty}\int_{-n}^n\left(\int_{-n}^n\frac{1}{(1+x^2)(1+y^2)}\,dy\right)dx$$
$$= \lim_{n\to\infty}\int_{-n}^n\frac{dx}{1+x^2}\int_{-n}^n\frac{dy}{1+y^2} = \lim_{n\to\infty}\left(\int_{-n}^n\frac{dx}{1+x^2}\right)^2$$

となる。$\lim_{n\to\infty}\int_{-n}^n\frac{dx}{1+x^2}$ を求めるために $x=\tan\theta$ と変換すると、$\frac{1}{1+x^2}=\cos^2\theta$, $dx=\frac{1}{\cos^2\theta}d\theta$ となるので、

$$\lim_{n\to\infty}\int_{-n}^n\frac{dx}{1+x^2} = \int_{\arctan(-n)}^{\arctan n}d\theta = \lim_{n\to\infty}[\theta]_{\arctan(-n)}^{\arctan n} = \lim_{n\to\infty}2\arctan n$$
$$= \pi$$

となる。ゆえに、

$$\iint_{\mathbb{R}^2}\frac{1}{(1+x^2)(1+y^2)}\,dxdy == \pi^2$$

を得る。

10　(1) 求める体積を V とし、z,y,x の順番で積分すると、

$$V = \iiint_D dV = \int_{-1}^1 \int_{-\sqrt{1-x^2}}^{\sqrt{1-x^2}} \int_0^{4-x} dzdydx$$
$$= \int_{-1}^1 \int_{-\sqrt{1-x^2}}^{\sqrt{1-x^2}} (4-x)dydx$$
$$= \int_{-1}^1 2(4-x)\sqrt{1-x^2}dx$$
$$= 8\int_{-1}^1 \sqrt{1-x^2}dx - 2\int_{-1}^1 x\sqrt{1-x^2}dx$$

第 1 項目の積分は, $x = \sin\theta$ により変数変換し, $\cos^2\theta = \dfrac{1+\cos 2\theta}{2}$ を用いると,
$$8\int_{-1}^1 \sqrt{1-x^2}dx = 8\frac{\pi}{2} = 4\pi$$

となる。第 2 項目の積分は,
$$2\int_{-1}^1 x\sqrt{1-x^2}dx = 2\int_{-1}^1 x(1-x^2)^{-1/2}dx = 2\left[-\frac{1}{2}(1-x^2)^{1/2}\right]_{-1}^1$$
$$= 2\frac{\sqrt{2}}{2} = 4\sqrt{2}$$

以上より,
$$V = \iiint_D dV = 4(\pi + \sqrt{2}).$$

(2) 二つの放物面によって囲まれる領域 D の xy 平面への射影は, これらの放物面が交差する曲線となるので,
$$4x^2 + 3y^2 = 6 - 2x^2 - 9y^2$$

となり, これより
$$x^2 + 2y^2 = 1$$

となる。したがって, z, x, y の範囲は, 次のようになる。
$$4x^2 + 3y^2 \leqq z \leqq 6 - 2x^2 - 9y^2,$$
$$-\sqrt{1-2y^2} \leqq x \leqq \sqrt{1-2y^2},$$
$$-1/\sqrt{2} \leqq y \leqq 1/\sqrt{2}.$$

領域 D の体積 V は 3 重積分を用いて,
$$V = \iiint_D dV = \int_{-1/\sqrt{2}}^{1/\sqrt{2}} \int_{-\sqrt{1-2y^2}}^{\sqrt{1-2y^2}} \int_{4x^2+3y^2}^{6-2x^2-9y^2} dzdxdy$$

5. 多変数関数の積分 257

$$= \int_{-1/\sqrt{2}}^{1/\sqrt{2}} \int_{-\sqrt{1-2y^2}}^{\sqrt{1-2y^2}} 6\left(1 - x^2 - 2y^2\right) dx dy$$

$$= \int_{-1/\sqrt{2}}^{1/\sqrt{2}} 6\left[(1-2y^2)x - \frac{x^3}{3}\right]_{-\sqrt{1-2y^2}}^{\sqrt{1-2y^2}} dy$$

$$= 8\int_{-1/\sqrt{2}}^{1/\sqrt{2}} \left(1 - 2y^2\right)^{3/2} dy$$

ここで，$y = \frac{1}{\sqrt{2}}\sin\theta$ とおくと，

$$1 - 2y^2 = \cos^2\theta,\; dy = \frac{1}{\sqrt{2}}\cos\theta d\theta$$

となるので，

$$V = \frac{8}{\sqrt{2}} \int_{-\pi/2}^{\pi/2} \cos^4\theta d\theta = \frac{8}{\sqrt{2}} \int_{-\pi/2}^{\pi/2} \left(\cos^2\theta\right)^2 d\theta$$

$$= \frac{8}{\sqrt{2}} \int_{-\pi/2}^{\pi/2} \left[\frac{1}{2}\left(1 + \cos 2\theta\right)\right]^2 d\theta$$

$$= \frac{8}{\sqrt{2}} \int_{-\pi/2}^{\pi/2} \frac{1}{4} \left(1 + 2\cos 2\theta + \cos^2 2\theta\right) d\theta$$

$$= \frac{8}{\sqrt{2}} \int_{-\pi/2}^{\pi/2} \frac{1}{4} \left[1 + 2\cos 2\theta + \frac{1}{2}\left(1 + \cos 4\theta\right)\right] d\theta$$

$$= \frac{2}{\sqrt{2}} \int_{-\pi/2}^{\pi/2} \left(\frac{3}{2} + 2\cos 2\theta + \frac{1}{2}\cos 4\theta\right) d\theta$$

$$= \frac{2}{\sqrt{2}} \left[\frac{3}{2}\theta + \sin 2\theta + \frac{1}{8}\sin 4\theta\right]_{-\pi/2}^{\pi/2}$$

$$= \frac{2}{\sqrt{2}} \cdot \frac{3}{2}\pi = \frac{3}{\sqrt{2}}\pi.$$

11 z, y, x の順番で逐次積分するとすると，各変数に関して積分範囲は，

$$0 \leqq z \leqq c\left(1 - \frac{x}{a} - \frac{y}{b}\right),$$
$$0 \leqq y \leqq b\left(1 - \frac{x}{a}\right),$$
$$0 \leqq y \leqq a$$

よって，求める体積を V とすると

$$V = \iiint_R dV$$
$$= \int_0^a \left[\int_0^{b\left(1-\frac{x}{a}\right)} \left\{\int_0^{b\left(1-\frac{x}{a}-\frac{y}{b}\right)} dz\right\} dy\right] dx$$

$$= \int_0^a \int_0^{b\left(1-\frac{x}{a}\right)} c\left(1 - \frac{x}{a} - \frac{y}{b}\right) dy dx$$

$$= \int_0^a c \left[y\left(1 - \frac{x}{a}\right) - \frac{1}{b}\frac{y^2}{2} \right]_0^{b\left(1-\frac{x}{a}\right)} dx$$

$$= \frac{bc}{2} \int_0^a \left(1 - \frac{x}{a}\right)^2 dx$$

$$= \frac{bc}{2} \left[\frac{(-a)}{3}\left(1 - \frac{x}{a}\right)^3 \right]_0^a = \frac{abc}{6}$$

を得る。

12 (1) 求める面積を S とすると,

$$S = \iint_R \sqrt{1 + (z_x)^2 + (z_y)^2} dx dy$$

であり, R は $y = x^2$ と $y = 2 - x^2$ で囲まれる領域となる。$y = x^2$ と $y = 2 - x^2$ の交点は, $x = 1, -1$ であるから, $z_x = -2, z_y = -3$ より,

$$S = \iint_R \sqrt{1 + (z_x)^2 + (z_y)^2} dy dx$$

$$= \int_{-1}^1 \int_{y=x^2}^{y=2-x^2} \sqrt{1 + (-2)^2 + (-3)^2} dy dx$$

$$= \sqrt{13} \int_{-1}^1 [y]_{x^2}^{2-x^2} dx = 2\sqrt{13} \int_{-1}^1 (1-x^2) dx$$

$$= 2\sqrt{13} \left[x - \frac{x^3}{3} \right]_{-1}^1 = \frac{8}{3}\sqrt{13}$$

となる。

(2) 求める面積を S とすると, $z_x = 2x, z_y = 2y$ であるから,

$$S = \iint_R \sqrt{1 + (z_x)^2 + (z_y)^2} dx dy = \iint_R \sqrt{1 + 4x^2 + 4y^2} dx dy$$

である。

極座標 (r, θ) へ変換する。$z = 6$ と $z = 12$ で挟まれる部分の面積であるので,

$$\sqrt{6} \leqq r \leqq \sqrt{12},$$
$$0 \leqq \theta \leqq 2\pi$$

となる。また, Jacobian が r となることに注意して,

$$S = \int_0^{2\pi} \int_{\sqrt{6}}^{\sqrt{12}} \sqrt{1 + 4r^2} \, r dr d\theta = \int_0^{2\pi} d\theta \left[\frac{2}{3} \cdot \frac{1}{8}(1 + 4r^2)^{3/2} \right]_{\sqrt{6}}^{\sqrt{12}}$$

5. 多変数関数の積分

$$= \frac{\pi}{6}\left[(1+4r^2)^{3/2}\right]_{\sqrt{6}}^{\sqrt{12}} = \frac{\pi}{6}(7^3 - 5^3) = 36\pi$$

を得る。

13 (1), (2) とも被積分関数は D 上で連続であるので，3重積分は累次積分で計算してよい。

(1)
$$\iiint_D \sin(x+y+z)\,dxdydz$$
$$= \int_0^\pi \int_0^\pi \int_0^\pi \sin(x+y+z)\,dxdydz$$
$$= \int_0^\pi \int_0^\pi [-\cos(x+y+z)]_0^\pi \,dydz$$
$$= \int_0^\pi \int_0^\pi \{-\cos(y+z+\pi) + \cos(y+z)\}\,dydz$$
$$= \int_0^\pi \int_0^\pi 2\cos(y+z)\,dydz$$
$$= \int_0^\pi [2\sin(y+z)]_0^\pi \,dz = 2\int_0^\pi \{\sin(z+\pi) - \sin(z)\}\,dz$$
$$= -4\int_0^\pi \sin z\,dz$$
$$= -4\left[-\cos z\right]_0^\pi = -4(1+1) = -8.$$

(2)
$$\iiint_D (-x+2y-z)\,dxdydz$$
$$= \int_0^1 \int_0^{y^2} \int_0^{y+z} (-x+2y-z)\,dxdzdy$$
$$= \int_0^1 \int_0^{y^2} \left[-\frac{1}{2}x^2 + (2y-z)x\right]_0^{y+z} dzdy$$
$$= \int_0^1 \int_0^{y^2} \left(\frac{3}{2}y^2 - \frac{3}{2}z^2\right)dzdy = \int_0^1 \left[\frac{3}{2}y^2 z - \frac{z^3}{2}\right]_0^{y^2} dy$$
$$= \int_0^1 \left(\frac{3}{2}y^4 - \frac{1}{2}y^6\right)dy = \frac{8}{35}.$$

表 A.1 ギリシャ文字 (Greek Alphabet)

小文字	大文字	英表記	読み・カナ表記
α	A	alpha	アルファ
β	B	beta	ベータ
γ	Γ	gamma	ガンマ
δ	Δ	delta	デルタ
ε	E	epsilon	イプシロン／エプシロン
ζ	Z	zeta	ゼータ
η	H	eta	イータ／エータ
θ	Θ	theta	シータ／テータ
ι	I	iota	イオタ／イオータ
κ	K	kappa	カッパ
λ	Λ	lambda	ラムダ
μ	M	mu	ミュー
ν	N	nu	ニュー
ξ	Ξ	xi	グザイ／クサイ／クスィー
o	O	omicron	オミクロン
π	Π	pi	パイ／ピー
ρ	P	rho	ロー
σ	Σ	sigma	シグマ
τ	T	tau	タウ
υ	Υ	upsilon	ユプシロン／ウプシロン
ϕ	Φ	phi	ファイ／フィー
χ	X	chi	カイ／キー
ψ	Ψ	psi	プサイ／プスィー
ω	Ω	omega	オメガ

参考文献

戸川 隼人,「数値計算法」, コロナ社, 東京, 1981。

岡安 隆照, 吉野 崇, 高橋 豊文, 武元 英夫,「微分積分学入門」, 裳華房, 東京, 1988。

田代 嘉宏, 熊原 啓作,「微分積分」, 裳華房, 東京, 1989。

阿部 剛久, 都筑 みさお, 古城 朝美,「理工系基礎 微分積分」, 学術図書出版社, 東京, 1995。

矢野 健太郎, 石原 繁,「微分積分」, 裳華房, 東京, 1996。

西本 敏彦,「微分積分学講義」, 培風館, 東京, 1996。

内田 伏一, 仲田 正躬,「微分積分通論」, 裳華房, 東京, 1996。

和達 三樹,「微分積分」, 理工系の数学入門コース 1, 岩波書店, 東京, 1997。

石原 繁, 浅野 重初,「理工系入門 微分積分」, 裳華房, 東京, 1999。

江見 圭司,「関数・微分方程式がビジュアルにわかる微分積分の展開——数学・物理学・工学の三位一体——」, 共立出版, 東京, 2007。

G. B. Thomas, Jr., M. D. Weir, J. Hass, "Thomas' Calculus", Twelfth Edition, Pearson Education, New Jersey, 2010.

索　引

あ　行

Abel-Ruffini の定理　69
アステロイド　101
鞍点　138
陰関数　143
上に凸　59
円柱座標　173
円筒座標　151
Euler の後退差分　69
Euler の前進差分　69
凹　59

か　行

開集合　120
解析的　55
回転体の体積　100
回転体の表面積　103
可換体　1
確率密度関数　181
下限　5
加法定理　12
関数　9
ガンマ関数　110
奇関数　94
逆関数　9
逆関数の微分公式　45
逆弦　1
逆三角関数　18, 88
逆写像　9
逆正割関数　22
逆正弦関数　18

逆正接関数　18
逆双曲線関数　28
逆双曲線正割関数　28
逆双曲線正弦関数　28
逆双曲線正接関数　28
逆双曲線余割関数　28
逆双曲線余弦関数　28
逆双曲線余接関数　28
逆余割関数　21
逆余弦関数　18
逆余接関数　22
球座標　152
狭義の極値　137
極限値　35, 36, 121
極座標　120, 152, 172, 173
極小　57
極小値　57, 137
曲線の長さ　101
極大　57
極大値　57, 137
極値　57, 137
近似増大列　174
偶関数　94
結合律　1
原始関数　81
減少　56
項　10
交換律　1
広義積分　95, 96, 175
高次偏導関数　132
合成関数　9
合成関数の微分公式　43

合成写像 9
Cauchy の平均値の定理 66
弧状連結 120

さ 行

サイクロイド 48, 99, 101
最大値・最小値の原理 40
三角関数 11
三角関数の有理式 92
3 倍角の公式 13
C^n 級関数 49, 133
C^n 級写像 168
C^0 級関数 49, 133
C^∞ 級関数 133
C^1 級関数 133
指数関数 23
自然対数 23, 32
下に凸 59
写像 9
収束する 35–37
主値 20
順序体 3
上限 5
条件付き極値問題 146
商の微分公式 42
常用対数 24, 32
剰余項 136
初等関数 87
初等関数の定積分 94
推移律 2
数値積分 113
全ての方向に微分可能 127
正割関数 15
正弦関数 15
整式 10
正接関数 15
積の微分公式 42
積分学の平均値の定理 80
積分可能 78
積分値 78
積分の加法性 78

積分の線形性 78
積分の単調性 79
積を和・差になおす公式 13
切断 3
零元 1
漸近線 10, 62
全射 9
全順序 2
全順序集合 2
全単射 9
全微分可能 128
増加 56
双曲線関数 24
双曲線正割関数 26
双曲線正弦関数 24
双曲線正接関数 24
双曲線余割関数 26
双曲線余弦関数 24
双曲線余接関数 26

た 行

体 1
第 n 階導関数 49
第 n 次導関数 49
台形公式 113
対数関数 23
対数微分法 47
体積 181
多項式 10
縦線領域 163
単位元 1
単項式 10
単射 9
値域 9
地域 119
置換積分法 86
中間値の定理 40
中心差分 70
底 23
定義域 9, 20, 119
定積分 78, 94

索　引

Taylor 級数　55
Taylor 展開　136
Taylor の定理　53, 135
導関数　41
凸　59

な 行

内部　120
2 重積分　160
2 倍角の公式　12
Newton 法　72
Napier 数　7

は 行

媒介変数　9
はさみうちの原理　38, 121
発散する　36
半角公式　13
反射律　2
反対称律　2
p 次収束　74
左極限値　36
微分可能　41, 128
微分係数　41
標準正規分布　181
表面積　181
不定積分　82, 83
分配律　1
平均値の定理　52, 135
平均変化率　41
閉集合　120
閉包　119
平方定理　17
ベータ関数　109, 110
べき関数　22
変曲点　61
変数変換の公式　170
偏導関数　130

偏微分可能　125, 130
偏微分係数　125
方向微分　127

ま 行

Maclaurin 級数　55
Maclaurin 展開　136
Maclaurin の定理　54, 136
右極限値　36
無限大に発散する　36
無理関数　91
面積　97

や 行

Jacobian　168
Jacobi 行列　128
Jacobi の行列式　168
有界　5, 119
有理関数　10, 90
余割関数　15
余弦関数　15
横線領域　164
余接関数　15

ら 行

Leipniz の定理　50
Lagrange の未定乗数法　146
Riemann の意味で積分可能　161
Riemann 和　77, 181
累次極限　122
累次積分　163
連続　39, 123
L'Hospital の定理　67
Rolle の定理　51

わ 行

和・差を積になおす公式　13

著者略歴

池口　徹（いけぐち　とおる）
- 1988年　東京理科大学大学院理工学研究科博士課程修了
- 現　在　東京理科大学工学部教授，博士（工学）

江頭信二（えがしら　しんじ）
- 1993年　東京大学大学院数理科学研究科博士課程修了
- 現　在　埼玉大学大学院理工学研究科助教，博士（数理科学）

小原哲郎（おばら　てつろう）
- 1992年　東北大学大学院工学研究科博士課程修了
- 現　在　埼玉大学大学院理工学研究科教授，博士（工学）

重原孝臣（しげはら　たかおみ）
- 1988年　東京大学大学院理学研究科博士課程修了
- 現　在　埼玉大学大学院理工学研究科教授，理学博士

明連広昭（みょうれん　ひろあき）
- 1989年　広島大学大学院理工学研究科博士課程中途退学
- 現　在　埼玉大学大学院理工学研究科教授，博士（工学）

山本浩（やまもと　ひろし）
- 1986年　東京工業大学大学院理工学研究科修士課程修了
- 現　在　埼玉大学大学院理工学研究科教授，博士（工学）

編著者略歴

長澤壯之（ながさわ　たけゆき）
- 1988年　慶應義塾大学大学院理工学研究科博士課程修了
- 現　在　埼玉大学大学院理工学研究科教授，理学博士

ⓒ　長澤壯之　2013

2013年4月23日　初版発行
2025年4月28日　初版第8刷発行

理工学のための
微分積分

編著者　長澤壯之
発行者　山本　格
発行所　株式会社　培風館
東京都千代田区九段南4-3-12・郵便番号102-8260
電話(03)3262-5256(代表)・振替00140-7-44725

中央印刷・牧製本

PRINTED IN JAPAN

ISBN978-4-563-00470-5　C3041